园林绿化工程施工与管理标准汇编

中国风景园林学会　编著

中国建筑工业出版社

图书在版编目（CIP）数据

园林绿化工程施工与管理标准汇编／中国风景园林
学会编著．—北京：中国建筑工业出版社，2021.5
ISBN 978-7-112-26173-4

Ⅰ．①园…　Ⅱ．①中…　Ⅲ．①园林—绿化—施工管理
—标准—汇编—中国　Ⅳ．①TU986.3-65

中国版本图书馆 CIP 数据核字（2021）第 093445 号

责任编辑：杜　洁　李玲洁
责任校对：李美娜

园林绿化工程施工与管理标准汇编
中国风景园林学会　编著

*

中国建筑工业出版社出版、发行（北京海淀三里河路9号）
各地新华书店、建筑书店经销
北京建筑工业印刷厂制版
天津翔远印刷有限公司印刷

*

开本：787毫米×1092毫米　1/16　印张：20¾　字数：513千字
2021年6月第一版　2021年6月第一次印刷
定价：**108.00**元
ISBN 978-7-112-26173-4
（37635）

编审委员会

强　健　贾建中　杨忠全　李梅丹　孙　楠　张卓媛

汇 编 说 明

为了促进园林绿化建设高质量发展，建立科学、公平的市场竞争环境，确保园林行业有序持续发展，我们汇集了住房和城乡建设部、国家市场监督管理总局联合印发的《园林绿化工程施工合同示范文本（试行）》以及近两年本学会组织编制的相关团体标准，以方便广大会员和园林绿化工程建设从业者学习使用。

汇编难免有疏漏、不足之处，敬请读者指正。

目　　录

中国风景园林学会团体标准

园林绿化工程项目负责人评价标准

Evaluation standard for project leader of landscape construction

T/CHSLA 50004—2019

批准部门：中国风景园林学会
施行日期：2020年10月1日

中国风景园林学会

景园学字〔2019〕78 号

关于发布《园林绿化工程项目负责人评价标准》
团体标准的公告

现批准《园林绿化工程项目负责人评价标准》为团体标准，编号为 T/CHSLA 50004—
2019，自 2020 年 10 月 1 日起实施。现予公告。

本标准由我会组织中国建筑工业出版社出版发行。

中国风景园林学会

2019 年 12 月 28 日

前　言

为贯彻落实中央办公厅和国务院办公厅《关于分类推进人才评价机制改革的指导意见》和人力资源和社会保障部《关于改革完善技能人才评价制度的意见》（人社部发〔2019〕90号）的通知，提高园林绿化工程项目负责人评价工作的质量水平，激励行业人才脱颖而出，促进园林绿化行业高质量发展，根据中国风景园林学会标准化技术委员会《2019年第一批团体标准制修订计划》（景园学字〔2019〕27号）的要求，学会企业工作委员会和人才评价委员会经广泛调查研究，认真总结实践经验，参考国家相关法律法规、政策和标准，在广泛征求意见的基础上，编制了本标准。

本标准的主要技术内容是：1 总则；2 术语；3 一般规定；4 评价内容和指标；5 能力、知识权重与考核科目；6 申报条件；7 考核评价；8 培训与继续教育。

本标准由中国风景园林学会负责管理，由中国风景园林学会人才评价委员会负责具体内容的解释。执行过程中如有意见或建议，请反馈至中国风景园林学会人才评价委员会（地址：北京市海淀区三里河路13号建筑文化中心C座6001，邮政编码：100037，邮箱：492391630@qq.com）。

本 标 准 主 编 单 位：中国风景园林学会企业工作委员会和人才评价委员会
本 标 准 参 编 单 位：江苏山水环境建设集团股份有限公司
　　　　　　　　　　　重庆市园林绿化职业教育培训中心
　　　　　　　　　　　北京市园林绿化集团有限公司
　　　　　　　　　　　广州普邦园林股份有限公司
　　　　　　　　　　　江苏省风景园林协会
　　　　　　　　　　　广东省风景园林和生态景观协会
本标准主要起草人员：杨忠全　姚锁平　向星政　陈卫连　李　江　张卓媛　谭广文
　　　　　　　　　　　杨学波　王凤霞　夏卫东　陆文祥　刘殿华　赵康兵　陆　群
　　　　　　　　　　　曹绪峰　陈艳华　先旭东　张东林　孟晓峰　付　强　强　健
本标准主要审查人员：王　翔　郭喜东　王泽民　马　玉　李　夺　何天宇

目　　次

Contents

1 总　则

1.0.1 为推动园林绿化行业人才队伍的职业化建设，建立科学的从业人员人才评价制度，加强行业自律和科学管理，通过公平、公正、科学的人才考核评价，根据园林绿化工程管理要求和国家有关职业技能评价制度规定以及《国家职业技能标准编制技术规程（2018年版）》，结合园林绿化行业特点，制定本标准。

1.0.2 本标准适用于园林绿化工程项目负责人的培训、评价及管理。

1.0.3 园林绿化工程项目负责人的评价工作除应符合本标准外，尚应符合国家现行有关标准的规定。

2 术　语

2.0.1 园林绿化工程　landscape construction

新建、改建、扩建公园绿地、防护绿地、广场用地、附属绿地、区域绿地的绿化工程，以及对城市生态和景观影响较大的建设项目的配套绿化工程。主要内容包括：园林绿化地形整理、植物栽植、园林设备安装及配套建筑、小品、花坛、园路、水系、驳岸、喷泉、假山、雕塑、绿地广场、园林景观桥梁等。

2.0.2 园林绿化工程项目负责人　the project leader of landscape construction

系统掌握园林绿化工程项目管理的相关理论、方法、技术和工具，以及法律法规和技术标准，受园林绿化施工企业法定代表人委托，对园林绿化工程项目实施进行计划、组织、指挥、协调、控制等全过程管理，确保项目质量、进度、成本、安全文明施工按照合同约定完成项目履约的从业人员。简称"项目负责人"。

2.0.3 高级园林绿化工程项目负责人　senior project leader

高级项目负责人是指在理论知识、管理能力、专业技术和实践经验方面高于项目负责人，并且可以承担一定造价规模以上，或者技术特别复杂、施工难度大、专业综合性强的园林绿化工程管理的从业人员。简称"高级项目负责人"。

2.0.4 职业能力　occupational ability

在职业活动范围内，从业人员需要掌握的知识和具备的能力。

2.0.5 职业能力评价　occupational ability evaluation

符合国家有关要求的评价机构，按照相关评价标准，对从业人员的理论知识、管理水平、实操能力等进行客观、公正、科学、规范的考核与评定的过程。

3 一般规定

3.1 职业功能

3.1.1 园林绿化工程项目负责人应以项目责任制为核心，对园林绿化工程进行质量、进度、成本、安全、文明施工等管理控制，全面提高项目管理水平，确保项目按合同约定完成验收并交付使用。

3.1.2 园林绿化工程项目负责人应系统掌握园林绿化工程项目管理的相关专业知识和具备丰富的工程项目管理经验，具有较强的统筹计划、组织管理、协调控制、自主学习及创新能力。

3.2 职业等级

3.2.1 园林绿化工程项目负责人设两个等级，分别为项目负责人和高级项目负责人。

3.2.2 造价大于等于3000万元的大型工程，或者技术特别复杂、施工难度大、专业综合性强的园林绿化工程的项目管理宜由高级项目负责人承担。园林绿化工程类型的划分可符合现行团体标准《园林绿化工程施工招标投标管理标准》T/CHSLA 50001的规定。

3.3 职业道德

3.3.1 园林绿化工程项目负责人应具有良好的职业道德。

3.3.2 园林绿化工程项目负责人必须遵纪守法、爱岗敬业、诚信为本、追求品质。

3.4 工作内容

3.4.1 园林绿化工程项目负责人可从事园林绿化建设和养护工程项目管理、园林绿化工程经济技术咨询，以及法律法规规定的其他业务。

3.4.2 园林绿化工程项目负责人项目管理的工作内容应包括项目前期、开工准备、施工组织、竣工验收、后期养护和交付使用的全过程管理工作。

3.5 基础知识

3.5.1 基础知识应包括项目管理知识和园林绿化专业知识两部分。

3.5.2 项目管理知识应包括工程经济、法律法规和工程项目管理知识。

3.5.3 园林绿化专业知识应包括园林土建工程、园林建筑、园林植物及种植、养护工程、园林艺术及相关的标准规范、新材料、新工艺、新技术等内容。

4 评价内容和指标

4.0.1 园林绿化工程项目负责人的职业能力评价内容应突出考量实际项目管理能力。

4.0.2 项目负责人和高级项目负责人的职业能力评价按能力要求和知识要求进行分类。

4.0.3 项目负责人职业能力评价指标要求应符合表 4.0.3 的规定。

表 4.0.3 项目负责人职业能力评价指标要求

项目阶段	工作内容	能力要求	相关知识要求
工程招标投标	投标	掌握项目分析及风险评估，能够参与对招标文件的分析与评估，为投标决策提供依据	1. 熟悉园林绿化工程招投标相关法律法规和技术标准； 2. 熟悉《园林绿化工程施工招标文件示范文本》等文件； 3. 了解园林绿化工程项目造价知识
	现场踏勘	能够组织查明工程项目建设地点的地形地貌、地质水文、土壤特性等自然条件和历史文化，做出项目综合评估	1. 熟悉现行行业标准《园林绿化工程施工及验收规范》CJJ 82； 2. 熟悉工程勘察的基本知识； 3. 了解项目地域历史文化和经济发展状况
施工准备	合同及资料研究	1. 能够全面掌握合同条款，明确本项目质量、进度、成本、安全文明管理目标要求； 2. 能够根据施工要求的质量标准和规范对合同进行研究	1. 熟悉合同法及有关法律知识； 2. 熟悉《园林绿化工程施工合同示范文本》； 3. 熟悉工程合规性、程序性资料的采集； 4. 熟悉工程中图纸涉及的技术知识； 5. 掌握相关施工技术规范和工程施工验收规范
	项目部组建	1. 能够根据项目需求和企业规章制度组建项目部，确定人员岗位及其职责、权限； 2. 能够合理安排施工总平面图，选择合适的办公地点和物料、机械设备以及制作场地和临时设施位置	1. 熟悉人力资源管理知识； 2. 熟悉项目组织结构知识； 3. 了解团队绩效管理知识； 4. 熟悉施工总平面图的布置
	图纸审查	1. 能够主持图纸内审、参与图纸会审； 2. 能够理解图纸要求、掌握设计意图、发现设计缺陷及与现场的冲突； 3. 能够根据图纸审查情况提出有利于建设过程的合理性方案	1. 了解园林设计相关规范知识； 2. 掌握施工技术规范和工程施工验收规范
	施工组织设计	1. 能够依据项目现场情况和合同要求制定项目管理规划，组织编制施工组织设计、专项施工方案和施工作业计划； 2. 能够制定、分解和落实项目目标，制定落实质量、进度、成本、安全及文明施工措施； 3. 能够按照施工组织设计要求组织和落实施工总平面布置； 4. 能够在项目部层面主持安全技术交底	1. 熟悉施工组织和项目管理知识； 2. 了解目标管理知识； 3. 熟悉 WBS（工作分解结构）知识
	资源配置	1. 能够根据项目特点和施工要求，参与满足质量、进度或工期要求的劳务、材料、设备供应商的评价及建议； 2. 能够组织核查生产区、生活区等临时道路、水、电等布置是否符合规定； 3. 能及时做好与业主、设计、监理、总包和政府监管部门的沟通； 4. 能够根据施工需要安排设备租赁或采购	1. 熟悉劳务分包法律法规知识； 2. 熟悉相关施工材料特性； 3. 熟悉相关施工机械、设备； 4. 了解项目沟通的内容和方法

续表4.0.3

项目阶段	工作内容	能力要求	相关知识要求
施工准备	开工准备	1. 能够组织项目部编制开工报告； 2. 能够检查、指导施工管理人员落实开工条件，协调开工前准备工作	1. 熟悉开工准备相关知识； 2. 掌握现场开工条件知识
施工组织管理	施工部署	1. 能够合理组织材料及设备运输，保证现场运输道路畅通； 2. 能够按照开工要求和用工计划组织劳务进场，组织安全和文明施工教育； 3. 能够按照项目资源配置要求，有序组织施工机械、设备、工具和材料进场； 4. 能够组织向施工班组进行技术交底及技术培训； 5. 能够利用信息化手段辅助园林绿化工程施工管理	1. 了解相关法律法规； 2. 了解全面质量安全管理制度体系知识； 3. 熟悉动态管理控制知识； 4. 掌握施工生产要素管理知识； 5. 掌握常用园林绿化工程机械、设备和材料相关知识； 6. 熟悉CAD等软件的使用
	进度控制	1. 能够按照工期要求，制定进度计划控制方案； 2. 能够组织有效的信息管理，使用信息化技术开展施工节点信息收集，及时掌握施工动态，辅助进度控制决策； 3. 能够按照合同工期要求进行进度计划检查和监督，根据检查对比结果进行进度计划的动态调整； 4. 能够组织开展进度控制总结分析	1. 掌握施工进度计划控制的知识； 2. 熟悉动态控制管理知识
	质量控制	1. 能够组织经常性的质量教育，开展质量检查和评比工作； 2. 能够组织落实项目质量控制各个工序的技术措施； 3. 能够根据园林植物生态习性和生长规律，合理安排各类苗木种植，组织好施工过程中的养护管理，确保成活率和生长质量； 4. 能够协调设计单位做好质量过程控制； 5. 能够组织各施工班组自检和互检； 6. 能够对园林植物造景、山石、雕塑、小品等涉及园林文化艺术方面的施工进行符合设计意图的现场把控； 7. 能够及时组织项目管理人员编制和整理工程内业资料	1. 熟悉现行国家标准《城市绿地设计规范》GB 50420、《公园设计规范》GB 51192等国家和地方性行业标准； 2. 掌握现行行业标准《绿化种植土壤》CJ/T 340、《园林绿化木本苗》CJ/T 24、《园林绿化工程施工及验收规范》CJJ 82、《园林绿化养护标准》CJJ/T 287等国家和地方性行业标准； 3. 掌握园林施工项目质量控制措施； 4. 了解项目质量保证体系的管理知识； 5. 了解园林艺术基本规律，具有基本的园林美学素养
	安全生产	1. 能够对安全风险源进行识别与评估，并组织编制防范风险措施； 2. 针对危险性较大的分部分项工程，能够组织编制专项施工方案； 3. 能够组织编制并落实项目安全生产教育培训计划； 4. 能够组织编制安全事故应急预案，并组织演练； 5. 能够组织安全生产检查和隐患排查	1. 了解《安全生产法》《建设工程安全生产管理条例》； 2. 熟悉安全管理制度； 3. 熟悉安全生产责任制； 4. 熟悉安全事故报告制度； 5. 熟悉安全事故的应急处理

续表 4.0.3

项目阶段	工作内容	能力要求	相关知识要求
施工组织管理	成本控制	1. 能够根据人、材、机的市场行情，结合管理经验、企业定额对施工成本进行预测； 2. 能根据责任目标成本组织编制施工成本计划，并进行成本分解； 3. 能够对人、材、机消耗制定相应的成本管理措施； 4. 能够根据施工合同及时办理工程进度款和工程结算	1. 熟悉园林绿化工程造价定额成本费用组成知识； 2. 熟悉现行国家标准《建设工程工程量清单计价规范》GB 50500、《园林绿化工程工程量计算规范》GB 50858； 3. 熟悉项目所在地《建设工程消耗量定额》《园林绿化工程消耗量定额》及《园林绿化工程预算定额》
	合同管理	1. 能够根据现场实际情况及时办理工程变更、洽商和现场签证，并依据工程变更办理所需要的合同变更； 2. 能够根据工程需要主持签订劳务分包、专业工程分包合同； 3. 能够协助物资采购合同、机械设备租赁合同的签订； 4. 能够根据项目实际情况分析预测和评估可能存在的合同风险，并制定相应的防范措施； 5. 能够按有关法律法规、合同文件、索赔程序和时效处理施工索赔	1. 熟悉《合同法》相关知识； 2. 熟悉合同文件的组成； 3. 熟悉工程索赔程序； 4. 熟悉合同风险的类型及规避措施； 5. 了解工程保险、工程担保方面的知识； 6. 熟悉工程变更基本操作流程
竣工验收及项目结算	竣工验收	1. 能够按合同工期要求完成项目施工并申请竣工验收； 2. 能够组织竣工验收前的自检； 3. 能够组织编写工程竣工报告； 4. 能够组织编写施工单位竣工验收自评报告	1. 掌握现行行业标准《园林绿化工程施工及验收规范》CJJ 82； 2. 熟悉施工质量验收相关规定及标准； 3. 熟悉园林绿化工程验收程序
	竣工资料	1. 能够根据施工图、工程变更资料、工程实施情况组织项目部绘制竣工图； 2. 能够组织项目部按工程档案管理规定编制、收集、汇总、装订竣工资料； 3. 能够按要求向相关单位移交完整的竣工资料； 4. 能够在项目合同规定的质保期内完成合约所有任务	1. 熟悉工程资料管理有关规定； 2. 熟悉竣工资料的构成； 3. 熟悉工程资料编制有关要求
	项目结算	1. 能够组织开展竣工结算编制、审批； 2. 能够组织实施工程结算资料的收集及结算书编制； 3. 能够根据工程结算的审核流程及要点，以及审计相关政策进行项目结算	1. 熟悉工程造价相关基础知识； 2. 掌握沟通及谈判技巧，能妥善处理各方争议； 3. 了解工程签证的要点，清楚工程索赔的流程及注意要点
	项目总结	能够对照施工合同及责任目标，对施工质量控制、成本控制、进度控制、安全文明管理进行总结及项目后评价	1. 了解创建标准化、模式化管理的知识； 2. 熟悉园林绿化工程项目考核评价的知识
管理养护	养护管理	1. 能够组织编制具有可操作性的养护方案； 2. 能够组织编制项目养护管理预算； 3. 能够组织项目养护管理具体工作实施	1. 熟悉园林绿化养护相关标准规范； 2. 熟悉园林绿化工程有关质量要求
	项目移交	1. 能够根据合同要求办理项目移交，并办理完善的移交手续； 2. 能够及时处理项目移交过程中出现的各类问题	熟悉现行国家标准《建设工程项目管理规范》GB/T 50326

4.0.4 高级项目负责人职业能力评价指标要求应符合表 4.0.4 的规定。

表 4.0.4 高级项目负责人职业能力评价指标要求

项目阶段	工作内容	能力要求	相关知识要求
工程招标投标	投标	能够对招标文件进行合理分析，确定投标策略，能够组织或参与编制和审核投标文件	1. 掌握园林绿化工程招投标相关法律法规和技术标准； 2. 掌握《园林绿化工程施工招标文件示范文本》等文件； 3. 掌握园林绿化工程项目经济测算知识
	现场踏勘	能够判断项目施工现场及周边环境条件对项目可能产生的各种影响，能确定主要影响因子，并提出合理化方案	1. 掌握现行行业标准《园林绿化工程施工及验收规范》CJJ 82； 2. 掌握工程勘察的基本知识； 3. 了解项目的地域历史文化和经济发展状况
	项目分析及风险评估	能够根据项目实际情况，确定重点与难点，对项目风险定性定量评估，提出合理化建议，供公司进行决策	1. 掌握施工风险防控相关知识； 2. 掌握项目评价知识； 3. 熟悉投资决策知识
施工准备	合同及资料研究	能够结合项目现场情况，全面分析合同条款，对合同内容（特别是专用条款）、风险、重点或关键性问题做出说明和合理化建议，向相关职能部门及人员交底	1. 掌握合同法及有关法律知识； 2. 掌握《园林绿化工程施工合同示范文本》； 3. 掌握合同管理的知识； 4. 掌握园林项目的设计和施工相关规范
	项目部组建	1. 能够合理配置项目部组织人员，建立科学的管理制度； 2. 能够进行合理的职责分工，建立完善的考核、培训和奖惩制度	1. 掌握人力资源管理知识； 2. 掌握项目组织机构建立知识； 3. 掌握团队绩效管理知识
	图纸审查	1. 能够全面把握施工图纸的设计意图，明确相关质量标准和规范； 2. 能够根据设计图纸和现场情况提出有利于建设过程控制的合理性方案； 3. 能够发现图纸中出现的问题或错误，结合现场向设计方提出合理化建议	熟悉现行国家标准《城市绿地设计规范》GB 50420、《公园设计规范》GB 51192 以及现行行业标准《城市道路绿化规划与设计规范》CJJ 75、《风景园林制图标准》CJJ/T 67
	施工组织设计	1. 能够配置项目管理人员，组建项目管理机构，进行项目人员职责分解，制定阶段性目标和总体控制计划； 2. 能够结合现场情况和施工特点，组织项目部制定施工组织设计、专项施工方案和技术措施； 3. 能够核查施工总平面布置、施工方案和技术措施； 4. 能够核查施工成本计划、进度计划和工程量； 5. 能够核查材料和机械设备的供应计划； 6. 能够根据项目特点，建立安全文明施工责任网络； 7. 能够及时做好与业主、设计、监理、总包和政府监管部门的沟通	1. 掌握施工设计规范和施工质量标准； 2. 掌握施工关键节点把控知识； 3. 掌握目标管理知识； 4. 掌握 WBS（工作分解结构）知识； 5. 掌握综合性园林绿化工程施工组织设计的知识； 6. 掌握工程项目施工人员安全指导手册编制方法

续表4.0.4

项目阶段	工作内容	能力要求	相关知识要求
施工准备	资源配置	1. 能够对施工队伍、材料商、机械设备选用提出合理化建议； 2. 能够根据项目特点和施工要求，审定劳动力供应计划、主要材料供应计划、机械设备和工具供应计划； 3. 能够组织核查生产区、生活区等临时道路、水、电等布置是否符合规定； 4. 能够做好满足开工要求的内外协调工作	1. 掌握劳务分包法律法规知识； 2. 掌握各种施工材料特性（土建、植物、水电等）与现场需求； 3. 熟悉各种施工用机械、设备与现场需求； 4. 掌握工程项目内外沟通的知识
	开工准备	1. 能够按照程序要求进行施工组织设计的报审； 2. 能够根据审查意见对施工组织设计进行及时调整和完善； 3. 能够检查、指导施工管理人员落实开工条件，协调开工前准备工作	1. 掌握施工准备相关知识； 2. 掌握开工报告报批的流程； 3. 熟悉建设工程监理的相关知识
施工组织管理	施工部署	1. 能够制定各项科学管理措施，按批准的施工组织设计组织进场施工； 2. 能够对材料、机械和人员进行有效调配以满足施工要求； 3. 能够对项目进行协调管理，对质量、进度、成本及安全文明施工进行严格控制； 4. 能够及时协调各方关系，解决施工问题； 5. 能够根据合同要求审定和编制各种计划和报告； 6. 能够利用信息化手段辅助园林绿化工程施工管理	1. 熟悉建立全面管理制度体系知识； 2. 掌握动态控制知识； 3. 掌握质量、进度、成本、安全、环境保护、文明施工等目标控制、高效施工组织方面的知识； 4. 掌握 CAD 和 PS 等软件工具的使用
	进度控制	1. 能够根据合同要求和总进度计划，组织制定各分部分项施工进度计划； 2. 能够运用信息化技术开展信息收集，进行辅助决策，及时掌握各分部分项施工动态； 3. 能够根据现场情况和工期要求进行动态控制，及时合理调配人、材、机以满足进度要求； 4. 能够指导采用新材料、新技术、新工艺施工，提高工作效率，保障工期； 5. 能够调动一切积极因素，建立完整的进度保障体系	1. 熟悉全面管理制度体系建立的知识； 2. 掌握施工动态控制知识； 3. 掌握质量、进度、成本、安全、环境保护、文明施工等目标控制知识
	质量控制	1. 能够根据合同对项目质量的要求，运用 PDCA 循环质量管理方式，制定完整的质量管理办法和质量控制措施，质量管理目标责任到人； 2. 能够组织经常性的质量教育活动，开展质量检查和评比活动； 3. 能够组织落实项目质量控制各个环节的技术措施，针对关键环节和关键工序严格把关，组织有关人员跟踪和监督材料、构件的生产与加工，确保施工质量符合标准并达到合同要求；	1. 熟悉相关法律法规； 2. 熟悉现行国家标准《城市绿地设计规范》GB 50420、《公园设计规范》GB 51192 等国家和地方性行业标准； 3. 掌握现行行业标准《绿化种植土壤》CJ/T 340、《园林绿化木本苗》CJ/T 24、《园林绿化工程施工及验收规范》CJJ 82、《园林绿化养护标准》CJJ/T 287、《园林绿化工程盐碱地改良技术标准》CJJ/T 283、《边坡喷播绿化工程技术标准》CJJ/T 292 等国家和地方性行业标准；

续表 4.0.4

项目阶段	工作内容	能力要求	相关知识要求
施工组织管理	质量控制	4. 能够根据相关规范标准和要求，及时解决设计缺陷和不足，及时协调和解决施工现场出现的设计问题； 5. 能够在植物造景、山石、雕塑、小品等涉及园林文化艺术的方面使设计意图完美表达，或者进行优化设计的现场再创作； 6. 能够组织及时整理工程内业资料，及时留下施工影像和过程资料	4. 掌握建立项目质量保证体系的知识； 5. 熟悉园林艺术基本规律，具有较高的园林美学素养
	安全生产	1. 能够对施工安全风险源进行识别与评估，并组织编制防范风险措施； 2. 针对危险性较大的分部分项工程，能够组织编制专项施工方案，组织专家论证； 3. 能够组织编制项目安全生产教育培训计划； 4. 能够组织制定施工现场安全管理目标、完善的安全管理制度及安全保障措施； 5. 能够组织编制事故处理预案并组织演练，及时进行事故的调查与处理，并给出事故报告； 6. 能够组织安全生产检查和隐患排查	1. 熟悉《中华人民共和国安全生产法》《建设工程安全生产管理条例》等有关项目安全管理的法律法规要求； 2. 掌握安全生产责任制知识； 3. 掌握安全管理知识； 4. 掌握安全施工常识； 5. 掌握安全施工措施； 6. 熟悉重大危险源识别规律，熟悉组织专家论证流程； 7. 掌握一般和较大事故的应急处理流程
	成本控制	1. 能够根据施工现场和项目工程量情况，参与项目目标成本制定； 2. 能够根据责任目标成本组织编制施工成本计划，并进行成本分解，责任到人，教育相关人员建立成本意识，节约开支； 3. 能够建立有效成本管理制度，杜绝材料浪费和窝工、怠工，组织严格验收管理，杜绝不合格产品和不合格项，减少返工返修； 4. 能够严格现场管理，及时办理变更签证和处理成本索赔； 5. 能够按照合同规定及时向建设单位申请办理工程款和工程结算	1. 掌握现行国家标准《建设工程工程量清单计价规范》GB 50500、《园林绿化工程工程量计算规范》GB 50858； 2. 掌握项目所在地《建设工程消耗量定额》、《园林绿化工程消耗量定额》及《园林绿化工程预算定额》； 3. 熟悉项目所在地人工、材料、机械租赁等价格
	合同管理	1. 能够全面准确把握合同管理，理解合同专用条款的含义，按照合同要求制定相应制度和措施，确保合同约定的甲乙双方权益得以保障； 2. 能够开展合同风险防范，对项目实施期间合同未来履行情况进行预测，以及早发现和解决影响合同履行的问题，以规避或减少风险； 3. 能够在合同履行期间，收集、整理、分析合同执行信息，完善合同管理； 4. 能够及时办理工程变更、洽商和现场签证，并依据工程变更办理所需要的合同变更； 5. 能够按有关法律法规、合同文件、索赔程序和时效熟练地处理索赔； 6. 能够按照合同规定完成所有任务，保障业主和公司利益的实现	1. 熟悉《中华人民共和国合同法》； 2. 掌握现行国家标准《建设工程项目管理规范》GB/T 50326； 3. 熟悉资料完备知识； 4. 熟悉档案管理知识； 5. 熟悉资料归档知识； 6. 掌握工程签证知识； 7. 掌握索赔和反索赔知识； 8. 熟悉谈判策略知识； 9. 掌握工程变更基本操作流程

续表 4.0.4

项目阶段	工作内容	能力要求	相关知识要求
竣工验收及项目结算	竣工验收	1. 能够确保项目在合同规定的时间内施工完成，施工资料齐全、有效、规范； 2. 能够组织项目竣工验收前的自检； 3. 能够确保竣工验收工作符合验收程序，竣工验收资料符合要求，满足项目结算需要； 4. 能够根据项目要求组织编写竣工验收报告	1. 掌握现行行业标准《园林绿化工程施工及验收规范》CJJ 82； 2. 掌握园林绿化工程验收程序
	竣工资料	1. 能够根据施工图纸、变更洽商和技术规范，组织完成项目竣工图的编制； 2. 能够根据合同、施工技术要求、验收规范，按工程档案管理规定组织整理、编写竣工资料； 3. 能够按相关规定和合同要求向相关单位移交完整的竣工资料	1. 掌握现行国家标准《建设工程项目管理规范》GB/T 50326； 2. 掌握竣工资料内容的知识； 3. 掌握验收资料的全过程管理要求； 4. 熟悉现行国家标准《建设工程文件归档规范》GB/T 50328
	项目结算	1. 能够开展竣工结算筹划； 2. 能够组织实施工程结算编制； 3. 能够把握工程结算的审核流程及要点； 4. 能够把握工程签证的要求，具有娴熟的公关技巧，具有较强的化解冲突的能力	1. 熟练掌握工程相关法律法规； 2. 具备扎实的工程造价相关基础知识； 3. 清楚工程索赔的流程及注意要点
	项目总结	1. 能够用数据对施工各项计划目标进行分析，实事求是地进行技术、经济和管理方面的施工总结，形成总结报告； 2. 能够进行项目实际成本分析，为公司与建设单位结算提供参考； 3. 能够提炼提高工效的新工法	1. 熟悉创建模式化管理知识； 2. 掌握园林绿化工程项目考核评价的知识
管理养护	养护管理	1. 能够按照合同规定的养护管理责任和要求，组织编制项目回访工作计划，并组织实施； 2. 能够根据项目情况和养护规范，组织编制养护管理方案； 3. 能够根据养护要求，配置满足养护需要的养护人员及其他物资、设备，使养护工作达到质量标准	1. 掌握现行行业标准《园林绿化工程施工及验收规范》CJJ 82、《园林绿化养护标准》CJJ/T 287、现行国家标准《城市古树名木养护和复壮工程技术规范》GB/T 51168； 2. 掌握项目所在地园林绿化养护管理标准
	项目移交	1. 能够根据合同要求办理项目移交，并办理完善的相关手续； 2. 能够熟练地及时处理项目移交过程中出现的各类问题	掌握现行国家标准《建设工程项目管理规范》GB/T 50326

5 能力、知识权重与考核科目

5.1 能力和知识权重

5.1.1 项目管理各阶段对不同等级项目负责人的职业能力要求权重占比宜符合表 5.1.1 的规定。

表 5.1.1 职业能力要求权重占比

项目阶段	工作内容	权重占比	
		项目负责人（%）	高级项目负责人（%）
工程招标投标	投标	4	5
	现场踏勘	4	3
	项目分析及风险评估	1	3
施工准备	合同及资料研究	2	3
	项目部组建	5	5
	图纸审查	4	5
	施工组织设计	6	5
	资源配置	6	5
	开工准备	3	3
施工组织管理	施工部署	6	4
	进度控制	7	7
	质量控制	7	7
	安全生产	7	7
	成本控制	7	8
	合同管理	6	7
竣工验收及项目结算	竣工验收	5	5
	竣工资料	5	5
	项目结算	4	4
	项目总结	2	3
养护管理	养护管理	5	3
	项目移交	4	3
合计		100	100

5.1.2 对不同等级项目负责人的基础知识要求权重占比应符合表 5.1.2 的规定。

表 5.1.2 基础知识要求权重占比

基础知识		知识内容	权重占比	
			项目负责人（%）	高级项目负责人（%）
园林绿化专业知识	园林土建	园林绿化工程概论	1	0.2
		土方工程	1	0.5
		给水排水工程	1	0.5
		水景工程	1	0.5
		园路与广场工程	1	0.5
		照明与电气工程	1	0.5
		假山工程	1	0.5
		工程材料和机械设备	1	0.5

续表 5.1.2

基础知识		知识内容	权重占比	
			项目负责人（%）	高级项目负责人（%）
园林绿化专业知识	园林建筑	园林建筑概述	1	0.3
		园林建筑类型	1	0.5
		园林建筑结构	1	0.5
		园林建筑装饰	1	0.5
		园林小品	2	1
	园林植物种植及养护	种植工程概论	1	0.5
		种植准备和土壤改良	3	2
		园林植物与栽植技术	4	5
		园林植物的养护管理	3	3
		园林植物的整形修剪	3	3
		花坛、花境的种植技术	2	2
		草坪的施工与养护	2	2
	园林新技术	园林新技术（生态修复、海绵城市、立体绿化、智慧园林等）	2	3
	标准规范	园林标准规范	9	10
	园林艺术	园林艺术美学	2	3
园林绿化工程经济		招标投标	6	7
		合同管理	6	7
		成本控制	6	7
园林绿化工程项目管理		施工组织管理	7	7
		进度控制	6	6
		质量控制	6	6
		安全与文明施工管理	6	6
法律法规		园林绿化工程相关法律法规	12	14
合计			100	100

5.2 考核科目设置

5.2.1 项目负责人评价考试科目应分为 3 科，包括下列内容：

1 "园林绿化工程经济和法律法规"。

2 "园林绿化工程施工组织管理"。

3 "园林绿化工程专业知识"。

5.2.2 "园林绿化工程经济和法律法规""园林绿化工程施工组织管理""园林绿化工程专业知识"权重占比为 3 : 3 : 4。

5.2.3 根据园林绿化行业发展需要，项目负责人评价考试适时加考"园林绿化工程项目管理实务（二类）"。

5.2.4 高级项目负责人评价考试，应考"园林绿化工程经济和法律法规"、"园林绿化工程施工组织管理"、"园林绿化工程专业知识"和"园林绿化工程项目管理实务（一类）"，4科的权重占比为 1.75：1.75：2.5：4。

5.2.5 已经取得《园林绿化工程项目负责人》证书者申请《高级园林绿化工程项目负责人》证书，应参加"园林绿化工程项目管理实务（一类）"科目考试，或者参加答辩考核。

6 申 报 条 件

6.0.1 凡遵守国家法律法规的园林绿化行业从业人员，可申请园林绿化工程项目负责人能力评价，年龄不应超过 60 周岁。

6.0.2 申请参加项目负责人的考核评价，应符合下列规定：

  1 风景园林及其相近专业（园艺、植物保护、林学）从业人员应符合下列条件之一：

    1）取得中专、中技学历，从事园林绿化工程项目施工、养护或者管理工作满 5 年；

    2）取得大专学历，从事园林绿化工程项目施工、养护或者管理工作满 4 年；

    3）取得本科及以上学历，从事园林绿化工程项目施工、养护或者管理工作满 2 年。

  2 非风景园林及其相近专业从业人员应符合下列条件之一：

    1）取得中专、中技学历，从事园林绿化工程项目施工、养护或者管理工作满 7 年；

    2）取得大专学历，从事园林绿化工程项目施工、养护或者管理工作满 6 年；

    3）取得本科及以上学历，从事园林绿化工程项目施工、养护或者管理工作满 4 年。

6.0.3 申请高级项目负责人的考核评价，应符合下列规定：

  1 风景园林及其相近专业（园艺、植物保护、林学），学历为大专、本科、硕士及以上，从事园林施工、养护管理工作分别为 6 年、4 年、2 年的从业人员。

  2 非风景园林及其相近专业，学历为大专、本科、硕士及以上，从事园林施工、养护管理工作分别为 8 年、6 年、4 年的从业人员。

  3 取得《园林绿化工程项目负责人》证书，从事园林施工、养护管理工作满 2 年的从业人员。

6.0.4 申请项目负责人考核评价部分科目免考的条件，应符合下列规定：

  1 已经取得二级建造师证书的非风景园林及相近专业从业人员，在园林绿化行业从业满 5 年的，可免"园林绿化工程施工组织管理"和"园林绿化工程经济和法律法规"的考试，但应当参加"园林绿化工程专业知识"的考试。

  2 具有风景园林及相近专业（园艺、植物保护、林学）中级（含）以上职称，或者具有园林绿化技师、高级技师证书的从业人员，从业满 5 年的，可以免"园林绿化工程专业知识"的考试，但应当参加"园林绿化工程施工组织管理"和"园林绿化工程经济和法律法规"的考试。

  3 根据发展情况加考"园林绿化工程项目管理实务（二类）"的考试。

6.0.5 申请高级项目负责人考核评价部分科目免考的条件，应符合下列规定：

1 已经取得一级建造师证书的非风景园林及相近专业从业人员，在园林绿化行业从业满 7 年的，可免"园林绿化工程施工组织管理"和"园林绿化工程经济和法律法规"的考试，但应当参加"园林绿化工程专业知识"和"园林绿化工程项目管理实务（一类）"的考试。

2 具有风景园林及相近专业（园艺、植物保护、林学）高级（含）以上职称，或者具有园林绿化高级技师证书，在园林绿化行业从业满 7 年的从业人员，可以免"园林绿化工程专业知识"的考试，但应当参加"园林绿化工程施工组织管理"、"园林绿化工程经济和法律法规"和"园林绿化工程项目管理实务（一类）"的考试。

6.0.6 申请项目负责人和高级项目负责人考核评价部分科目免考者，应当参加地方风景园林行业组织的不少于 24 学时的集中培训。

7 考 核 评 价

7.1 评 价 原 则

7.1.1 园林绿化工程项目负责人评价应坚持"统一标准、自愿申报、地方培训、集中评价、科学公正、保证质量"的原则。

7.1.2 园林绿化工程项目负责人评价应符合园林绿化行业高质量发展的需要。

7.2 评 价 组 织

7.2.1 中国风景园林学会与地方风景园林行业组织合作开展项目负责人评价工作。

7.2.2 中国风景园林学会和地方风景园林行业组织应分别成立人才评价委员会和人才评价专家委员会，具体负责相关工作。

7.3 考 试 答 辩

7.3.1 项目负责人考核评价应采取计算机线上考试方式。考试科目应符合本标准第 5.2 节的要求，考试合格者由中国风景园林学会颁发《园林绿化工程项目负责人》人才评价证书。

7.3.2 申报高级项目负责人评价证书者，应提交一篇园林绿化工程项目管理方面的论文，或者其负责的综合性园林绿化工程的项目管理总结。

7.3.3 已取得《园林绿化项目负责人》证书的从业者，申报高级项目负责人评价应参加"园林绿化工程项目管理实务"科目考试，或参加由各地方风景园林行业人才评价委员会组织的答辩。考试合格或者答辩通过后，由各地方风景园林行业组织人才评价委员会上报中国风景园林学会审定合格后，颁发《高级园林绿化工程项目负责人》人才评价证书。

7.3.4 高级项目负责人评价答辩委员会应由 3 ～ 5 名专家组成。专家应是中国风景园林学会及地方风景园林行业组织两级专家库成员，其中中国风景园林学会的人才评价专家库人员应大于 50%，且答辩委员会主任应由地方风景园林行业组织负责人或者中国风景园林学会的人才评价专家担任。

8 培训与继续教育

8.0.1 符合条件的园林绿化从业者参加项目负责人和高级项目负责人能力评价考核之前，可自愿参加相应的培训；参加集中授课或者线上教育不宜少于 40 标准学时（5 天）；已经取得《园林绿化工程项目负责人》证书，申报高级项目负责人证书的从业者宜参加集中授课或者线上教育不少于 24 标准学时（3 天）。

8.0.2 培训教师应具备系统的园林绿化工程项目管理、工程经济及园林绿化专业技术知识，并具有良好的知识传授能力；培训项目负责人的教师，应从事园林施工、养护或者管理工作 10 年以上，且具有高级项目负责人评价证书或风景园林及相关专业副高以上（含副高）专业技术职称；培训高级项目负责人的教师，应从事园林施工、养护或者项目管理 15 年以上，且具有高级项目负责人评价证书或风景园林及相关专业正高技术职称。

8.0.3 园林绿化工程项目负责人能力评价证书有效期应为 5 年。有效期之内，持证人应参加相关继续教育；有效期逾期之前，持证人应提供满足 40 学时的继续教育相关证明；参加各类园林绿化业务培训、业务交流、学术会议等均可视为继续教育。

8.0.4 对已获得园林绿化工程项目负责人证书的从业人员，在承担工程项目管理过程中，出现一般质量安全问题或者失信行为的，项目负责人申报高级项目负责人证书时从业年限应延长 3 年；高级项目负责人在证书 5 年到期时应参加《园林绿化法律法规和标准规范》科目的考试，考试合格则证书继续有效，否则降级为项目负责人。

8.0.5 持有项目负责人和高级项目负责人证书期间，在主持工程管理过程中违反相关法律法规造成重大事故或者损失情节严重，被有关行政管理部门处罚的园林绿化工程项目负责人，中国风景园林学会应视情况注销其证书并进行公告。

本标准用词说明

1 为便于在执行本标准条文时区别对待，对要求严格程度不同的用词说明如下：

1）表示很严格，非这样做不可的：

正面词采用"必须"，反面词采用"严禁"；

2）表示严格，在正常情况下均应这样做的：

正面词采用"应"，反面词采用"不应"或"不得"；

3）表示允许稍有选择，在条件许可时首先这样做的：

正面词采用"宜"，反面词采用"不宜"；

4）表示有选择，在一定条件下可以这样做的，可采用"可"。

2 条文中指明应按其他有关标准执行的写法为："应符合……的规定"或"应按……执行"。

引用标准名录

1 《国家职业技能标准编制技术规程（2018 年版）》
2 《城市绿地设计规范》GB 50420
3 《公园设计规范》GB 51192
4 《城市道路绿化规划与设计规范》CJJ 75
5 《风景园林制图标准》CJJ/T 67
6 《园林绿化工程施工及验收规范》CJJ 82
7 《绿化种植土壤》CJ/T 340
8 《园林绿化木本苗》CJ/T 24
9 《园林绿化养护标准》CJJ/T 287
10 《城市古树名木养护和复壮工程技术规范》GB/T 51168
11 《园林绿化工程盐碱地改良技术标准》CJJ/T 283
12 《边坡喷播绿化工程技术标准》CJJ/T 292
13 《园林绿化工程施工招标投标管理标准》T/CHSLA 50001
14 《建设工程项目管理规范》GB/T 50326
15 《建设工程工程量清单计价规范》GB 50500
16 《建设工程文件归档规范》GB/T 50328
17 《园林绿化工程工程量计算规范》GB 50858

中国风景园林学会团体标准

园林绿化工程项目负责人评价标准

T/CHSLA 50004—2019

条 文 说 明

编 制 说 明

　　《园林绿化工程项目负责人评价标准》T/CHSLA 50004—2019，经中国风景园林学会2019 年 12 月 28 日以中国风景园林学会第 78 号公告批准、发布。

　　为便于广大建设、设计、施工、科研、学校等单位有关人员在使用本规范时能正确理解和执行条文规定，《园林绿化工程项目负责人评价标准》编制组按章、节、条顺序编写了本标准的条文说明，供使用者参考。在使用中如发现本条文说明中有不妥之处，请将意见函寄至中国风景园林学会人才评价委员会（地址：北京市海淀区三里河路 13 号建筑文化中心 C 座 6001，邮政编码：100037，邮箱：492391630@qq.com）。

目　　次

1 总　则

1.0.1　本条阐述了制定本标准的目的和意义。为加强园林绿化工程项目管理水平，提高园林绿化工程项目施工管理者素质，建立知识型、技能型、创新型的项目管理人才，建立科学的技能人才评价制度，加强职业技能培训，激励引导职业人才成长，制定本规范。

2 术　语

2.0.1　园林绿化工程中配套建筑的建筑面积超过 $300m^2$ 或者超过单层的工程施工需要按照有关法规报批，并由有建筑施工资质的企业承担。

2.0.5　职业能力评价：园林绿化工程项目负责人的评价是对申报者实际能力的客观评价，评价结果是行业组织对于职业能力的认定，不是执业资格，但是可以作为市场应用的重要依据。

3 一般规定

3.2 职业等级

3.2.1　职业等级是经过评价后确认的职业能力等级。园林绿化工程项目负责人分为两个等级，作为承担相应工程的参考，也可以作为建设单位选择园林绿化施工企业项目负责人的参考。

3.2.2　依职业能力的水平差异，本条明确了不同职业等级内园林绿化工程项目负责人的参考工作范围。大于等于3000万元造价的大型或者技术特别复杂的园林绿化工程的项目负责人宜由高级项目负责人担任。此规模划分与相关领域条件基本衔接。园林绿化工程类型可按现行团体标准《园林绿化工程施工招标投标管理标准》T/CHSLA 50001 第 4.0.1 条规定执行。具体操作可结合合同要求、工程特点、地方规定等要求实施。

4 评价内容和指标

4.0.1　园林绿化工程项目负责人评价内容应突出考量实际职业能力。园林绿化工程项目负责人、高级园林绿化工程项目负责人的能力评价指标依次递进，高级别包括下一级别的要求。通过分类差别评价，突出实际操作能力和解决关键技术难题的职业水准。

4.0.3、4.0.4　通过表格细化了园林绿化工程项目负责人、高级园林绿化工程项目负责人能力评价的内容和指标。评价内容包括职业功能、工作内容、能力要求、相关知识要求，并对各项内容指标的能力进行具体描述和量化，具有可操作性，便于从业者学习和培训教师备课时参考。

对园林绿化工程项目负责人和高级项目负责人能力，分别提出不同要求，用"了解""掌握""熟悉"等词语或仅用程度副词来区分等级，细化要求。

5 能力、知识权重与考核科目

5.1 能力和知识权重

5.1.1、5.1.2 对项目负责人和高级项目负责人的能力、知识评价明确了具体权重，并对不同能力整体价值的高低和相对重要的程度及所占比例的大小赋予量化值。能力要求权重和知识权重两项指标主要用于培训教师对各部分知识点的授课参考，同时也是设计考试组卷的重要依据。

6 申 报 条 件

6.0.1 本条规定了最高申报年龄为不得超过 60 周岁，因为国家退休年龄将逐步推迟到 65 周岁，而且现在的园林绿化建设工作中，活跃着一批技术好、素质高、经验丰富、身体健康、年龄在 60 周岁以上的专业从业人员，他们既能出色地完成施工项目管理任务，又能培养年轻的施工人员，60 周岁时取得评价证书，还能在一段时间的园林绿化建设中发挥重要作用。

6.0.2 本条规定了风景园林及相近专业的工程人员和非风景园林专业的工程人员申报项目负责人的培训考核的基本条件。此条件的设立主要基于五点：一是学生学历教育毕业后在园林行业的从业经历；二是技术人员申报专业技术职称必须具有的年限；三是与建造师的条件部分接轨，有利于业内持有建造师证书的从业者与本标准衔接；四是照顾到园林绿化行业人员队伍的现状；五是为了响应国家关于高质量发展的要求，对于人才基本条件有一定提高。

本条规定的申报条件需要提交的证明材料必须真实、合法、有效，提交材料者承担相应的法律责任。证明材料为扫描件，包括：学历证书、职称或者职业技能等级证书、建造师证书、社保证明、证明主持工程的合同等相关材料、获奖证书、继续教育证明材料等。

7 考 核 评 价

7.2 评 价 组 织

7.2.1、7.2.2 项目负责人评价需要由中国风景园林学会与地方风景园林行业组织合作开展，共同为行业提供服务。地方风景园林行业组织是指在地方民政部门正式登记注册、受地方园林绿化主管部门管理或业务指导的风景园林学会或者协会。

7.3 考 试 答 辩

7.3.3、7.3.4 高级园林绿化工程项目负责人的考核答辩，可以是答辩的方式，也可以是实务考试的方式。将根据各省市的情况具体确定。

8 培训与继续教育

8.0.1 申报园林绿化工程项目负责人证书的从业者，宜参加地方行业组织开展的培训，但是申请部分科目免考的人员，应参加地方行业组织开展的集中培训。

8.0.3 风景园林绿化施工技术，随着社会和科技的发展，将会日新月异地发展，新的建设理念、法规标准、技术和工艺材料会不断更新，项目负责人在后续的工作中，只有不断地学习，才能满足新的发展要求，因此倡导从业者应该进行持续的专业学习。

中国风景园林学会团体标准

园林绿化工程施工招标投标管理标准

Standard for bidding and tendering management of landscape construction

T/CHSLA 50001—2018

批准部门：中国风景园林学会
施行日期：2019年1月1日

中国风景园林学会
公　告

景园学字［2018］第 74 号

中国风景园林学会关于发布团体标准
《园林绿化工程施工招标投标管理标准》的公告

　　现批准《园林绿化工程施工招标投标管理标准》为团体标准，编号为 T/CHSLA 50001—2018，自 2019 年 1 月 1 日起实施。

　　本标准由我学会组织中国建筑工业出版社出版发行。

中国风景园林学会

2018 年 12 月 13 日

前　言

为规范园林绿化工程施工招标投标行为，提升园林绿化工程施工质量和品质，根据中国风景园林学会标准化技术委员会《2018 年第一批团体标准制修订计划》（景园学字［2018］41 号）的要求，标准编制组经广泛调查研究，认真总结实践经验，参考有关国内法规、政策和标准，并在广泛征求意见的基础上，编制了本标准。

本标准的主要技术内容是：1 总则；2 术语；3 基本规定；4 工程类型；5 技术能力；6 商务报价；7 资信评价；8 评标规则。

本标准由中国风景园林学会负责管理，由江苏省风景园林协会和江苏山水环境建设集团股份有限公司负责具体技术内容的解释。执行过程中如有意见或建议，请反馈至江苏山水环境建设集团股份有限公司（地址：江苏省句容市长江路 399 号，邮政编码：212400，邮箱：80123192@qq.com）。

本 标 准 主 编 单 位：江苏省风景园林协会
　　　　　　　　　　　江苏山水环境建设集团股份有限公司
本 标 准 参 编 单 位：南京市园林经济开发有限责任公司
　　　　　　　　　　　金埔园林股份有限公司
　　　　　　　　　　　徐州市九州生态园林股份有限公司
　　　　　　　　　　　江苏兴业环境集团有限公司
　　　　　　　　　　　苏州金螳螂园林绿化景观有限公司
　　　　　　　　　　　南京嘉盛景观建设有限公司
　　　　　　　　　　　江苏景古环境建设股份有限公司
　　　　　　　　　　　南京城建生态环境有限公司
　　　　　　　　　　　江苏凯进生态环境有限公司
　　　　　　　　　　　南京锦江园林景观有限公司
　　　　　　　　　　　苏州市吴林花木有限公司
　　　　　　　　　　　南京佳品生态有限公司
　　　　　　　　　　　南京天印园林园艺有限公司
　　　　　　　　　　　南京麦浦园林景观建设工程有限公司
本标准主要起草人员：王　翔　姚锁平　陈卫连　单干兴　赵康兵　陆文祥　陈慧玲
　　　　　　　　　　　金为彬　申　晨　王宜森　张　军　胡正勤　陈　聪　华小兵
　　　　　　　　　　　陈　刚　王立平　孔德金　陆春新　张　伟　张龙香　任晓毅
本标准主要审查人员：王磐岩　王香春　徐　忠　李　欣　耿晓梅　林　琳　许　伟
　　　　　　　　　　　周　波　黄卓青　陆志成　徐　剑　何健潮　倪庆磊

目　次

Contents

1 总　则

1.0.1 为保障城市园林绿化施工企业资质取消后园林绿化工程施工招标投标工作的有序衔接，进一步规范招标投标行为，促进市场有序发展，维护公平竞争，保障工程施工质量和品质，提升行业技术水平，根据相关法律法规和政策的规定，结合园林绿化行业特点，制定本标准。

1.0.2 本标准适用于各类园林绿化工程的施工招标投标管理。

1.0.3 园林绿化工程的施工招标投标活动，除应符合本标准外，尚应符合国家现行有关标准的规定。

2 术　语

2.0.1 园林绿化工程　landscape construction

新建、改建、扩建公园绿地、防护绿地、广场用地、附属绿地、区域绿地的绿化工程，以及对城市生态和景观影响较大的建设项目配套绿化工程。主要内容包括园林绿化地形整理、植物栽植、园林设备安装及建筑面积 300m² 以下单层配套建筑、小品、花坛、园路、水系、驳岸、喷泉、假山、雕塑、绿地广场、园林景观桥梁等。

2.0.2 附属绿地工程　project of attached green space

附属于各类建筑工程、市政工程、水利工程、交通工程等项目范围内的园林绿化工程。

2.0.3 工法　construction method

又叫建设工法，是以工程为对象，以工艺为核心，运用系统工程原理，把先进技术和科学管理结合起来，经过一定工程实践形成的综合配套的施工方法。

2.0.4 园林绿化信用信息管理系统　information management system of landscaping credit

园林绿化企业及个人的信用信息管理系统，是行业管理部门建立的用于记录和管理企业及个人从事园林绿化工程的基本信息、市场行为、履约能力、履约行为、工程现场管理、工程质量评价、资信等内容的信息系统。

3 基本规定

3.0.1 园林绿化工程的施工招标不得对投标人设置企业资质要求。

3.0.2 新建、改建、扩建的园林绿化工程，以及面积大于 10000m² 或投资大于 400 万元以上的附属绿地工程，应按照园林绿化工程项目单独招标，不应混同其他工程项目招标。

3.0.3 园林绿化工程应依法按照国家和地方有关规定组织开展招标投标活动；其招标范围、招标方式、招标组织形式等应按照国家相关规定和程序执行。

3.0.4 具有一定规模或技术复杂的园林绿化工程，可采用设计施工一体化的工程总承包方式招标投标。

3.0.5 资格审查文件和招标文件应报项目招标管理部门备案，并报项目所在地的园林绿化主管部门备案。

3.0.6 园林绿化工程的施工企业应具备与从事工程建设活动相匹配的专业技术管理人员、技术工人、资金、设备等条件，并遵守工程建设相关法律法规。

3.0.7 园林绿化工程的项目负责人应具备相应的现场管理工作经历和专业技术能力。

3.0.8 园林绿化工程招标时，根据工程情况可要求投标人及其项目负责人具备相应的工程业绩。

3.0.9 园林绿化工程的施工项目招标应将企业市场主体信用情况纳入评审要求，并作为投标人资格审查和评标的依据；园林绿化施工企业应在园林绿化信用信息管理系统中登记基本信息。

4 工 程 类 型

4.0.1 园林绿化工程根据项目的建设规模、工程特点、建设的复杂性及特殊性等因素划分为四种类型。园林绿化工程类型的划分应符合表 4.0.1 的规定。

表 4.0.1 园林绿化工程类型

类型	工程规模	工程特点
Ⅰ类	工程造价≤400 万元	主要为植物栽植或园林要素较少的小型园林绿化工程项目
Ⅱ类	400 万元＜工程造价＜3000 万元	具有植物栽植及部分园林要素（如园林建筑物、构筑物、小品、园路、水系、喷泉、假山、雕塑）的中型园林绿化工程项目
Ⅲ类	工程造价≥3000 万元	一般具有植物栽植及综合园林要素（如园林建筑物、构筑物、小品、园路、水系、喷泉、假山、雕塑）的大型园林绿化工程项目
Ⅳ类	—	1.名木古树保护、高堆土（高度5m以上）、假山（高度3m以上）、仿古园林施工等技术较复杂的园林绿化工程项目； 2.植物专类园、动物园、立体绿化工程项目； 3.盐碱地、黑臭水体、矿山矿坑、塌陷地、污染土壤、荒漠、高陡边坡等特殊生态治理或修复工程项目

4.0.2 园林绿化工程项目招标时，招标人应根据园林绿化工程的不同类型对投标人承包工程的能力提出要求。

5 技 术 能 力

5.1 投标人基本条件

5.1.1 承担各类园林绿化工程的投标企业应具有独立的法人资格，且有承担相应工程的资金能力、技术能力和履行合同的能力。

5.1.2 投标人出具的营业执照应列有从事园林绿化工程施工相关的经营范围。

5.1.3 投标人应具有承担相应工程的业绩和良好的信用记录。

5.2 项目管理机构

5.2.1 投标人应根据招标文件的要求，结合工程规模、项目特点及技术要求等配置项目管理机构。

5.2.2 项目管理机构应由项目负责人、技术负责人、施工员、质检（量）员、安全员、材料员、资料员等管理人员组成。项目管理机构的人员数量和岗位配备应符合表5.2.2的规定。

表5.2.2 项目管理机构的人员数量和岗位配备

工程规模	人员数量（人）	岗位配备
Ⅰ类小型工程 （工程造价≤400万元）	4	项目负责人（本专业中级职称）1人； 安全员1人； 质量员1人； 材料员1人
Ⅱ类中型工程 （400万元＜工程造价＜3000万元）	7	项目负责人（本专业中级职称）1人； 技术负责人（本专业中级职称）1人； 施工员1人； 安全员1人； 质量员1人； 资料员1人； 材料员1人
Ⅲ类大型工程 （工程造价≥3000万元）	8	项目负责人（本专业中级职称）1人； 技术负责人（本专业高级职称）1人； 施工员2人； 安全员1人； 质量员1人； 资料员1人； 材料员1人
Ⅳ类特殊复杂工程	8	项目负责人（本专业中级职称）1人； 技术负责人（本专业高级职称）1人； 施工员2人； 安全员1人； 质量员1人； 资料员1人； 材料员1人

注：1 本表人员数量、职称和岗位配备一般为最低标准。

　　2 施工技术复杂的大型工程，在以上配备的基础上应适当增加相关技术管理人员。

　　3 工程规模≤400万元的技术复杂型工程，如名木古树保护、高堆土、假山、立体绿化、仿古园林等，在满足工程对特殊技术人员的配备需求基础上，可适当减少其他管理人员数量。

5.2.3 项目负责人应符合下列规定：

　　1 应具有园林或园林相关专业学历教育背景，具有园林或相关专业工程技术职称，并取得相应等级的园林绿化工程项目负责人人才评价合格证书；

　　2 应定期参加行业主管部门或省级以上行业协（学）会举办的专业培训或继续教育；

　　3 承担Ⅰ类小型、Ⅱ类中型园林绿化工程的项目负责人，应具有园林专业中级及以上职称及园林绿化施工管理 5 年以上工作经历；

　　4 承担Ⅲ类大型工程、Ⅳ类特殊复杂工程的园林绿化工程的项目负责人，应具有园林专业中级及以上职称及园林绿化工程施工管理 10 年以上工作经历；

　　5 工作经历按实际从事专业管理工作时间起算，可参考学历证书颁发时间确定；

　　6 近年来承担过类似工程的施工项目，并有相应的工程业绩和良好的信用记录。

5.2.4 项目技术负责人应符合下列规定：

　　1 应具有园林或园林相关专业学历教育背景，具有园林或园林相关专业工程技术职称；

　　2 承担Ⅱ类中型园林绿化工程的项目技术负责人，应具有园林专业中级及以上职称及园林绿化 5 年以上工作经历；

　　3 承担Ⅲ类大型工程、Ⅳ类特殊复杂工程的园林绿化工程的项目技术负责人，应具有园林专业高级及以上职称及园林绿化 10 年以上工作经历；

　　4 工作经历按实际从事专业管理工作时间起算，可参考学历证书颁发时间确定；

　　5 近年来承担过同类型工程施工的技术管理工作。

5.2.5 项目负责人不得同时承担两个及以上在建工程项目。

5.2.6 施工现场配备的项目管理人员，应经过行业主管部门或协（学）会考核合格，持证上岗。施工员、质检（量）员还应定期参加省市级园林绿化主管部门或行业协（学）会举办的专业培训和继续教育。

5.3　技　术　工　人

5.3.1 投标企业应具有一定数量的技术工人储备。

5.3.2 企业储备的技术工人的人数和工种配备应符合表 5.3.2 的规定。

表 5.3.2　技术工人的人数和工种配备

工程规模	企业技术工人数量（人）	工种配备
Ⅰ类小型工程 （工程造价≤400万元）	10	包括绿化工、花卉工、砌筑工、木工、电工、园林植保工等，相关工种应与工程内容相匹配
Ⅱ类中型工程 （400万元<工程造价<3000万元）	20～30	包括绿化工、花卉工、花艺环境设计师、砌筑工、木工、电工、园林植保工等，相关工种应与工程内容相匹配； 高级专业技术工人不少于6人，其中高级绿化工／高级花卉工总数不少于3人
Ⅲ类大型工程 （工程造价≥3000万元）	30～40	包括绿化工、花卉工、花艺环境设计师、砌筑工、木工、电工、园林植保工等，相关工种应与工程内容相匹配； 高级专业技术工人不少于10人，其中高级绿化工／高级花卉工总数不少于5人
Ⅳ类特殊复杂工程	10～20	应具有从事名木古树保护、大规模假山、仿古园林施工等技术复杂内容的专业技术人员，如园林植保工、假山工、木雕工、石雕工、古建瓦工、油漆工、彩绘工等

注：1　本人员数量和工种配备为企业应当具备工种人数的标准。

　　2　工程规模较小的技术复杂型工程，如名木古树保护、假山、仿古园林等，在满足工程对特殊专业技术工人配备基础上，可适当减少其他人员数量。

5.3.3 各类技术工人应定期参加省市级行业管理部门或协（学）会举办的继续教育培训，考核或培训合格后持证上岗。

5.4 工 程 业 绩

5.4.1 投标人近年来应承担过类似园林绿化工程的施工项目，并有良好的工程业绩和履约记录。应在招标文件中明确对投标人具备的工程业绩要求。

5.4.2 对Ⅰ类园林绿化工程的招标可不设置工程业绩的要求；对Ⅱ类、Ⅲ类、Ⅳ类工程的招标，企业以及项目负责人应具有从事类似工程的业绩记录。

5.4.3 工程招标投标设置的相应工程业绩应符合下列规定：

  1 工程业绩应根据招标项目的特点，在招标公告、招标文件中明确相应的量化指标及期限。量化指标可为面积或造价规模，但不应超过招标项目相应指标的70%；

  2 工程业绩的证明材料一般为中标通知书、合同、竣工验收证明等；

  3 投标人所提供的工程业绩证明应在园林绿化信用信息管理系统中记录。

5.5 技 术 储 备

5.5.1 投标人应具有与工程建设活动相匹配的技术储备，包括企业工法、施工技术规程（标准）、专项工艺、技术要点等。承担Ⅲ类、Ⅳ类园林绿化工程的企业应有解决专类问题和特殊复杂问题的技术能力，如专项企业工法、专项工艺、标准等。

5.5.2 投标人承担Ⅲ类、Ⅳ类园林绿化工程应具有二次设计深化能力。招标人可根据项目需要将风景园林设计能力纳入评标分值。

5.5.3 投标人应根据项目要求配备或租赁相应的施工机械设备，如洒水车、园林机械、吊装设备、运输车辆以及其他专用设备等。

5.5.4 投标人应根据招标文件要求，结合工程项目的地域条件、工程特点、施工范围、现场条件、施工管理、技术标准等编制施工组织设计。施工组织设计内容应包括工程概况、现场平面布置、进度计划、投资计划、质量措施、安全文明措施，以及关键施工技术、工艺和重点、难点的解决方案等。

5.5.5 对危险性较大、特殊复杂型分部（分项）工程，投标人应编制专项施工方案。专项施工方案内容应包括工程概况、施工安排、施工方法、技术保证、安全措施、工法、企业标准等。

6 商 务 报 价

6.0.1 招标人应在招标文件中明确商务标中工程发承包计价以及报价评审办法。

6.0.2 工程发承包计价应遵循国家和地方对工程施工发包与承包计价管理办法的规定。投标报价编制应符合下列规定：

  1 投标报价应当依据工程量清单、工程计价有关规定、企业定额和市场价格信息等编制；

  2 投标报价不得低于工程成本，不得高于最高投标限价。

6.0.3 工程造价大于 400 万元的园林绿化工程项目，招标人可设置相关要约条件，限制不合理报价行为，选取合理价中标单位，并应符合下列规定：

    1 园林绿化工程商务标的合理报价不应低于招标控制价的 85%；

    2 对于投标人的中标价低于招标控制价 85% 的，中标人应额外提供保函等形式的风险担保或者具有相应功能的保险。

6.0.4 工程造价小于等于 400 万元的园林绿化工程项目，招标人可采用合理价随机抽取法确定中标人。

7 资信评价

7.0.1 投标人应具备良好的资信能力，有从事工程施工的充足资金，且财务状况良好。

7.0.2 招标文件中应要求投标人提交投标保证和履约保证。投标人提交的保函可采用银行保函等形式。

7.0.3 投标人所提供的企业及人员的市场行为记录、履约记录、工程质量评价、技术水平、工程获奖等主要信息，应按规定在园林绿化信用信息管理系统中登记记录。

7.0.4 园林绿化行业的市场主体信用记录，应作为投标人资格审查和评标的依据。

8 评标规则

8.1 评标委员会

8.1.1 招标人应依照《中华人民共和国招标投标法》、《中华人民共和国招标投标法实施条例》的规定，结合项目实际情况组建评标委员会。

8.1.2 园林绿化工程的评标委员会专家组成应符合下列规定：

    1 评标委员会由招标人或其委托的招标代理机构中熟悉相关业务的代表，以及有关技术、经济等方面的专家组成，成员人数应为 5 人及以上单数；

    2 资格审查委员会、评标委员会的园林类技术专家不应少于成员总数的三分之一。

8.2 资格审查

8.2.1 招标人应按照国家有关规定及招标文件的要求对投标人资格进行审查。资格审查活动应按照现行的国家和地方招标投标有关法规、政策和管理办法执行。

8.2.2 资格审查应符合下列规定：

    1 资格审查分为资格预审和资格后审，由招标人根据实际情况选择；

    2 投标人的资格条件以及资格评审的方法、标准应在资格预审文件、招标文件和相应的公告中明确；

    3 资格审查内容一般可包括企业的法人资格、财务状况、信誉或信用评价、工程业绩等，以及项目负责人的专业、资格、受聘或执业情况及类似工程业绩等。

8.3　符合性评审

8.3.1　符合性评审可分为形式评审、资格评审、响应性评审等，具体应按照招标文件中列出的规定执行。

8.3.2　形式评审应审核投标人名称、投标文件格式、投标文件签章等内容。

8.3.3　资格评审应审核投标人的营业执照、财务状况、类似工程业绩、信用评价、承诺书，以及项目负责人、管理人员、技术工人的资格证书、劳动合同、社会保险等资料。

8.3.4　响应性评审应审核投标人的投标报价、工期、质量标准、投标保证金、投标有效期、权利义务以及其他发包人要求。

8.4　详　细　评　审

8.4.1　详细评审应包括技术评审和报价评审。

8.4.2　技术评审应符合下列规定：

　　1　技术评审方法应符合现行的国家和地方招标投标有关法规、政策、管理办法的规定。

　　2　技术评审内容可包括施工组织设计、技术能力、业绩评价、企业信用评价、项目负责人答辩等，具体要求应在招标文件中明确。

　　3　施工组织设计应符合下列要求：

　　　　1）符合施工合同有关工程进度、质量、安全、环境保护及文明施工等方面的要求；

　　　　2）优化施工方案，达到合理的技术经济指标，并具有先进性和可实施性；

　　　　3）推广应用绿色施工技术，实现节能、节地、节水、节材和环境保护；

　　　　4）结合工程特点推广应用新技术、新工艺、新材料、新设备；

　　　　5）项目管理机构应符合本标准第5.2.2条的要求，人员配备合理、职责分工明确；

　　　　6）技术方案应符合本标准第5.5节的要求，包括施工方案、专项方案、季节性施工保障措施、关键技术、相应施工工艺和企业工法，承担Ⅲ类、Ⅳ类园林绿化工程应具有现场深化设计能力；

　　　　7）苗木采购计划应包括苗木的品种、规格、质量、外观要求，以及起苗、包扎、装车、运输和质量保证措施；

　　　　8）其他施工组织设计评审的要求。

　　4　技术能力评价应按招标文件要求和工程实际，依据本标准第5.3、5.5节的规定对企业的技术工人配置情况、技术储备（技术标准、施工工法、园林专业设计人员与二次深化设计能力），以及项目负责人和技术负责人的技术职称与能力进行评审。

　　5　业绩评价应按招标文件要求对企业和项目负责人所承担的类似工程业绩、履约记录、质量评价以及近年来所承担的园林绿化工程获得优秀表彰的相关证明等进行审核和评价。

　　6　企业信用评价应运用园林绿化信用信息管理系统的信息，对投标人市场主体信用进行评审。

　　7　项目负责人答辩应由评标委员会根据招标文件及工程要求进行组织，可采用笔试或面试等形式，主要内容为工程特点、关键环节、关键技术、专项方案、质量与进度控制等，以及从事专业技术的管理经验和能力。

8.4.3　报价评审应符合下列规定：

1 报价评审方法应符合现行的国家和地方招标投标有关法规、政策、管理办法的规定，并在招标文件和相应公告中明确。

2 投标报价应符合本标准第 6.0.2 条的规定。评标委员会应对显著低于招标控制价的报价文件作进一步评审、比较，以确定其是否低于成本价。

3 投标报价低于工程成本或者高于最高投标限价总价的，评标委员会应否决其投标。

8.5 评 标 分 值

8.5.1 评标分值由技术评审、投标报价等相关分值构成，具体分值应按照招标文件中列出的要求执行。

8.5.2 除采用随机办法抽取中标候选人外，技术评审分在总分值中占比宜符合表 8.5.2 的规定。

表 8.5.2 技术评审分在总分值中占比

工程类型	技术评审分在总分值中占比（%）
Ⅰ类小型工程（工程造价≤400 万元）	不低于 20%
Ⅱ类中型工程（400 万元＜工程造价＜3000 万元）	不低于 40%
Ⅲ类大型工程（工程造价≥3000 万元）	不低于 50%
Ⅳ类特殊复杂工程	不低于 60%

本标准用词说明

1　为便于在执行本标准条文时区别对待，对要求严格程度不同的用词说明如下：

　1）表示很严格，非这样做不可的：

　　正面词采用"必须"，反面词采用"严禁"；

　2）表示严格，在正常情况下均应这样做的：

　　正面词采用"应"，反面词采用"不应"或"不得"；

　3）表示允许稍有选择，在条件许可时首先这样做的：

　　正面词采用"宜"，反面词采用"不宜"；

　4）表示有选择，在一定条件下可以这样做的，可采用"可"。

2　条文中指明应按其他有关标准执行的写法为："应符合……的规定"或"应按……执行"。

引用标准名录

1 《园林绿化工程施工及验收规范》CJJ 82
2 《城市绿地分类标准》CJJ/T 85

中国风景园林学会团体标准

园林绿化工程施工招标投标管理标准

T/CHSLA 50001—2018

条 文 说 明

编制说明

《园林绿化工程施工招标投标管理标准》T/CHSLA 50001—2018，经中国风景园林学会 2018 年 12 月 13 日以景园学字〔2018〕第 74 号公告批准、发布。

为便于广大建设、设计、施工、科研、学校等单位有关人员在使用本标准时能正确理解和执行条文规定，《园林绿化工程施工招标投标管理标准》编制组按章、节、条顺序编写了本标准的条文说明，供使用者参考。在使用中如发现本条文说明中有不妥之处，请将意见函寄至江苏山水环境建设集团股份有限公司（地址：江苏省句容市长江路 399 号，邮政编码：212400，邮箱：80123192@qq.com）。

目　次

1 总 则

1.0.1 本条阐述了制定本标准的目的和意义。为适应城市园林绿化企业资质核准取消后的市场管理，规范市场行为，维护市场公平，促进行业发展及技术进步，创新园林绿化市场管理方式，落实国家简政放权、放管结合、优化服务改革的要求，为园林绿化工程的招标投标提供理论依据，制定本规范。

1.0.2 本条说明了本标准的适用范围。本标准用于园林施工项目的招标投标管理。达到一定规模且符合国家对必须招标的工程项目有关规定的园林项目，应按园林绿化的类别实施招标。

1.0.3 园林绿化工程招标投标活动，除应遵守本标准外，还应符合现行的国家和各地政府建设工程招标投标管理办法和有关标准规定。

2 术 语

2.0.1 园林绿化工程

根据《园林绿化工程建设管理规定》（建城〔2017〕251号）和《园林绿化工程施工及验收规范》CJJ 82中对园林绿化工程的定义，主要指新建、改建、扩建的公园绿地、防护绿地、广场用地、附属绿地、居住区绿地、道路绿地、风景林地和城市建设项目配套园林工程，以及运用园林技术进行生态湿地、黑臭河水体治理、环境修复的工程。从组成部分上可分为土方造型、绿化栽植、园林建筑及小品、假山叠石、水系工程、园林给水排水、园路、铺装工程、古建筑修建、景观照明、电气安装等建设内容。

2.0.2 附属绿地工程

附属绿地工程是指城市建设用地中除绿地之外各类用地中的附属绿化工程。按建设工程专业类型来划分，是指附属于各类建筑工程、市政工程、水利工程、交通工程等项目的园林绿化工程。按工程建设位置和范围来划分，主要是指居住用地、公共设施用地、工业厂房用地、交通用地、道路、广场、市政设施用地等区域的周边绿地工程。

2.0.3 工法

工程建设过程中，运用系统工程原理，将先进的、科学的工艺方法运用到工程实践中，具有适用性、推广性、保证工程质量与安全、提高施工效率、降低工程成本等特点。其内容一般包括：前言、特点、适用范围、工艺原理、工艺流程及操作要点、材料、机具设备、劳动组织及安全、质量要求、效益分析和应用实例。

2.0.4 园林绿化信用信息管理系统

园林绿化企业市场主体信用记录的信息管理系统。通过建立健全园林绿化信用信息管理体系，将园林绿化工程施工单位和有关人员的市场行为记录、履约能力、履约行为记录等纳入园林绿化工程建设的市场信用管理系统中管理，作为投标人资格审查和评标的参考依据。

3 基 本 规 定

3.0.1 园林绿化工程的施工招标应按照国家简政放权的要求，减少行政壁垒，不得对投标人资质设定要求。不得将市政公用工程施工总承包资质或房屋建筑施工总承包资质等作为投标人资格的必要条件。

3.0.2 《城市绿化条例》中规定了城市的公共绿地、风景林地、防护绿地、行道树及干道绿化带的绿化、单位自建的公园和单位附属绿地的绿化、居住区绿地的绿化等规划、建设、保护和管理内容。《必须招标的工程项目规定》中规定，施工单项合同估算价在 400 万元人民币以上规模的工程，必须招标。根据营造施工的经验分析，园林绿化工程如要体现出较好的景观效果，单位面积的投资费用一般需 400 元 /m² ～ 600 元 /m²。园林绿化资质取消后，很多园林绿化工程随房屋建筑工程、市政工程、水利工程等项目的附属工程一同招标。

　　鉴于园林绿化工程的专业特性，本条规定各类新建、改建、扩建的园林绿化工程，以及房地产开发、道路工程、交通工程、水利工程等建设项目中附属绿地面积大于 10000m² 或投资大于 400 万元以上的园林绿化工程，应按照园林绿化工程要求招标，不应混同其他类别的工程招标。

3.0.3 国有资金投资建设的园林绿化工程的施工、监理服务、设备材料采购，以单项合同估算价是否达到依法必须招标的规模标准确定是否必须招标发包。非国有资金占控股或占主导地位的园林绿化工程，由发包人自主决定采用招标发包还是直接发包，以及是否进入公共资源交易平台进行交易。

　　园林绿化项目应依法开展招标投标活动。招标立项、招标范围、招标方式、招标组织形式应按照国家和地方的相关规定和程序执行。

3.0.4 鼓励发展园林绿化项目招标投标的工程总承包方式。发包人可根据项目特点，在可行性研究或者方案设计完成后，以工程投资估算为经济控制指标，以限额设计为控制手段，按照相关技术规范、标准和确定的建设规模、建设标准、功能需求、投资限额、工程质量和进度等要求，进行工程总承包招标。对具有一定规模或技术复杂的园林绿化工程，可采用设计施工一体化的工程总承包方式进行招标投标。

3.0.5 资格审查文件和招标文件应当报相关招标投标的管理部门备案，同时报园林绿化主管部门备案，以便于后期的质量、技术等监督管理。

3.0.6 ～ 3.0.8 园林绿化工程的施工企业应具备与从事工程建设活动相匹配的专业技术管理人员、技术工人、资金、设备等条件，并遵守工程建设相关法律法规。项目负责人应具备相应的现场管理工作经历和专业技术能力。投标人及其项目负责人宜具备工程业绩。

3.0.9 园林绿化企业及其从业人员的信用信息，应当记录到园林绿化信用信息评价管理系统中，作为事中与事后监管的重要参考，同时也是投标人资格审查和评标的重要参考。

4 工 程 类 型

4.0.1 本标准参考《城市绿地分类标准》CJJ/T 85 的分类方法，结合园林绿化工程的建设规模、复杂性、特殊性等自有特点，将园林绿化工程分为Ⅰ类、Ⅱ类、Ⅲ类、Ⅳ类工程。针对每类工程的规模、特点等指标作了说明。

1 Ⅰ类小型园林绿化工程。建设规模小，工程造价低于 400 万元的绿化栽植和简易绿化项目。

2 Ⅱ类中型园林绿化工程。工程造价 400 万元～3000 万元，规模中等的园林绿化项目，涵盖植物栽植、配置、建筑、小品、花坛、园路、水系、喷泉、假山、雕塑等少数要素的园林绿化工程项目。

3 Ⅲ类大型园林绿化工程。工程造价 3000 万元以上，涵盖植物栽植、配置、建筑、小品、花坛、园路、水系、喷泉、假山、雕塑等多个园林要素的综合园林绿化工程项目。

4 Ⅳ类复杂的园林工程。具有立地条件困难、施工技术复杂、施工难度大、危险性较大等特点的园林绿化工程项目。

4.0.2 园林绿化工程项目招标时，招标人应根据园林绿化工程的不同类型对投标人承包工程的能力提出要求。不同类型园林绿化项目，对施工企业所具备的项目管理机构、技术工人、类似业绩、技术储备等能力要求不同。

5 技 术 能 力

5.1 投标人基本条件

5.1.1～5.1.3 承担各类园林绿化工程的施工企业，应当是独立的法人主体，且有承担相应工程的资金能力、技术能力和履行合同的能力。投标所出具的营业执照应列有从事园林绿化工程施工及养护相关的经营范围。投标企业应具有承担相应工程的业绩和良好的信用记录。

5.2 项目管理机构

5.2.1、5.2.2 投标人应根据招标文件的要求，结合工程规模、施工特点、技术要求等配置项目管理机构。项目管理机构应由项目负责人、技术负责人、施工员、质检（量）员、安全员、材料员、资料员等管理人员组成，工程管理人员应持证上岗。项目管理机构的人员数量和岗位职责应当满足园林绿化工程施工的基本要求。

5.2.3 项目负责人是园林绿化工程施工的直接管理者，对质量、进度、成本、安全等全面负责，应当具有与工程规模相当的技术水平与管理水平。本条对项目负责人的专业背景、工作经验、技术能力、继续教育、工程业绩等要求作了具体规定。

项目负责人应当具备的条件包括：应具有园林或园林相关专业学历或教育背景；应具

有园林或园林相关专业技术职称或职业资格；应具备相应等级的园林绿化工程项目负责人人才评价合格证书（注：园林绿化工程项目负责人人才评价工作应按照园林绿化行业相关管理部门颁发的正式文件、通知要求执行。未颁布相关文件前，园林绿化工程项目负责人的基本条件仍按照职称资格的规定执行）；应定期参加行业主管部门或协（学）会举办的专业培训；应具有从事园林绿化工程施工管理工作经历，并具有招标项目建设规模相当的工程业绩。从事园林绿化工程的项目负责人应当具备较丰富专业知识和管理经验，应具有中级以上职称，大型工程的项目负责人应当有 10 年以上管理经验和工作经历。

5.2.4 项目技术负责人是园林绿化工程施工的技术管理者，应当具有与工程建设相当的技术水平和解决特殊复杂问题的技术能力。本条对项目技术负责人的专业背景、经验能力作了相关规定。

5.2.5 投标人拟定的项目负责人不得有在建工程项目。

5.2.6 项目管理人员应经过建设行业主管部门或协（学）会考核合格，持证上岗。施工员、质检（量）员还应定期参加省市级园林绿化主管部门或行业协（学）会举办的专业培训。

5.3 技 术 工 人

5.3.1 ~ 5.3.2 投标企业应根据工程需要配备一定数量的技术工人。技术工人主要包括：绿化工、花卉工、砌筑工、木工、电工、假山工以及仿古建筑施工的木雕工、石雕工、彩绘工、油漆工等相关工种。技术工人的人数和岗位配置，应当满足园林项目建设的规模和特点需要。对工程规模较小的Ⅳ类特殊复杂工程，在满足项目施工基本要求的条件下，可减少人员配置数量。

5.3.3 技术工人应定期参加省市级行业管理部门或协（学）会举办的继续教育培训。

5.4 工 程 业 绩

5.4.1 招标人可以要求投标人提供近年来承担过的类似园林绿化工程业绩，以证明投标人具备承担本工程项目的能力水平。

5.4.2 Ⅰ类小型园林绿化项目的招标可不设置工程业绩要求。其他类型的项目招标，企业以及项目负责人应具有从事类似工程的业绩记录。

5.4.3 本条是类似工程业绩设定的相关规定。招标人根据工程项目的具体情况，在招标公告、招标文件中明确相应的量化指标及期限。投标人应满足招标文件中对工程业绩的基本要求。

5.5 技 术 储 备

5.5.1 园林绿化项目具有功能性、科学性、景观性、艺术性等多重特点。企业应当重视工程技术的总结、研究、实践，加强在工艺、工法、企业标准等方面的科技研究。对Ⅲ类、Ⅳ类园林绿化工程，企业应有解决专类问题和特殊复杂问题的技术能力，且有一定的技术储备，包括相似工程业绩、工法、技术标准等。

5.5.2 企业应当储备与培养一批园林专业的设计人员，协助项目管理团队进行施工现场二次深化设计，提升项目的景观效果和绿色生态施工。园林景观设计资质可纳入评标分值作为企业技术能力的评价。

5.5.3 施工企业应根据项目要求，配备或租赁相应的施工机械设备，如洒水车、园林机械、吊装设备、运输车辆等，以便项目顺利实施。

5.5.4 技术方案是投标人对园林项目的认识水平及技术能力的根本体现，也是评标委员会进行技术评审的重要部分。投标人应当结合工程现场实际情况、企业实力、招标要求等，编制具有针对性和可操作性的园林绿化工程的施工组织设计与施工方案，以保证工程质量、进度、安全，提高工程建设水平。施工组织设计应包括工程概况、施工总体部署、施工现场平面布置、施工准备、施工技术方案、质量、进度、投资、安全、文明施工保证措施等内容。

5.5.5 对于危险性较大、技术复杂等特殊要求的园林绿化工程应单独编制专项施工方案。其内容一般包括危险性较大和技术复杂的分部（分项）工程概况、施工平面布置、施工要求、技术保证、安全保障，施工进度、劳动力、材料、机具设备计划，以及技术依据、技术参数、工艺流程、施工方案、施工工法、企业技术标准等内容。对于特殊复杂型Ⅳ类园林绿化工程，投标企业具有相应工法、企业技术标准的，可以纳入信用信息系统中评价企业或个人的技术水平。

6 商 务 报 价

6.0.1、6.0.2 《建筑工程施工发包与承包计价管理办法》（建设部 16 号令）中规定，工程发承包计价包括编制工程量清单、最高投标限价、招标标底、投标报价、工程结算以及签订和调整合同价款等活动，是维护建筑工程发包与承包双方的合法权益、促进建筑市场的健康发展的重要依据。国有资金投资的建筑工程招标，应当设有最高投标限价；非国有资金投资的建筑工程招标，可以设有最高投标限价或者招标标底。投标报价不得低于工程成本价。鼓励选用综合评估法合理选择中标企业。

6.0.3 工程造价在 400 万元以上的园林绿化项目，招标人可设置相关要约条件以减少低价中标，选取合理价中标单位。例如可根据工程项目特点、建设需求、经济情况等设置合理报价的控制警戒线，有效抑制低价恶性竞争。

当投标人的中标价低于招标控制价的 85% 时，中标人应额外提供风险担保。采用经评审的最低投标价法的园林绿化招标项目，招标公告或者招标文件中应当明确中标人向招标人提供保函形式的差额履约担保。

6.0.4 工程造价在 400 万元及以下的园林绿化工程项目，招标人可采用合理价随机抽取法确定中标人，增加初创园林企业动力。

7 资 信 评 价

7.0.1 从事园林绿化工程的施工企业应当具备良好的资信能力，没有经济方面的亏损或违法行为。投标人应具有从事工程施工的充足资金，且财务状况良好。

7.0.2 招标人可以在招标文件中要求投标人提交投标保证和履约保证，可采取银行保函等形式。

7.0.3 从事园林绿化工程建设的施工单位及其项目负责人应当具备良好的信用记录。园林绿化有关部门应按照国家有关规定，完善园林绿化行业信用信息管理系统。企业及人员的市场行为记录、履约记录、工程质量评价、技术水平、工程获奖等主要信息，应在园林绿化工程建设信用信息管理系统中记录。

7.0.4 园林绿化信用信息管理可通过量化分值或设置等级的方式作为企业及人员的市场信用评价标准。园林绿化行业的市场主体信用记录应作为投标人资格审查和评标的依据。

8 评 标 规 则

招标人应当在招标投标行政监督部门的监督管理下，依据国家发布的标准文本，结合本省出台的园林绿化工程招标文件范本，编制资格预审文件或招标文件。

招标人在发布资格预审公告或招标公告时，应同时公布资格预审文件或招标文件。

资格预审、招标评标过程应当符合各地政府建设工程招标投标管理办法的规定。

8.1 评标委员会

8.1.1 招标人应依照国家法律法规的有关规定，依法组建评标委员会负责评标活动。评标委员会向招标人推荐中标候选人或者根据招标人的授权直接确定中标人。

8.1.2 园林绿化工程的评标委员会应由招标人或其委托的招标代理机构中熟悉相关业务的代表，以及有关技术、经济等方面的专家组成，专家组成员人数为 5 人及以上单数，其中园林类技术专家不应少于成员总数的三分之一。

8.2 资 格 审 查

8.2.1 资格审查应按照现行的国家和地方招标投标有关法规、政策和管理办法执行。

8.2.2 资格审查分为资格预审和资格后审，可以根据实际情况选用其一。采取资格预审的，招标人应当在资格预审文件中载明资格预审的条件、标准和方法；采取资格后审的，招标人应当在招标文件中载明对投标人资格要求的条件、标准和方法。本条列出了资格审查的相关内容。

8.3 符合性评审

8.3.1 ~ 8.3.4 符合性评审负责审查投标人对招标文件的响应，不符合要求的可以否决其投标。其形式可分为形式评审、资格评审、响应性评审等，具体内容可包括投标人名称、投标文件格式、投标文件签章；投标人的营业执照、类似工程业绩、财务能力、履约信誉、信用评价，项目负责人、管理人员、技术工人的资格、合同、社会保险、类似业绩等；以及投标报价、工期、质量标准、投标保证金、投标有效期、权利义务和其他发包人等要求。

8.4 详 细 评 审

8.4.1 详细评审是基于符合性评审之上的评标过程，包括技术评审和商务报价评审过程。

8.4.2 技术评审方法应符合现行的国家和地方招标投标有关法规、政策、管理办法的规定。招标人应根据园林绿化工程项目实际，在招标文件中明确招标中技术评审的要点。

技术评审的分值可以由施工组织设计、技术能力、业绩评价、企业信用评价、项目经理答辩等组成。

应当结合园林绿化项目的工程特点、施工方法、企业实力、招标要求等，编制有针对性、可操作性的施工组织设计与施工专项方案，以保证工程质量、进度、安全，提高工程建设水平。其内容应当具有符合园林绿化工程建设要求的总体概述、施工部署、项目管理机构配置、苗木采购、人机料投入计划、施工方案、关键施工技术与工艺、"四新"（新技术、新产品、新工艺、新材料）应用、施工进度计划、质量保证体系、安全文明施工以及其他辅助措施。

可以根据招标项目规模、特点，在招标文件中列举出对投标企业技术工人配置、技术储备、二次深化设计能力，以及项目负责人的技术、管理能力的要求；企业及从业人员的类似工程业绩、技术水平、获奖证书等相关证明材料的要求；结合企业信用评价信息、项目负责人答辩的水平等，按照招标文件的分值设定细则，量化考察投标人所具备的承担招标项目能力。

8.4.3 报价评审方法应符合现行的国家和地方招标投标有关法规、政策、管理办法的规定。报价评审办法应在招标文件和相应公告中明确，其形式包括"综合评估法"、"合理低价法"和法律法规允许的其他方法，其评标入围条件、数量、评标报价的计算应按照现行的国家和地方招标投标的有关规定、办法和细则等执行。

对于一些工程项目，若报价显著低于成本价，或具有其他规律性的不当竞争现象，评标委员会有权且应当对异常报价文件作进一步评审、比较，确定异常报价是否低于成本价，以决定此投标人是否具备投标权利。

8.5 评 标 分 值

8.5.1、8.5.2 评标分值应由投标报价、技术评审等相关内容的分值构成。技术能力是投标人能否从事项目管理与工程建设的重要体现，它由投标人的施工技术管理水平、业绩证明、技术水平或获奖证书、资信评价、项目经理答辩等技术能力组成，是投标人承担工程综合能力的验证，故应当重视技术评审在总分值中的作用。条文中列出了技术评审分在总分值中占比比例。

中国风景园林学会团体标准

园林绿化工程施工招标资格预审文件
示范文本

Prequalification documents for procurement of landscape greening construction
—Recommended documents

T/CHSLA 10004—2020

批准部门：中国风景园林学会
施行日期：2021年4月1日

中国风景园林学会

景园学字〔2020〕52 号

关于发布《园林绿化工程施工招标资格预审文件示范文本》和《园林绿化工程施工招标文件示范文本》两项团体标准的公告

现批准《园林绿化工程施工招标资格预审文件示范文本》和《园林绿化工程施工招标文件示范文本》两项团体标准，编号为 T/CHSLA 10004—2020 和 T/CHSLA 10005—2020，自 2021 年 4 月 1 日起实施。现予公告。

本标准由我会委托中国建筑工业出版社出版发行。

中国风景园林学会
2020 年 9 月 30 日

目　　次

前　言

本文件与《园林绿化工程施工招标文件示范文本》T/CHSLA 10005—2020 共同构成了支撑园林绿化工程招标相关文件。

本文件由中国风景园林学会提出。

本文件由中国风景园林学会标准化技术委员会归口。

本文件起草单位：北京市园林绿化工程管理事务中心、北京科技园拍卖招标有限公司

本文件主要起草人：耿晓梅　胥　钢　杨忠全　贾建中　武　戈　朱小锋　邢亚利　　　　　　　　　蔡　迪　任　磊

本文件主要审查人：强　健　汤仁龙　商自福　唐晓红　薛起堂　向星政　祝珅平

在使用本文件过程中如有问题或建议，请反馈至编制工作小组（地址：北京市海淀区西三环中路 10 号；邮政编码 100142；邮箱：ylztb@yllhj.beijing.gov.cn）。

引　言

随着国家大力推进生态文明建设和美丽中国建设，园林绿化工程建设投入日益增加，园林绿化建设交易活动日益活跃。为了深化"放管服"改革，优化营商环境，促进全国园林绿化工程施工交易市场的公平竞争，规范园林绿化工程施工交易市场参与主体的招标投标行为，提高交易效率，结合园林绿化工程建设管理的特殊性和专业性，制定本文件。

本文件依据《中华人民共和国招标投标法》《中华人民共和国民法典》《中华人民共和国招标投标法实施条例》《建设工程质量管理条例》《优化营商环境条例》《保障农民工工资支付条例》《生产安全事故报告和调查处理条例》《电子招标投标办法》（国家发展和改革委员会等八部委第 20 号令）《国务院关于建立完善守信联合激励和失信联合惩戒制度加快推进社会诚信建设的指导意见》（国发〔2016〕33 号）《国务院办公厅关于清理规范工程建设领域保证金的通知》（国办发〔2016〕49 号）《关于在招标投标活动中对失信被执行人实施联合惩戒的通知》（法〔2016〕285 号）《招标公告和公示信息发布管理办法》（国家发展和改革委员会 2017 第 10 号令）《关于做好取消城市园林绿化企业资质核准行政许可事项相关工作的通知》（建办城〔2017〕27 号）《园林绿化工程建设管理规定》（建城〔2017〕251 号）《必须招标的工程项目规定》（国家发展和改革委员会 2018 第 16 号令）《关于印发〈工程项目招投标领域营商环境专项整治工作方案〉的通知》（发改办法规〔2019〕862 号）等法律法规及部门规范性文件，参照《标准施工招标资格预审文件》（国家发展和改革委员会等九部委第 56 号令），结合园林绿化工程建设项目的特点进行编写，旨在对园林绿化工程施工招标资格预审文件的编制进行规范性指导。

1 范　围

本文件规定了园林绿化工程施工招标资格预审文件的编制内容、格式和要求，以及资格预审文件示范文本。

本文件适用于依法必须招标的园林绿化工程施工项目，非依法必须招标的园林绿化工程施工项目可参考使用。

2 规范性引用文件

下列文件中的内容通过文中的规范性引用而构成本文件必不可少的条款。其中，注日期的引用文件，仅该日期对应的版本适用于本文件；不注日期的引用文件，其最新版本（包括所有的修改单）适用于本文件。

T/CHSLA 50001—2018 园林绿化工程施工招标投标管理标准

T/CHSLA 10001—2019 园林绿化施工企业信用信息和评价标准

T/CHSLA 50004—2019 园林绿化工程项目负责人评价标准

3 术语和定义

下列术语和定义适用于本文件。

3.1 园林绿化工程 engineering of landscape greening

通过地形营造、植物种植和保育、园路与活动场地铺设、建（构）筑物和设施建造安装，实现城市绿地功能，形成工程实体的建设活动。

3.2 园林绿化项目负责人 leader of landscape greening project

园林绿化工程施工中，由承包人任命，派驻施工现场并代表承包人全面履行合同职责，对工程项目的质量、进度、成本、安全等方面负责的管理者。应经过相关培训和能力评价，并具有园林绿化相关专业技术和项目管理能力。

3.3 园林绿化技术负责人 technical director for landscape greening

园林绿化工程施工中，由承包人任命的全面负责工程技术的管理者，主要对工程的实体技术及工艺工法等技术事项负责，应具有与承接工程建设内容相匹配的技术水平和解决特殊复杂问题的技术能力。

3.4 阶段性工期 phased construction period

也称"节点工期"，总进度计划下完成某一分部分项工程或关键节点所需要的期限。

3.5 养护期 warranty period for greening maintenance

按照合同约定进行绿化养护的期限，从工程竣工验收合格之日起计算。

3.6 类似工程业绩 relevant projects experience

与招标工程项目的工程类型、建设规模、建设内容、工程造价相似或相近的已竣工验收合格的工程。

4 总 体 要 求

4.1 依法必须招标的园林绿化工程施工项目的资格预审文件应符合本文件附录"园林绿化工程施工招标资格预审文件示范文本"（以下简称"示范文本"）的要求。

4.2 园林绿化工程施工招标的资格预审文件应包括下列内容：

a）资格预审公告；

b）申请人须知；

c）资格审查办法；

d）资格预审申请文件格式；

e）项目建设概况。

4.3 本文件附录"示范文本"的第一章资格预审公告应包括下列内容：

a）招标条件；

b）项目概况与招标范围；

c）申请人资格条件要求；

d）资格预审方法；

e）资格预审文件的获取；

f）资格预审申请文件的提交；

g）评标方法与定标方法；

h）投标担保；

i）履约担保和支付担保；

j）发布公告的媒介；

k）联系方式。

4.4 本文件附录"示范文本"的第二章申请人须知应包括申请人须知前附表和申请人须知正文两部分，其中申请人须知前附表应按项目具体情况采用选择、填空式进行编写，不应与申请人须知正文的内容相抵触，申请人须知正文部分应不加修改地引用。

4.5 本文件附录"示范文本"的第三章资格审查办法应包括资格审查办法前附表和资格审查办法正文两部分，其中资格审查办法前附表应按照项目具体情况采用选择、填空等形式进行编写，不应与资格审查办法正文的内容相矛盾，资格审查办法正文部分应不加修改地引用。

4.6 本文件附录"示范文本"的第三章资格审查办法列出了有限数量制和合格制两种资格审查方法，招标人根据招标项目具体特点和市场竞争情况，应遵循节约社会资源的原则选择使用。对建设内容复杂、技术要求较高、项目投资较大的项目宜选择有限数量制；对建设内容单一、施工技术工艺简单、项目投资较小的项目可选择合格制。

4.7 本文件附录"示范文本"的第四章资格预审申请文件的格式应根据资格审查办法和实际情况选择使用。

4.8 建设项目进行分标段招标时，每个招标标段应编制一份资格预审文件，应在项目名称中标明标段编号，并应根据标段工程特点，在文件中载明各标段的具体招标条件和要求。

4.9 当园林绿化工程项目采用电子招投标方式时，应按照国家相关电子招投标办法的要求执行。

4.10 园林绿化工程项目分类应符合《园林绿化工程施工招标投标管理标准》T/CHSLA 50001—2018 的有关要求。

5 内容、格式和要求

5.1 资格预审公告

5.1.1 资格预审公告应包括下列内容：

 a）招标项目名称、内容、范围、规模、实施地点和时间、项目资金来源和落实情况；

 b）申请人资格条件要求以及是否接受联合体投标；

 c）获取资格预审文件的时间、地点、方式；

 d）递交资格预审申请文件的截止时间、地点、方式；

 e）资格审查的方式、评标方法、定标方法；

 f）招标人及其招标代理机构的名称、地址、联系人及联系方式；

 g）采用电子招标投标方式的，潜在投标人访问电子招标投标交易平台的网址和方法；

 h）招标人要求投标人提供投标担保，中标人提供履约担保的，应当在招标文件中载明；

 i）其他依法应当载明的内容。

5.1.2 资格预审公告应同时注明公告发布的所有媒介名称。

5.1.3 公告的文本格式应符合附录的第一章资格预审公告的要求。

5.2 申请人资格要求

5.2.1 不得将工程施工的企业资质作为申请人的资格条件；对申请人资格审查应重点关注申请人是否具有与招标项目相匹配的专业技术管理人员、技术工人、资金、设备等履约能力及相关的工程经验，并应符合下列要求：

 a）应对园林绿化工程施工项目负责人的资历、项目组织机构和项目团队人员的资历进行考查；

 b）应对申请人企业信誉进行考查，并应对申请人在园林绿化行业从业信用情况进行考查。

5.2.2 建设内容较复杂、技术要求较高的园林绿化工程，在申请人资格条件中可要求其具有类似工程业绩；建设内容简单、可采用通用施工技术工艺的工程，在申请人资格条件中不应设置类似工程业绩要求。

5.2.3 类似工程业绩的要求适用于申请人企业和人员，企业类似工程业绩可设置年限要求，人员类似工程业绩可不设年限要求。

5.2.4　类似工程业绩要求的建设规模或工程造价不宜超过招标项目的 70%。

5.2.5　建设内容较复杂、技术要求高的园林绿化工程，可要求项目负责人具有中级及以上的技术职称；建设内容简单、可采用通用施工技术工艺的工程不应设置中级及以上的技术职称要求。

5.2.6　园林绿化相关专业应依据学历专业或职称证书专业判定，可包括园林、风景园林、园林绿化、园林植物、园林景观设计、园艺、观赏园艺、果树、植物营养、植物保护、林学、草学、城乡规划、景观等。

5.2.7　申请人信誉的考查应在招标文件中明确信息采集的渠道和采集的时点。

5.3　申请人须知

5.3.1　申请人须知前附表应根据工程项目的具体情况据实填写明确。

5.3.2　申请人须知前附表条款号和内容应与申请人须知正文部分逐一对应。

5.3.3　前附表内容与须知正文内容不一致时，以申请人须知前附表为准，但与申请人须知正文的内容相矛盾的除外。

5.4　资格审查办法

5.4.1　资格审查采用有限数量制的，应明确拟选择投标人的数量。除应对申请人提交的资格预审申请文件进行初步审查和详细审查外，还应对申请文件进行评分，评分项目应包括：项目部人力资源、企业信用、财务状况、类似工程业绩、拟投入的机械设备、正在施工的和新承接的工程项目、企业管理体系、诉讼和仲裁等。

5.4.2　资格审查采用合格制的，应注明初步审查和详细审查的标准，通过初步审查和详细审查的申请人均可成为投标人。

5.4.3　提交资格预审申请文件少于拟选投标人数量的处置办法可在公告中明示。

5.5　资格预审申请文件格式

5.5.1　资格预审申请文件格式部分仅提供表格样式供申请人参考使用。

5.5.2　证明文件或资料应按照申请人须知和评审办法的要求提供。

5.6　项目建设概况

5.6.1　项目建设概况内容应包括并不限于下列内容：

 a）项目说明；

 b）建设条件；

 c）建设要求；

 d）其他需说明的情况。

5.6.2　招标人应尽可能提供准确明晰的概况，突出项目的个性化条件和情况。

附录

园林绿化工程施工招标资格预审文件

示范文本

__（项目名称）__工程施工招标

资格预审文件

招标人：＿＿＿＿＿＿＿＿（盖单位章）

日期：＿＿＿＿年＿＿月＿＿日

目　录

　① 目录中章节号相同的，招标人应根据项目具体特点和实际需要选择适用的内容。

---

① 目录中章节号相同的，招标人应根据项目具体特点和实际需要选择适用的内容。

第一章　资格预审公告

_____（项目名称）工程施工招标

资格预审公告

1. 招标条件

本招标项目_____（项目名称）已由_____（项目审批、核准或备案机关名称）以_____（批文名称及编号）批准建设，项目业主为_____，项目资金来自_____（资金来源），项目出资比例为_____，招标人为_____。项目已具备招标条件，现进行公开招标，特邀请有意向的潜在投标申请人（以下简称"申请人"）提出资格预审申请。

2. 项目概况与招标范围

2.1　项目建设地点：_____

2.2　项目建设规模：_____

2.3　项目估算或投资概算：_____

2.4　要求工期和养护期：要求工期____天，养护期____天

2.5　标段划分：_____

2.6　招标范围：_____

2.7　其他：_____

3. 申请人资格条件要求

3.1　申请人须为在中华人民共和国境内合法注册，具有独立承担民事责任的能力和经营许可的独立法人；

3.2　申请人须具有良好的商业信誉和健全的财务会计制度；

3.3　申请人在人员、设备、资金等方面具备履行合同的能力：

□ 项目负责人资格：具有园林绿化相关专业（□高级□中级□初级）专业技术职称和项目管理能力，且没有担任任何在施建设工程项目的项目负责人。

□ 申请人的类似工程业绩要求：_____。

其他要求：_____。

3.4　信誉要求：

□ 申请人须未被"信用中国"网站（www.creditchina.gov.cn）列入"失信被执行人"和重大税收违法案件当事人名单。

□ 申请人及其项目负责人应具有良好的园林绿化施工企业信用记录。

其他信誉要求：

_____

3.5 申请人参加本招标活动前____年内没有发生过一般及以上工程安全事故和重大工程质量问题。

3.6 申请人参加本招标活动前____年内，在经营活动中没有重大违法记录；

3.7 本次资格预审（□ 接受 □ 不接受）联合体申请。

联合体申请资格预审的，应满足下列要求：_____

3.8 其他要求：

□ 申请人具有依法缴纳税收和社会保障资金的良好记录。

_____

3.9 申请人可以就本招标项目的____个标段投标，但最多允许中标____个标段。（适用于划分标段的招标项目）

3.10 投标人不得存在下列情形之一：

（1）为招标人不具有独立法人资格的附属机构（单位）；

（2）为本招标项目提供工程勘察、设计、咨询、项目管理、代建、监理、招标代理等服务的单位或者与上述单位同为一个法定代表人或相互控股或参股或相互任职的；

（3）单位负责人为同一人或者存在控股、管理关系的不同单位，不得参加同一标段投标或者未划分标段的同一招标项目投标。

4. 资格预审方法

本次资格预审采用_____（有限数量制／合格制）。采用有限数量制的，当通过详细审查的申请人多于____家时，通过资格预审的申请人限定为____家。

5. 资格预审文件的获取

凡有意申请资格预审者，可于_____年___月___日___时___分至_____年___月___日___时___分（北京时间，下同）前往_____（详细地址）获取资格预审文件或从____（明确文件下载的网址）____下载资格预审文件。

6. 资格预审申请文件的提交

6.1 提交资格预审申请文件截止时间为_____年___月___日___时___分，提交的地点为_____（详细地址或电子招标投标交易系统）。

6.2 逾期送达的资格预审申请文件或未按资格预审文件的规定进行密封和标识的资格预审申请文件招标人不予受理。

7. 评标方法与定标方法

评标方法：_____。
定标方法：_____。

8. 投标担保

投标担保：□ 不需提供 □ 需提供，金额：_____。

9. 履约担保和支付担保

履约担保：□ 不需提供　□ 需提供，金额或比例：＿＿＿＿＿＿＿＿。
支付担保：□ 不需提供　□ 需提供，金额或比例：<u>与履约担保相同</u>。

10. 发布公告的媒介

本次资格预审公告同时在＿＿＿＿＿＿＿＿＿＿（发布公告的媒介名称）上发布。

11. 联系方式

招 标 人：＿＿＿＿＿＿＿＿＿	招标代理机构：＿＿＿＿＿＿＿＿
地　　址：＿＿＿＿＿＿＿＿＿	地　　址：＿＿＿＿＿＿＿＿＿
邮　　编：＿＿＿＿＿＿＿＿＿	邮　　编：＿＿＿＿＿＿＿＿＿
联 系 人：＿＿＿＿＿＿＿＿＿	联 系 人：＿＿＿＿＿＿＿＿＿
电　　话：＿＿＿＿＿＿＿＿＿	电　　话：＿＿＿＿＿＿＿＿＿
传　　真：＿＿＿＿＿＿＿＿＿	传　　真：＿＿＿＿＿＿＿＿＿
电子邮件：＿＿＿＿＿＿＿＿＿	电子邮件：＿＿＿＿＿＿＿＿＿
网　　址：＿＿＿＿＿＿＿＿＿	网　　址：＿＿＿＿＿＿＿＿＿

招标人或招标代理机构：＿＿＿＿＿＿（盖单位章）＿＿＿

主要负责人或其授权的项目负责人：＿＿＿（签字）＿＿＿

日期：＿＿＿＿＿年＿＿月＿＿日

第二章　申请人须知

申请人须知前附表

条款号	条款名称	内容
1.1.2	招标人	名　　称：＿＿＿＿＿＿＿＿＿ 地　　址：＿＿＿＿＿＿＿＿＿ 联 系 人：＿＿＿＿＿＿＿＿＿ 电　　话：＿＿＿＿＿＿＿＿＿ 电子邮件：＿＿＿＿＿＿＿＿＿ 传　　真：＿＿＿＿＿＿＿＿＿
1.1.3	招标代理机构	名　　称：＿＿＿＿＿＿＿＿＿ 地　　址：＿＿＿＿＿＿＿＿＿ 联 系 人：＿＿＿＿＿＿＿＿＿ 电　　话：＿＿＿＿＿＿＿＿＿ 电子邮件：＿＿＿＿＿＿＿＿＿ 传　　真：＿＿＿＿＿＿＿＿＿
1.1.4	项目名称	＿＿＿＿＿＿＿＿＿＿＿＿＿＿
1.1.5	建设地点	＿＿＿＿＿＿＿＿＿＿＿＿＿＿
1.1.6	建设规模	＿＿＿＿＿＿＿＿＿＿＿＿＿＿
1.2.1	项目估算或投资概算	＿＿＿＿＿＿＿＿＿＿＿＿＿＿
1.2.2	资金来源	＿＿＿＿＿＿＿＿＿＿＿＿＿＿
1.2.3	出资比例	＿＿＿＿＿＿＿＿＿＿＿＿＿＿
1.2.4	资金落实情况	＿＿＿＿＿＿＿＿＿＿＿＿＿＿
1.3.1	招标范围	＿＿＿＿＿＿＿＿＿＿＿＿＿＿
1.3.2	要求工期和养护期	要求工期：＿＿＿＿＿＿＿日历天 计划开工日期：＿＿＿＿＿＿ 计划竣工日期：＿＿＿＿＿＿ 养护期：＿＿＿＿＿＿＿＿＿
1.3.3	质量要求	质量标准：＿＿＿＿＿＿＿＿＿
1.4.1	申请人资格条件要求	（1）申请人的主体资格：申请人须为在中华人民共和国境内合法注册，具有独立承担民事责任的能力和经营许可的独立法人。要求： □ 提供相关行政主管部门核发的有效营业执照或经营许可证明资料。 （2）申请人须具有良好的商业信誉和健全的财务会计制度要求： □ 提供经审计机构审计的财务报表的扫描／复印件。具体要求见申请人须知第3.2.4项。 □ 提供申请人基本账户的开户银行出具的资信证明。 其他：＿＿＿＿＿＿＿＿＿＿＿。

条款号	条款名称	内容
1.4.1	申请人资格条件要求	（3）申请人在人员、设备、资金等方面具备履行合同的能力： □ 项目负责人资格：具有园林绿化相关专业（□ 高级 □ 中级 □ 初级）专业技术职称和项目管理能力，且没有担任任何在施建设工程项目的项目负责人。 □ 申请人的类似工程业绩要求：＿＿＿＿＿＿＿＿＿＿＿＿， 其他要求：＿＿＿＿＿＿＿＿＿＿＿＿＿＿＿＿＿。 （4）信誉要求： □ 申请人须未被"信用中国"网站（www.creditchina.gov.cn）列入"失信被执行人"和重大税收违法案件当事人名单。 □ 申请人及其项目负责人应具有良好的园林绿化施工企业信用记录。信息采集的网站为：＿＿＿＿＿＿＿＿＿＿＿＿＿＿ 其他信誉要求：＿＿＿＿＿＿＿＿＿＿＿＿ （5）申请人参加本招标活动前＿＿＿年内没有发生过一般及以上工程安全事故和重大工程质量问题。 （6）申请人参加本招标活动前＿＿＿年内，在经营活动中没有重大违法记录； 重大违法记录是指申请人因违法经营受到刑事处罚或者责令停产停业、吊销许可证或者执照、较大数额罚款等行政处罚。 （7）其他要求： □ 申请人具有依法缴纳税收和社会保障资金的良好记录。 □ ＿＿＿＿＿＿＿＿＿＿＿＿＿＿＿＿＿＿
1.4.2	是否接受联合体资格预审申请	□ 不接受联合体申请人 □ 接受联合体申请人
2.2.1	申请人要求澄清资格预审文件的截止时间	＿＿＿＿＿年＿＿月＿＿日＿＿时＿＿分
2.2.3	申请人确认收到资格预审文件澄清的时间	在收到相应澄清文件后＿＿＿小时内
2.3.2	申请人确认收到资格预审文件修改的时间	在收到相应修改文件后＿＿＿小时内
3.1.1	（9）申请人需补充的其他材料	□ 项目组织机构设置与人员配备 □ 拟派项目负责人简历 □ 拟派本项目主要人员简历 □ 近年施工安全、质量情况说明 □ 近年不良行为记录情况说明 □ 近年没有发生过一般及以上工程安全事故和重大工程质量问题的声明或承诺。 □ 近年在经营活动中没有重大违法记录情况的声明或承诺 □ 近年企业缴纳税收和社会保障资金记录 □ 其他说明、承诺或声明＿＿＿＿＿＿＿＿＿＿ ＿＿＿＿＿＿＿＿＿＿＿＿＿＿＿＿＿＿＿＿
3.2.4	近年财务状况的年份要求	＿＿＿＿＿年，指＿＿＿＿＿年起至＿＿＿＿＿年止
3.2.5	近年已完成的类似工程业绩要求	（1）类似工程业绩要求： □ 不要求 □ 要求：

条款号	条款名称	内容
3.2.5	近年已完成的类似工程业绩要求	（2）类似工程业绩是指： ___万元及以上，或／和___平方米及以上的综合性园林绿化工程或 □ 道路绿化工程 □ 绿化种植工程 □ 古树名木移植保护工程 □ 生态修复工程 □ …… （3）近年已完成的类似工程业绩年份要求：_____年，即自_____年___月___日至_____年___月___日期间已竣工验收的项目。 （4）类似工程业绩的资料要求：_____
3.2.7	近年发生的诉讼和仲裁情况的年份要求	_____年，指_____年___月___日起至_____年___月___日止
3.2.8	（2）拟派项目负责人的相关业绩	（1）相关业绩要求： □ 不要求 □ 要求： （2）相关业绩是指：___万元及以上，或／和___平方米及以上的综合性园林绿化工程或 □ 道路绿化工程 □ 绿化种植工程 □ 古树名木移植保护工程 □ 生态修复工程 □ …… （3）相关业绩年份要求：_____年，即自_____年___月___日至_____年___月___日期间已竣工验收的项目。 （4）相关业绩的资料要求：_____
	（4）近年施工安全、质量情况的年份要求	_____年，指_____年___月___日起至_____年___月___日止
	（5）近年没有发生过一般及以上工程安全事故和重大工程质量问题的年份要求	_____年，指_____年___月___日起至_____年___月___日止
	（6）近年在经营活动中没有重大违法记录的年份要求	_____年，指_____年___月___日起至_____年___月___日止
	（7）近年不良行为记录的年份要求	_____年，指_____年___月___日起至_____年___月___日止
	（8）近年企业缴纳税收和社会保障资金记录	_____年，指_____年___月___日起至_____年___月___日止
3.3.1	签字、盖章的特殊要求	
3.3.2	资格预审申请文件份数	正本___份，副本___份
3.3.3	资格预审申请文件的装订要求	□ 不分册装订 □ 分册装订，共分___册，分别为： _____ 装订应牢固、不易拆散和换页，不得采用活页装订

条款号	条款名称	内容
4.1.1	资格预审申请文件的包装和密封	资格预审申请文件的正本与副本 □ 须 □ 不须 分别包装。密封袋或箱的封口处须粘贴封条并盖申请人单位章
4.1.2	密封袋（或箱）上的标识	招标人全称：＿＿＿＿＿＿＿＿＿＿＿＿＿＿＿＿＿ ＿＿＿＿＿＿＿＿＿＿＿（项目名称）工程施工招标资格预审申请文件在评审前不得开启。 申请人名称：＿＿＿＿＿（盖单位章） 申请人的地址：＿＿＿＿＿＿＿＿＿＿＿＿＿＿ 联系人：＿＿＿＿＿＿＿＿＿＿＿＿＿＿＿＿ 联系电话：＿＿＿＿＿＿＿＿＿＿＿＿＿＿
4.2.1	提交资格预审申请文件截止时间	＿＿＿年＿＿月＿＿日＿＿时＿＿分
4.2.2	提交资格预审申请文件的地点	
4.2.3	是否退还资格预审申请文件	□ 否　　　□ 是，退还安排：＿＿＿＿＿
5.1.2	资格审查委员会人数	审查委员会人数：＿＿＿人，其中：招标人代表＿＿＿人，技术、经济等方面的专家：＿＿＿人，其中园林专业专家人数不少于委员会专家人数的1/3； 审查专家确定方式：＿＿＿＿＿＿＿＿＿＿
5.2	资格审查方法	□ 合格制 □ 有限数量制，当通过详细审查的申请人多于＿＿＿家时，通过资格预审的申请人限定为＿＿＿家
6.1	资格预审结果的通知时间	
6.2	收到投标邀请书后确认时间	在收到投标邀请书后＿＿＿小时内
8.4.2	投诉 投诉及投诉的处理遵循《中华人民共和国招标投标法》《中华人民共和国招标投标法实施条例》和《工程建设项目招标投标活动投诉处理办法》的相关规定。 投诉受理单位：＿＿＿＿＿＿＿＿＿＿＿＿ 单位地址：＿＿＿＿＿＿＿＿＿＿＿＿＿＿ 联系电话：＿＿＿＿＿＿＿＿＿＿＿＿＿＿	
8.5	本招标项目的资格预审活动及其相关当事人接受有管辖权的＿＿＿＿＿＿＿招标投标行政部门的监督	
9	解释权	
	本资格预审文件由招标人负责解释	
10	需要补充的其他内容	
10.1	词语定义	
10.1.1	失信记录	
	失信记录是指：＿＿＿＿＿＿＿＿＿＿＿＿＿	
10.1.2	不良行为记录：	
	不良行为记录是指：近年申请人在工程建设过程中因违反有关工程建设的法律、法规、规章或强制性标准和执业行为规范，经县级以上建设行政主管部门或其委托的执法监督机构查实和行政处罚，形成的不良行为记录	

条款号	条款名称	内容
10.1.3	诉讼和仲裁情况	
		诉讼和仲裁情况是指：与履行施工合同以及与工程材料设备和苗木采购合同相关的法律败诉。在提交资格预审申请文件截止时间之前，涉及申请人有关的处于诉讼或仲裁程序中仍未终审判决或最终裁决的诉讼不纳入本次评审
...	......	
10.2	资格预审申请文件编制的补充要求	
	（1）项目管理能力的文件或资料要求：＿＿＿＿＿＿＿＿＿＿＿＿＿＿＿＿＿＿	
	（2）专业技术职称的其他证明文件要求：＿＿＿＿＿＿＿＿＿＿＿＿＿＿＿	
	......	
10.3	通过资格预审的申请人	
10.3.1	凡通过初步审查和详细审查的申请人均应确定为通过资格预审的申请人（适用于合格制）	
	通过资格预审申请人分为"正选"和"候补"两类（适用于有限数量制）	
	资格审查委员会应当根据第三章"资格审查办法"，对通过详细审查的申请人按评审得分由高到低的排列顺序，将不超过本须知前附表中规定的限定数量的申请人列为通过资格预审的申请人（正选），其余的申请人依次列为通过资格预审的申请人（候补）（适用于有限数量制）	
10.3.2	根据本章第6.1款的规定，招标人应当首先向通过资格预审的申请人发出投标邀请书	
10.3.3	因根据本章1.4.3规定通过资格预审的申请人因利益冲突等原因导致潜在投标人数量少于本须知前附表中规定的限定数量的，招标人应当按照申请人资格审查评分的排名次序，由高到低依次递补，递补必须遵循资格预审文件及相关法律法规规定的利益冲突回避原则，且递补过程可能导致已列为通过资格预审的申请人名单的申请人无法获得本项目的投标资格（适用于有限数量制） 确认递补的截止条件和时间：＿＿＿＿＿＿＿＿＿＿＿＿＿＿＿＿＿＿	
10.4	招标人补充的内容	
10.4.1	设计人：＿＿＿＿＿＿＿＿＿＿＿＿＿＿＿＿ 监理人：＿＿＿＿＿＿＿＿＿＿＿＿＿＿＿＿	
10.5	评标方法与定标方法 评标方法：＿＿＿＿＿＿＿＿＿＿＿＿＿＿＿＿。 定标方法：＿＿＿＿＿＿＿＿＿＿＿＿＿＿＿＿	
10.6	8. 投标担保 投标担保：□不需提供　□需提供，金额：＿＿＿＿＿＿＿＿	
10.7	9. 履约担保和支付担保 履约担保：□不需提供　□需提供，金额或比例：＿＿＿＿＿＿＿＿。 支付担保：□不需提供　□需提供，金额或比例：与履约担保相同	
10.8	本附表中的内容与正文部分的内容表述不一致的，以本附表为准	

申请人须知

1. 总则

1.1 项目概况

1.1.1 根据《中华人民共和国招标投标法》《中华人民共和国招标投标法实施条例》等有关法律、法规和规章的规定，本招标项目已具备招标条件，现进行公开招标，特邀请有意向承担本项目施工的申请人提出资格预审申请。

1.1.2 招标人：见申请人须知前附表。

1.1.3 招标代理机构：见申请人须知前附表。

1.1.4 项目名称：见申请人须知前附表。

1.1.5 项目建设地点：见申请人须知前附表。

1.1.6 项目建设规模：见申请人须知前附表。

1.2 资金及来源、出资比例和落实情况

1.2.1 项目估算或投资概算：见申请人须知前附表。

1.2.2 资金来源：见申请人须知前附表。

1.2.3 出资比例：见申请人须知前附表。

1.2.4 资金落实情况：见申请人须知前附表。

1.3 招标范围、要求工期及养护期和质量要求

1.3.1 招标范围：见申请人须知前附表。

1.3.2 要求工期和养护期：见申请人须知前附表。

1.3.3 质量要求：见申请人须知前附表。

1.4 申请人资格条件要求

1.4.1 申请人应具备承担本招标项目施工的资格条件、能力和信誉。

（1）申请人主体资格要求：见申请人须知前附表；

（2）申请人具有良好的商业信誉和健全的财务会计制度：见申请人须知前附表；

（3）申请人履行合同的人员、设备、资金能力：见申请人须知前附表；

（4）申请人的信誉要求：见申请人须知前附表；

（5）申请人近年没有发生过一般及以上工程安全事故和重大工程质量问题：见申请人须知前附表；

（6）申请人近年在经营活动中没有重大违法记录：见申请人须知前附表；

（7）其他要求：见申请人须知前附表。

1.4.2 申请人须知前附表规定接受联合体资格预审申请的，联合体申请人除应符合本章第1.4.1项的要求外，还应遵守以下规定：

（1）联合体各方必须按资格预审文件提供的格式签订联合体投标协议书，明确约定各方拟承担的专业工作和责任，并将共同投标协议连同资格预审申请文件一并提交招标人。联合体中标的，联合体各方应当共同与招标人签订合同，就中标项目向招标人承担连带责任。

（2）联合体各方应当具备承担共同投标协议约定的招标项目相应专业工作的能力。国家有关规定或者资格预审文件对申请人资格条件有规定的，联合体各方应当具备规定的相

应资格条件。工程发包内容中涉及须由具有相应施工企业资质的承包单位实施的，联合体相应的专业资质等级，根据共同投标协议约定的专业分工，按照承担相应专业工作的资质等级最低的单位确定。

（3）通过资格预审的联合体，其成员的增减、更换或其各成员方自身资格条件的变化，将会导致其投标被否决。

（4）联合体各方不得再以自己名义单独或加入其他联合体在同一标段中或者在未划分标段的同一招标项目中申请资格预审，否则与其相关的资格预审申请文件均无效。

1.4.3 申请人不得存在下列情形之一：

（1）为招标人不具有独立法人资格的附属机构（单位）；

（2）为本招标项目提供工程勘察、设计、咨询、项目管理、代建、监理、招标代理等服务的单位或者与上述单位同为一个法定代表人或相互控股或参股或相互任职的；

（3）被暂停或取消投标资格的；

（4）财产被接管或冻结的。

1.5 语言文字

除专用术语外，来往文件均使用简体中文。必要时专用术语应附有中文注释。

1.6 费用承担

申请人准备和参加资格预审发生的费用自行承担。

2. 资格预审文件

2.1 资格预审文件的组成

2.1.1 本次资格预审文件包括如下内容以及根据本章第 2.2 款对资格预审文件的澄清和第 2.3 款对资格预审文件的修改。

第一章 资格预审公告

第二章 申请人须知

第三章 资格审查办法

第四章 资格预审申请文件格式

第五章 项目建设概况

2.1.2 当资格预审文件、资格预审文件的澄清或修改等对同一内容的表述不一致时，以最后发出的书面文件为准。

2.2 资格预审文件的澄清

2.2.1 申请人应仔细阅读和检查资格预审文件的全部内容。如有疑问，应在申请人须知前附表规定的时间前以书面形式（包括信函、电报、传真、电子邮件等可以有形表现所载内容的形式，下同），要求招标人对资格预审文件进行澄清。

2.2.2 资格预审文件的澄清在申请人须知前附表规定的提交资格预审申请文件截止时间 3 天前以书面形式发给所有获取了资格预审文件的申请人，但不指明澄清问题的来源。如果澄清发出的时间距提交资格预审申请文件截止时间不足 3 天，且澄清内容影响资格预审申请文件的编制，相应延长提交资格预审申请文件截止时间。

2.2.3 申请人收到澄清后，应在申请人须知前附表规定的时间内以书面形式通知招标人，确认已收到该澄清。

2.3 资格预审文件的修改

2.3.1 提交资格预审申请文件截止时间 3 天前，招标人可以书面形式修改资格预审文件。如果修改资格预审文件的时间距提交资格预审申请文件截止时间不足 3 天，且修改内容影响申请文件编制，相应延长提交资格预审申请文件截止时间。

2.3.2 申请人收到修改的内容后，应在申请人须知前附表规定的时间内以书面形式通知招标人，确认已收到该修改。

3. 资格预审申请文件的编制

3.1 资格预审申请文件的组成

3.1.1 资格预审申请文件应包括下列内容：

（1）资格预审申请函；

（2）申请人法定代表人身份证明或法定代表人授权委托书；

（3）联合体投标协议书（如需要）；

（4）申请人基本情况表；

（5）近年财务状况表；

（6）近年已完成的类似项目情况表；

（7）正在施工的和新承接的项目情况表；

（8）近年发生的诉讼和仲裁情况表；

（9）投标申请人需要补充的资料，见申请人须知前附表。

3.1.2 申请人须知前附表规定不接受联合体资格预审申请的或申请人没有组成联合体的，资格预审申请文件不包括本章第 3.1.1（3）目所指的联合体投标协议书。

3.2 资格预审申请文件的编制要求

3.2.1 资格预审申请文件应按第四章"资格预审申请文件格式"进行编写，如有必要，可以增加附页，并作为资格预审申请文件的组成部分。申请人须知前附表规定接受联合体资格预审申请的，本章第 3.2.3 项至第 3.2.8 项规定的表格和资料应包括联合体各方的相关情况。

3.2.2 法定代表人授权委托书必须由法定代表人签字。

3.2.3 "申请人基本情况表"应附申请人营业执照副本的扫描／复印件。

3.2.4 "近年财务状况表"应提供经审计机构审计的财务报表的扫描／复印件，包括资产负债表、利润表（或称损益表）、现金流量表、所有者权益变动表（或称股东权益变动表）和财务报表附注，具体年份要求见申请人须知前附表。

3.2.5 "近年完成的类似项目情况表"应附有关的资料扫描／复印件等材料，是否要求类似工程业绩及类似工程业绩的具体要求见申请人须知前附表。每张表格只填写一个项目，并标明序号。

3.2.6 "正在施工和新承接的项目情况表"应附施工合同（或协议书）的关键页的扫描／复印件。每张表格只填写一个项目，并标明序号。

3.2.7 "近年发生的诉讼和仲裁情况表"应附法院或仲裁机构的裁判文书扫描／复印件，具体年份要求见申请人须知前附表。

3.2.8 申请人需要补充的资料：

如果申请人须知前附表对"第3.1.1（9）目要求申请人提供的补充资料"提出的补充资料包含有以下内容，申请人应按下述的要求进行编制：

（1）"项目组织机构设置与人员配备表"包括项目负责人、技术负责人、工程技术人员、工程管理人员、高级技术工人等。

（2）"拟派项目负责人简历表"应提供项目负责人的身份证、学历证明、职称证、项目管理能力的文件或资料、缴纳社会保险的证明、相关业绩的资料扫描／复印件等材料。

拟派项目负责人相关业绩的具体要求见申请人须知前附表，拟派项目负责人项目管理能力的文件或资料要求见申请人须知前附表10.2（1）。

如果职称证中没有技术职称专业的相关信息，申请人应同时提供相关证明文件，具体内容要求见申请人须知前附表10.2（2）。

（3）"拟派本项目主要人员简历表"应提供身份证、学历证明、职称证、执业／职业资格证书、上岗证书等的扫描／复印件（如果有）。如果职称证中没有技术职称专业的相关信息，申请人应同时提供相关证明文件，具体内容要求见申请人须知前附表10.2（2）。

（4）"近年施工安全、质量情况表"，具体年份要求见申请人须知前附表。

（5）"近年没有发生过一般及以上工程安全事故和重大工程质量问题"，申请人应提交书面声明或承诺，具体年份要求见申请人须知前附表。

（6）"近年在经营活动中没有重大违法记录"，申请人应提交书面声明或承诺，具体年份要求见申请人须知前附表。

（7）"近年不良行为记录"，申请人应对企业不良行为记录情况进行说明，主要说明近年申请人在工程建设过程中因违反有关工程建设的法律、法规、规章或强制性标准和执业行为规范，经县级以上建设行政主管部门或其委托的执法监督机构查实和行政处罚，形成的不良行为记录，具体年份要求见申请人须知前附表。

（8）"近年企业缴纳税收和社会保障资金记录"应提供申请人在参加投标前的一段时间内缴纳的增值税和企业所得税的凭据和缴纳社会保险的凭据。具体的时间要求见申请人须知前附表。

3.3 资格预审申请文件的装订、签字、盖章

3.3.1 申请人应按本章第3.1款和第3.2款的要求，编制完整的资格预审申请文件，使用不褪色的材料书写或打印。申请人须按照资格预审文件第四章资格预审申请文件格式文件中的盖章和（或）签字要求进行签章。由委托代理人签字时，须随资格预审申请文件一同提交法定代表人签署的授权委托书，否则资格预审申请文件无效。资格预审申请文件中的任何改动之处应盖申请人单位章并由申请人的法定代表人或其委托代理人签字。申请文件签字、盖章的特殊要求见申请人须知前附表。

3.3.2 资格预审申请文件的份数见申请人须知前附表。资格预审申请文件的正本和副本的封面上应清楚地标记"正本"或"副本"字样。当正本和副本不一致时，以正本为准。

3.3.3 资格预审申请文件正本与副本应分别装订成册，并编制目录，具体装订要求见申请人须知前附表。

4. 资格预审申请文件的递交

4.1 资格预审申请文件的密封和标识

4.1.1 资格预审申请文件包装和密封要求见申请人须知前附表。

4.1.2 在资格预审申请文件密封袋（或箱）上的标识要求见申请人须知前附表。

4.1.3 未按本章第 4.1.1 项或第 4.1.2 项要求密封和加写标记的资格预审申请文件，招标人不予接收或按无效资格预审申请文件处理。

4.2 资格预审申请文件的递交

4.2.1 提交资格预审申请文件截止时间：见申请人须知前附表。

4.2.2 提交资格预审申请文件的地点：见申请人须知前附表。

4.2.3 除申请人须知前附表另有规定的外，申请人所提交的资格预审申请文件不予退还。

4.2.4 逾期送达的资格预审申请文件，招标人不予受理。

5. 资格预审申请文件的审查

5.1 审查委员会

5.1.1 资格预审申请文件由招标人组建的资格审查委员会负责审查。资格审查委员会依法组建。资格审查委员会及其成员应当遵守《中华人民共和国招标投标法》和《中华人民共和国招标投标法实施条例》有关评标委员会及其成员的规定。

5.1.2 审查委员会人数及组成：见申请人须知前附表。

5.2 资格审查

资格预审应当按照资格预审文件载明的标准和方法进行，没有规定的方法和标准不得作为审查依据。

6. 通知和确认

6.1 通知

招标人在申请人须知前附表规定的时间内以书面形式将资格预审结果通知申请人，并向通过资格预审的申请人发出投标邀请书，向未通过资格预审的申请人告知原因。

6.2 确认

6.2.1 通过资格预审的申请人收到投标邀请书后，应在申请人须知前附表规定的时间内以书面形式明确表示是否参加投标。在申请人须知前附表规定时间内未表示是否参加投标或明确表示不参加投标的，不得再参加投标。因此造成潜在投标人数量不足 3 个的，招标人将重新招标。

7. 申请人的资格改变

通过资格预审的申请人组织机构、财务能力、信誉情况等资格条件发生变化，使其不再在实质上满足第三章"资格审查办法"规定标准的，其投标不被接受。

8. 纪律与监督

8.1 严禁贿赂

严禁申请人向招标人、审查委员会成员和与审查活动有关的其他工作人员行贿。在资格预审期间，不得邀请招标人、审查委员会成员以及与审查活动有关的其他工作人员到申请人单位参观考察，或出席申请人主办、赞助的任何活动。

8.2 不得干扰资格审查工作

申请人不得以任何方式干扰、影响资格预审工作，否则将导致其不能通过资格预审。

8.3 保密

招标人、审查委员会成员以及与审查活动有关的其他工作人员应对资格预审申请文件的审查、比较进行保密，不得在资格预审结果公布前透露资格预审结果，不得向他人透露可能影响公平竞争的有关情况。

8.4 异议与投诉

8.4.1 异议

申请人或者其他利害关系人对资格预审文件有异议的，应当在提交资格预审申请文件截止时间 2 日前提出。招标人应当自收到异议之日起 3 日内作出答复；作出答复前，应当暂停招标投标活动。

8.4.2 投诉

申请人或者其他利害关系人认为招投标活动不符合法律、行政法规规定的，可以自知道或者应当知道之日起 10 日内依法向申请人须知前附表中列明的有关行政监督部门投诉。

8.5 监督

本招标项目的资格预审活动及其相关当事人接受有管辖权的园林绿化建设工程招标投标行政管理部门的监督。

9. 解释权

本资格预审文件由招标人负责解释

10. 需要补充的其他内容

需要补充的其他内容：见申请人须知前附表。

附表一：资格预审申请文件递交时间和密封及标识检查记录表

资格预审申请文件递交时间和密封及标识检查记录表

工程名称	_____（项目名称）		
招标人			
招标代理机构			
申请人名称			
申请文件包数			
申请文件递交时间	_____年___月___日___时___分		
申请文件递交地点			
密封检查情况	是否符合资格预审文件要求		
	情况说明		
标识检查情况	是否符合资格预审文件要求		
	情况说明		
申请文件递交人	（签字）	日期	
招标人代表或招标代理机构代表	（签字）	日期	

备注：本表一式两份，招标人和申请人各留存一份备查。

第三章 资格审查办法（合格制）

资格审查办法前附表

条款号		审查因素	审查标准
2.1	初步审查标准	申请人名称	与营业执照一致
		申请函签字盖章	有法定代表人或其委托代理人签字并盖单位章
		申请文件格式	符合第四章"资格预审申请文件格式"的要求
		联合体申请人（如果有）	提交了联合体投标协议书
		……	……
2.2	详细审查标准	申请人的主体资格	具备有效的营业执照
		财务状况	符合第二章"申请人须知"第1.4.1项规定
		项目负责人资格	符合第二章"申请人须知"第1.4.1项规定
		申请人的类似工程业绩（如果要求）	符合第二章"申请人须知"第1.4.1项规定
		企业信誉情况	符合第二章"申请人须知"第1.4.1项规定
		近年没有发生过一般及以上工程安全事故和重大工程质量问题	符合第二章"申请人须知"第1.4.1项规定
		近年在经营活动中没有重大违法记录	符合第二章"申请人须知"第1.4.1项规定
		联合体申请人（如果有）	符合第二章"申请人须知"第1.4.2项规定
		……	
		其他要求	符合第二章"申请人须知"第1.4.1项和第1.4.3项的规定

条款号	编列内容
3	资格审查程序	详见本章附件A：资格审查详细程序
3.1.2	初步审查	是否要求申请人提交第二章"申请人须知"第3.2.3项至第3.2.8项规定的有关证明文件或资料的原件进行核验。 □ 否 □ 是，核验原件的具体要求： _____ _____
	不能通过资格审查的条件	详见本章附件B：不能通过资格审查的条件

资格预审评审办法（合格制）

1. 审查方法

本次资格预审采用合格制。凡符合本章第 2.1 款和第 2.2 款规定的审查标准的申请人均通过资格预审。

2. 审查标准

2.1 初步审查标准

初步审查标准：见资格审查办法前附表。

2.2 详细审查标准

详细审查标准：见资格审查办法前附表。

3. 资格审查程序

3.1 初步审查

3.1.1 审查委员会依据本章第 2.1 款规定的标准，对资格预审申请文件进行初步审查。有一项因素不符合审查标准的，不能通过资格预审。

3.1.2 审查委员会可以按照资格审查办法前附表中规定的核验原件的具体要求，要求申请人提交第二章"申请人须知"第 3.2.3 项至第 3.2.8 项规定的有关证明文件或资料的原件，以便核验。

3.2 详细审查

3.2.1 审查委员会依据本章第 2.2 款规定的标准，对通过初步审查的资格预审申请文件进行详细审查。有一项因素不符合审查标准的，不能通过资格预审。

3.2.2 通过资格预审的申请人除应满足本章第 2.1 款、第 2.2 款规定的审查标准外，还不得存在下列任何一种情形：

（1）不按审查委员会要求澄清或说明的；

（2）有第二章"申请人须知"第 1.4.3 项规定的任何一种情形的；

（3）在资格预审过程中弄虚作假、行贿受贿或者其他违法行为的。

3.3 资格预审申请文件的澄清

在审查过程中，审查委员会可以书面形式，要求申请人对所提交的资格预审申请文件中不明确的内容进行必要的澄清或说明。申请人的澄清或说明应采用书面形式，并不得改变资格预审申请文件的实质性内容。申请人的澄清和说明内容属于资格预审申请文件的组成部分。招标人和审查委员会不接受申请人主动提出的澄清或说明。

4. 审查结果

4.1 提交审查报告

审查委员会按照本章第 3 条规定的程序对资格预审申请文件完成审查后，确定通过资格预审的申请人名单，并向招标人提交书面审查报告。

4.2 重新进行资格预审或招标

通过资格预审的申请人数量不足 3 个的，招标人应依法重新招标。

附件 A 资格审查详细程序

资格审查详细程序

A0. 总则

本附件是本章"资格审查办法"的组成部分,是对本章第3条所规定的审查程序的进一步细化,审查委员会应当按照本附件所规定的详细程序开展并完成资格审查工作,资格预审文件中没有规定的方法和标准不得作为审查依据。

A1. 基本程序

资格审查活动将按以下五个步骤进行:
(1)审查准备工作;
(2)初步审查;
(3)详细审查;
(4)澄清、说明或补正;
(5)确定通过资格预审的申请人及提交资格审查报告。

A2. 审查准备工作

A2.1 审查委员会成员签到

审查委员会成员到达资格审查现场时应在签到表上签到以证明其出席。审查委员会签到表见附表 A-1。

A2.2 审查委员会的分工

审查委员会首先推选一名审查委员会负责人。招标人也可以直接指定审查委员会负责人。审查委员会负责人负责评审活动的组织领导工作。

A2.3 熟悉文件资料

A2.3.1 招标人或招标代理机构应向审查委员会提供资格审查所需的信息和数据,包括资格预审文件及各申请人递交的资格预审申请文件,经过申请人代表签字确认的提交资格预审申请文件时间和密封及标识检查记录,有关的法律、法规、规章以及招标人或审查委员会认为必要的其他信息和数据。

A2.3.2 审查委员会负责人应组织审查委员会成员认真研究资格预审文件,了解和熟悉招标项目基本情况,掌握资格审查的标准和方法,熟悉本章及附件中包括的资格审查表格的使用。如果本章及附件所附的表格不能满足所需时,审查委员会应补充编制资格审查工作所需的表格。未在资格预审文件中规定的标准和方法不得作为资格审查的依据。

A2.3.3 在审查委员会全体成员在场见证的情况下,由审查委员会负责人或审查委员会成员推荐的成员代表检查各个资格预审申请文件的密封和标识情况并打开密封。密封或者标识不符合要求的,资格审查委员会应当要求招标人作出说明。必要时,审查委员会可以就此向相关申请人发出问题澄清通知,要求相关申请人进行澄清和说明,申请人的澄清和说明应附上由招标人签发的"资格预审申请文件递交时间和密封及标识检查记录表"。

如果审查委员会与招标人提供的"资格预审申请文件递交时间和密封及标识检查记录表"核对比较后，认定密封或者标识不符合要求系由于招标人保管不善所造成的，审查委员会应当要求相关申请人对其所递交的资格预审申请文件内容进行检查确认。

A2.4 失信被执行人、重大税收违法案件当事人以及申请人和项目负责人园林绿化施工企业信用记录的信息采集

A2.4.1 信息采集人：信息采集人为招标人或招标代理机构。

A2.4.2 失信被执行人、重大税收违法案件当事人以及申请人和项目负责人园林绿化施工企业信用记录信息采集注意事项：

信息采集人登陆"信用中国"网站（www.creditchina.gov.cn）查询相关主体是否为失信被执行人和／或重大税收违法案件当事人，登录相关网站查询申请人和项目负责人是否存在不良园林绿化施工企业信用记录，信息采集的网站见申请人须知前附表。

信息采集人为招标人或其委托的招标代理机构的，招标人或其委托的招标代理机构在本章第 A2 条审查准备工作第 A2.3 款熟悉文件资料阶段，开始进行失信被执行人、重大税收违法案件当事人以及申请人和项目负责人园林绿化施工企业信用记录信息采集工作，信息采集按照提交资格预审申请文件时间的先后顺序依次进行，同时做好信息的采纳和留存。招标人或其委托的招标代理机构将失信被执行人和／或重大税收违法案件当事人以及申请人和项目负责人园林绿化施工企业信用记录信息采集记录和证据一并提交审查委员会，审查委员会根据本章规定进行失信被执行人和／或重大税收违法案件当事人以及申请人和／或项目负责人园林绿化施工企业信用记录的评审。

信息采集人为审查委员会的，审查委员会在本章第 A2 条审查准备工作第 A2.3 款熟悉文件资料阶段，开始进行失信被执行人、重大税收违法案件当事人以及申请人和项目负责人园林绿化施工企业信用记录信息采集工作，信息采集按照提交资格预审申请文件时间的先后顺序依次进行，同时做好信息的采纳和留存，并根据本章有关规定进行失信被执行人和／或重大税收违法案件当事人以及申请人和／或项目负责人园林绿化施工企业信用记录的评审。

特殊说明：对于联合体申请人，应当对组成联合体的每一个成员单位进行失信被执行人、重大税收违法案件当事人以及园林绿化施工企业信用记录等信息进行查询。如果联合体中有一个或一个以上成员单位属于失信被执行人和／或重大税收违法案件当事人，或存在园林绿化施工企业重大不良信用记录的，该联合体将被视为失信被执行人和／或重大税收违法案件当事人和／或存在园林绿化施工企业重大不良信用记录的申请人。

A2.5 对资格预审申请文件进行基础性数据分析和整理工作

A2.5.1 在不改变申请人资格预审申请文件实质性内容的前提下，审查委员会应当对资格预审申请文件进行基础性数据分析和整理，从而发现并提取其中可能存在的理解偏差、明显文字错误、资料遗漏等明显异常、非实质性问题，决定需要申请人进行书面澄清或说明的问题，准备问题澄清通知。参考格式详见附表 A-6。

A2.5.2 申请人接到审查委员会发出的问题澄清通知后，应按审查委员会的要求提供书面澄清资料并按要求进行密封，在规定的时间递交到指定地点。申请人递交的书面澄清资料由审查委员会开启。参考格式详见附表 A-7。

A3. 初步审查

A3.1 审查委员会根据本章第 2.1 款规定的审查因素和审查标准，对申请人的资格预审申请文件进行审查，并使用附表 A-2 记录审查结果。

A3.2 提交和核验原件

A3.2.1 如果本章前附表约定需要申请人提交第二章"申请人须知"第 3.2.3 项至第 3.2.8 项规定的有关证明和证件的原件，审查委员会应当将提交时间和地点书面通知申请人。

A3.2.2 审查委员会审查申请人提交的有关证明和证件的原件。对存在伪造嫌疑的原件，审查委员会应当要求申请人给予澄清或者说明或者通过其他合法方式核实。

A3.3 澄清、说明或补正

在初步审查过程中，审查委员会应当就资格预审申请文件中不明确的内容，以书面形式要求申请人进行必要的澄清、说明或补正。申请人应当根据问题澄清通知，以书面形式予以澄清、说明或补正，并不得改变资格预审申请文件的实质性内容。澄清、说明或补正应当根据本章第 3.3 款的规定进行。

A3.4 申请人有任何一项初步审查因素不符合审查标准的，或者未按照审查委员会要求的时间和地点提交有关证明和证件的原件、原件与扫描／复印件不符或者原件存在伪造嫌疑且申请人不能合理说明的，不能通过资格预审。

A4. 详细审查

A4.1 只有通过了初步审查的申请人可进入详细审查。

A4.2 审查委员会根据本章第 2.2 款和第二章"申请人须知"第 1.4.1 项（前附表）规定的程序、标准和方法，对申请人的资格预审申请文件进行详细审查，并使用附表 A-3 记录审查结果。

A4.3 联合体申请人

A4.3.1 联合体申请人的可量化审查因素（如财务状况、类似工程业绩、信誉等）的指标考核，首先分别考核联合体各个成员的指标，在此基础上，以联合体协议中约定的各个成员的分工占合同总工作量的比例作为权重，加权折算各个成员的考核结果，作为联合体申请人的考核结果。

A4.4 澄清、说明或补正

在详细审查过程中，审查委员会应当就资格预审申请文件中不明确的内容，向申请人发出书面的问题澄清通知（见附表 A-6），要求申请人进行必要的澄清、说明或补正。申请人应当根据问题澄清通知，以书面形式予以澄清、说明或补正（见附表 A-7），并不得改变资格预审申请文件的实质性内容。澄清、说明或补正应当根据本章第 3.3 款的规定进行。

A4.5 审查委员会应当逐项核查申请人是否存在本章第 3.2.2 项规定的不能通过资格预审的任何一种情形。

A4.6 不能通过资格审查的条件

不能通过资格审查的条件参见附件 B。

A5. 确定通过资格预审的申请人

A5.1 汇总审查结果

详细审查工作全部结束后，审查委员会应按照附表 A-4 的格式填写审查结果汇总表。

A5.2　确定通过资格预审的申请人

凡通过初步审查和详细审查的申请人均应确定为通过资格预审的申请人。通过资格预审的申请人均应被邀请参加投标。

A5.3　通过资格预审申请人的数量不足 3 个

通过资格预审申请人的数量不足 3 个的，招标人应当重新组织资格预审或不再组织资格预审而直接招标。招标人重新组织资格预审的，应当在保证满足法定资格条件的前提下，适当降低资格预审的标准和条件。

A5.4　编制及提交书面审查报告

审查委员会根据本章第 4.1 款的规定向招标人提交书面审查报告。审查报告应当由全体审查委员会成员签字。审查报告应当包括以下内容：

（1）基本情况和数据表；

（2）审查委员会成员名单；

（3）不能通过资格预审的情况说明；

（4）审查标准、方法或者审查因素一览表；

（5）审查结果汇总表；

（6）通过资格预审的申请人名单（见附表 A-5）；

（7）澄清、说明或补正事项纪要。

A6. 特殊情况的处置程序

A6.1　关于审查活动暂停

A6.1.1　审查委员会应当执行连续审查的原则，按审查办法中规定的程序、内容、方法、标准完成全部审查工作。只有发生不可抗力导致审查工作无法继续时，审查活动方可暂停。

A6.1.2　发生审查暂停情况时，审查委员会应当封存全部资格预审申请文件和审查记录，待不可抗力的影响结束且具备继续审查的条件时，由原审查委员会继续审查。

A6.2　关于中途更换审查委员会成员

A6.2.1　除发生下列情形之一外，审查委员会成员不得在审查中途更换：

（1）因不可抗拒的客观原因，不能到场或需在中途退出审查活动。

（2）根据法律法规规定，某个或某几个审查委员会成员需要回避。

A6.2.2　退出审查的审查委员会成员，其已完成的审查行为无效。由招标人根据本资格预审文件规定的审查委员会成员产生方式另行确定替代者进行审查。

A6.3　记名投票

在任何审查环节中，需审查委员会就某项定性的审查结论做出表决的，由审查委员会全体成员按照少数服从多数的原则，以记名投票方式表决。

A7. 补充条款

略。

附件 B 不能通过资格审查的条件

不能通过资格审查的条件

B0. 总则

本附件所集中列示的不能通过资格审查的条件，是本章"资格审查办法"的组成部分，是对第二章"申请人须知"和本章正文部分所规定的不能通过资格审查的条件的总结，如果出现不一致的情况，以第二章"申请人须知"和本章正文部分所规定的不能通过资格审查的条件的规定为准。

B1. 不能通过资格审查的条件

申请人或其资格预审申请文件有下列情形之一的，不能通过资格审查：

B1.1 在初步审查、详细审查中审查委员会认定申请人的资格预审申请文件不符合资格审查办法所对应的审查记录表中规定的任何一项审查标准的；

B1.2 存在以下任何一种情形的：

（1）为招标人不具有独立法人资格的附属机构（单位）；

（2）为招标项目提供工程勘察、设计、咨询、项目管理、代建、监理、招标代理等服务的；

（3）与本招标项目的工程勘察单位、设计单位、咨询单位、项目管理单位、代建人、监理人、招标代理单位同为一个法定代表人的；

（4）与本招标项目的工程勘察单位、设计单位、咨询单位、项目管理单位、代建人、监理人、招标代理单位相互控股或参股的；

（5）与本招标项目的工程勘察单位、设计单位、咨询单位、项目管理单位、代建人、监理人、招标代理单位相互任职或工作的；

（6）被暂停或取消投标资格的；

（7）财产被接管或冻结的。

B1.3 有串通投标违法行为的，包括：

（1）不同申请人的资格预审申请文件由同一单位或者个人编制的；

（2）不同申请人委托同一单位或者个人办理资格预审申请或投标事宜的；

（3）不同申请人的资格预审申请文件载明的项目管理机构成员出现同一人的；

（4）不同申请人的资格预审申请文件相互混装的；

（5）其他情形：

B1.4 未按照审查委员会要求澄清、说明或补正的；

B1.5 使用通过受让或者租借等方式获取的资格、资质证书投标的；

B1.6 与招标人存在利害关系且影响招标公正性的；

B1.7 申请人为失信被执行人或重大税收违法案件当事人或申请人存在园林绿化行业重大不良从业信用记录或项目负责人存在园林绿化行业重大不良从业信用记录的；

B1.8 在资格预审过程中发现存在弄虚作假、行贿受贿或者其他违法违规行为的。

附表 A-1　审查委员会签到表

审查委员会签到表

工程名称：＿＿＿＿＿＿＿＿＿＿＿＿＿（项目名称）　　　　审查时间：＿＿＿＿年＿＿月＿＿日

序号	姓名	职称	工作单位	专家证（或身份证）号码	联系电话	签到时间

附表 A-2　初步审查记录表

初步审查记录表

工程名称：＿＿＿＿＿＿＿＿＿＿＿＿＿（项目名称）

序号	审查因素	审查标准	申请人名称和审查结论以及原件核验等相关情况说明			
1	申请人名称	与营业执照一致				
2	申请函签字盖章	有法定代表人或其委托代理人签字并盖单位章				
3	申请文件格式	符合第四章"资格预审申请文件格式"的要求				
4	联合体申请人（如果有）	提交了联合体投标协议书				
	……	……				

初步审查结论：
通过初步审查标注为 √；未通过初步审查标注为 ×

审查委员会全体成员签字／日期：

附表 A-3 详细审查记录表

工程名称：_____

（项目名称）

详细审查记录表

序号	审查因素	审查标准	有效的证明材料	申请人名称及定性的审查结论以及相关情况说明
1	申请人的主体资格	具备有效的营业执照	营业执照的扫描／复印件	
2	财务状况	符合第二章"申请人须知"第 1.4.1 项规定	经审计机构审计的财务报表，包括资产负债表、利润表（或称损益表）、现金流量表、所有者权益变动表（或称股东权益变动表）和财务报表附注的扫描／复印件	
3	项目负责人资格	符合第二章"申请人须知"第 1.4.1 项规定	专业技术职称证书的扫描／复印件以及没有担任任何在施建设工程项目负责人的书面承诺。项目管理能力的文件或资料。具体的要求见申请人须知前附表 10.2（1）。如果申请人须知中没有技术职称专业的相关信息，申请人应同时提供相关证明文件，具体内容要求见申请人须知前附表 10.2（2）	
4	类似工程业绩（如果有）	符合第二章"申请人须知"第 1.4.1 项规定	类似工程业绩的资料扫描／复印件。类似工程业绩的资料要求见申请人须知前附表 3.2.5	
5	企业信誉情况	符合第二章"申请人须知"第 1.4.1 项规定	在"信用中国"网站上查询和采集相关信息。查询的结果以网页的截图存储	
6	近年没有发生过一般及以上工程安全事故和重大工程质量问题	符合第二章"申请人须知"第 1.4.1 项规定	由申请人的法定代表人或授权代表签字并盖单位公章的书面声明或承诺	

续表

序号	审查因素		审查标准	有效的证明材料	申请人名称及定性的审查结论以及相关情况说明					
7	近年在经营活动中没有重大违法记录		符合第二章"申请人须知"第 1.4.1 项规定	由申请人的法定代表人或授权代表签字并盖单位章的书面声明或承诺						
8	联合体申请人（如果有）		符合第二章"申请人须知"第 1.4.2 项规定	联合体投标协议书和联合体各成员单位提供的上述相关因素所需证明材料的扫描／复印件						
	其他要求	（1）拟派本项目主要人员（如果第二章"申请人须知"第 1.4.1 项有相应的规定或要求）	符合第二章"申请人须知"第 1.4.1 项规定	身份证、学历证书、职称证书、上岗证等证的扫描（复印件。如果职称证书中没有专业技术职称的相关信息，申请人应同时提供相关专业证明文件，具体内容要求见申请人须知前附表10.2						
		（2）拟投人主要施工机械设备（如果第二章"申请人须知"第 1.4.1 项有相应的规定或要求）	符合第二章"申请人须知"第 1.4.1 项规定	自有设备的原始发票扫描／复印件，或折旧政策、停放地点和使用状况书面说明文件，或租赁设备的说明文件／复印件，租赁设备的租赁合同扫描／复印件生效的租赁合同扫描／复印件						
		（3）近年企业缴纳税收和社会保障资金记录		要求时间内缴纳的增值税和企业所得税的凭据扫描／复印件和缴纳社会保险的凭据的扫描／复印件						
第二章"申请人须知"第 1.4.3 项规定的申请人不得存在的情形审查情况记录										
1	独立法人资格		不是招标人不具备独立法人资格的附属机构（单位）	营业执照的扫描／复印件						
2	为本项目提供其他服务		没有为招标项目提供工程勘察、设计、咨询、项目管理、代建、监理、招标代理等服务	由申请人的法定代表人或其委托代理人签字并盖单位章的书面声明或承诺						

续表

序号	审查因素	审查标准	有效的证明材料	申请人名称及定性的审查结论以及相关情况说明			
3	同为一个法定代表人	与本招标项目的工程勘察单位、设计单位、咨询单位、代理人、项目管理单位、监理人、招标代理单位不同为一个法定代表人的	营业执照的扫描/复印件以及由申请人的法定代表人或其委托代理人签字并盖单位章的书面声明或承诺				
4	控股或参股	没有与本招标项目的工程勘察单位、设计单位、咨询单位、代理人、项目管理单位、监理人、招标代理单位相互控股或参股	营业执照的扫描/复印件以及由申请人的法定代表人或其委托代理人签字并盖单位章的书面声明或承诺				
5	相互任职或工作	没有与本招标项目的工程勘察单位、设计单位、咨询单位、代理人、项目管理单位、监理人、招标代理单位相互任职或工作	营业执照的扫描/复印件以及由申请人的法定代表人或其委托代理人签字并盖单位章的书面声明或承诺				
6	经营状态	财产没有被接管或冻结	由申请人的法定代表人或其委托代理人签字并盖单位章的书面声明或承诺				
7	投标资格	没有被暂停或者取消投标资格	由申请人的法定代表人或其委托代理人签字并盖单位章的书面声明或承诺				
第三章 "资格审查办法" 第3.2.2项（1）和（3）目规定的情形审查情况记录							
1	澄清和说明情况	按照审查委员会要求澄清、说明或者补正	审查委员会成员的判断				
2	申请人在资格预审过程中遵章守法	没有发现申请人存在弄虚作假、行贿受贿或者其他违法违规行为	由申请人的法定代表人或其委托代理人签字并盖单位章的书面声明以及审查委员会成员的判断				

详细审查结论：通过详细审查标注为√；
未通过详细审查标注为×

审查委员会全体成员签字/日期：

附表 A-4 审查结果汇总表

资格预审审查结果汇总表

工程名称：＿＿＿＿＿＿＿＿＿＿＿＿（项目名称）

序号	申请人名称	初步审查		详细评审		审查结论	
		合格	不合格	合格	不合格	合格	不合格

审查委员会全体成员签字／日期：

附表 A-5 通过资格预审的申请人名单

通过资格预审的申请人名单

工程名称：_____（项目名称）

序号	申请人名称	备注
审查委员会全体成员签字： 日期：		

备注：本表中通过预审的申请人排名不分先后。

附表 A-6   问题澄清通知

问题澄清通知

编号：＿＿＿＿＿＿＿＿＿

＿＿＿＿＿＿＿＿＿（申请人名称）：

＿＿＿＿＿＿＿＿＿＿＿＿（项目名称）施工招标的资格审查委员会，对你方的资格预审申请文件进行了仔细的审查，现需你方对下列问题以书面形式予以澄清、说明或者补正：

1.

2.

……

请将上述问题的澄清、说明或者补正于＿＿＿＿＿＿年＿＿＿月＿＿＿日＿＿＿时前密封并递交至＿＿＿＿＿＿＿＿＿（详细地址）或传真至＿＿＿＿＿＿＿＿＿（传真号码）。采用传真方式的，应在＿＿＿＿＿＿年＿＿＿月＿＿＿日＿＿＿时前将原件递交至＿＿＿＿＿＿＿＿＿（详细地址）。

＿＿＿＿＿＿＿＿＿＿＿＿（项目名称）园林绿化工程施工招标资格审查委员会

＿＿＿＿＿＿年＿＿＿月＿＿＿日

附表 A-7   问题的澄清、说明或补正

问题的澄清、说明或补正

编号：＿＿＿＿＿＿＿＿＿

＿＿＿＿＿＿＿＿＿＿＿＿（项目名称）园林绿化工程施工招标资格审查委员会：

问题澄清通知（编号：＿＿＿＿＿＿＿＿＿）已收悉，现澄清、说明或者补正如下：

1.

2.

……

申请人：＿＿＿＿＿＿＿＿＿＿＿（盖单位章）

法定代表人或其委托代理人：＿＿＿＿（签字）

日期：＿＿＿＿＿＿年＿＿＿＿＿月＿＿＿＿＿日

第三章 资格审查办法（有限数量制）

资格审查办法前附表

条款号		条款名称		编列内容	
1		通过资格预审的申请人数量			
2		审查因素		审查标准	
2.1	初步审查标准	申请人名称		与营业执照一致	
		申请函签字盖章		有法定代表人或其委托代理人签字并盖单位章	
		申请文件格式		符合第四章"资格预审申请文件格式"的要求	
		联合体申请人（如果有）		提交了联合体投标协议书	
		……		……	
2.2	详细审查标准	申请人的主体资格		具备有效的营业执照	
		财务状况		符合第二章"申请人须知"第1.4.1项规定	
		项目负责人资格		符合第二章"申请人须知"第1.4.1项规定	
		申请人的类似工程业绩（如果要求）		符合第二章"申请人须知"第1.4.1项规定	
		企业信誉情况		符合第二章"申请人须知"第1.4.1项规定	
		近年没有发生过一般及以上工程安全事故和重大工程质量问题		符合第二章"申请人须知"第1.4.1项规定	
		近年在经营活动中没有重大违法记录		符合第二章"申请人须知"第1.4.1项规定	
		联合体申请人（如果有）		符合第二章"申请人须知"第1.4.2项规定	
		……			
		其他要求		符合第二章"申请人须知"第1.4.1项和第1.4.3项规定	
2.3	评分标准	项目	评分因素	子因素	评分标准
		项目部人力资源	项目负责人	学历	……
				专业技术职称和项目管理能力	
				在类似项目中担任项目负责人的工作经验	
			技术负责人	学历	……
				专业技术职称	
				在类似项目中担任技术负责人的工作经验	
			项目组织机构及人员配置	项目组织机构	
				专业技术管理人员、技术工人配置	

条款号		条款名称		编列内容	
		项目	评分因素	子因素	评分标准
2.3	评分标准	企业信用	（根据园林绿化市场主体信用评价的标准设定及格的标准或分数）		
		财务状况	近年的年平均园林绿化工程收入		
			……		
		类似项目业绩（如果有）	类似工程业绩的个数		
		正在施工的和新承接的项目	在建和新承接工程对申请人承接本工程的影响程度，申请人是否有足够的生产资源承担本工程施工		
		企业管理体系认证	质量管理体系		
			环境管理体系		
			职业健康安全管理体系		
		诉讼或仲裁	仅限于申请人败诉的，且与履行施工承包合同有关的案件，不包括调解结案以及未裁决的仲裁或未终审判决的诉讼		
		近年不良行为记录			
		……			

条款号		编列内容
3	资格审查程序	详见本章附件 A：资格审查详细程序
3.1.2	初步审查	是否要求申请人提交第二章"申请人须知"第 3.2.3 项至第 3.2.8 项规定的有关证明文件或资料的原件进行核验。 □ 否 □ 是，核验原件的具体要求： _____ _____
	不能通过资格审查的条件	详见本章附件 B：不能通过资格审查的条件

资格审查办法（有限数量制）

1. 审查方法

本次资格预审采用有限数量制。审查委员会依据本章规定的审查标准和程序，对通过初步审查和详细审查的资格预审申请文件进行量化打分，按得分由高到低的顺序确定通过资格预审的申请人。通过资格预审的申请人不超过资格审查办法前附表规定的数量。

2. 审查标准

2.1 初步审查标准

初步审查标准：见资格审查办法前附表。

2.2 详细审查标准

详细审查标准：见资格审查办法前附表。

2.3 评分标准

评分标准：见资格审查办法前附表。

3. 资格审查程序

3.1 初步审查

3.1.1 审查委员会依据本章第2.1款规定的标准，对资格预审申请文件进行初步审查。有一项因素不符合审查标准的，不能通过资格预审。

3.1.2 审查委员会可以按照资格审查办法前附表中规定的核验原件的具体要求，要求申请人提交第二章"申请人须知"第3.2.3项至第3.2.8项规定的有关证明文件或资料的原件，以便核验。

3.2 详细审查

3.2.1 审查委员会依据本章第2.2款规定的标准，对通过初步审查的资格预审申请文件进行详细审查。有一项因素不符合审查标准的，不能通过资格预审。

3.2.2 通过详细审查的申请人，除应满足本章第2.1款、第2.2款规定的审查标准外，还不得存在下列任何一种情形：

（1）不按审查委员会要求澄清或说明的；

（2）有第二章"申请人须知"第1.4.3项规定的任何一种情形的；

（3）在资格预审过程中弄虚作假、行贿受贿或者有其他违法违规行为的。

3.3 资格预审申请文件的澄清

在审查过程中，审查委员会可以书面形式，要求申请人对所提交的资格预审申请文件中不明确的内容进行必要的澄清或说明。申请人的澄清或说明采用书面形式，并不得改变资格预审申请文件的实质性内容。申请人的澄清和说明内容属于资格预审申请文件的组成部分。招标人和审查委员会不接受申请人主动提出的澄清或说明。

3.4 评分

3.4.1 通过详细审查的申请人不少于3个且没有超过本章第1条规定数量的，均通过资格预审，不再进行评分。

  3.4.2 通过详细审查的申请人数量超过本章第 1 条规定数量的，审查委员会依据本章第 2.3 款评分标准进行评分，按得分由高到低的顺序进行排序。

4. 审查结果

4.1 提交审查报告

  审查委员会按照本章第 3 条规定的程序对资格预审申请文件完成审查后，确定通过资格预审的申请人名单，并向招标人提交书面审查报告。

4.2 重新进行资格预审或招标

  通过详细审查申请人的数量不足 3 个的，招标人应依法重新招标。

附件 A　资格审查详细程序

资格审查详细程序

A0. 总则

本附件是本章"资格审查办法"的组成部分，是对本章第 3 条所规定的审查程序的进一步细化，审查委员会应当按照本附件所规定的详细程序开展并完成资格审查工作，资格预审文件中没有规定的方法和标准不得作为审查依据。

A1. 基本程序

资格审查活动将按以下五个步骤进行：
（1）审查准备工作；
（2）初步审查；
（3）详细审查；
（4）澄清、说明或补正；
（5）评分；
（6）确定通过资格预审的申请人（正选）、通过资格预审的申请人（候补）及提交资格审查报告。

A2. 审查准备工作

A2.1　审查委员会成员签到

审查委员会成员到达资格审查现场时应在签到表上签到以证明其出席。审查委员会签到表见附表 A-1。

A2.2　审查委员会的分工

审查委员会首先推选一名审查委员会负责人。招标人也可以直接指定审查委员会负责人。审查委员会负责人负责评审活动的组织领导工作。

A2.3　熟悉文件资料

A2.3.1　招标人或招标代理机构应向审查委员会提供资格审查所需的信息和数据，包括资格预审文件及各申请人递交的资格预审申请文件，经过申请人代表签字确认的资格预审申请文件递交时间和密封及标识检查记录，有关的法律、法规、规章以及招标人或审查委员会认为必要的其他信息和数据。

A2.3.2　审查委员会负责人应组织审查委员会成员认真研究资格预审文件，了解和熟悉招标项目基本情况，掌握资格审查的标准和方法，熟悉本章及附件中包括的资格审查表格的使用。如果本章及附件所附的表格不能满足所需时，审查委员会应补充编制资格审查工作所需的表格。未在资格预审文件中规定的标准和方法不得作为资格审查的依据。

A2.3.3　在审查委员会全体成员在场见证的情况下，由审查委员会负责人或审查委员会成员推荐的成员代表检查各个资格预审申请文件的密封和标识情况并打开密封。密封或者标识不符合要求的，资格审查委员会应当要求招标人作出说明。必要时，审查委员会可以就此向相关申请人发出问题澄清通知，要求相关申请人进行澄清和说明，申请人的澄清和说明应附上由招标人签发的"资格预审申请文件递交时间和密封及标识检查记录表"。如果审查委员会与招标人提供的"资格预审申请文件递交时间和密封及标识检查记录表"核对比较后，认定密封或者标识不符合要求系由于招标人保管不善所造成的，审查委员会应当要求相关申请人对其所提交的资格预审申请文件内容进行检查确认。

A2.4　失信被执行人、重大税收违法案件当事人以及申请人和项目负责人园林绿化施工企业信用记录的信息采集

A2.4.1　信息采集人：为招标人或招标代理机构。

A2.4.2　失信被执行人、重大税收违法案件当事人以及申请人和项目负责人园林绿化施工企业信用记录信息采集注意事项：

信息采集人登录"信用中国"网站（www.creditchina.gov.cn）查询相关主体是否为失信被执行人和／或重大税收违法案件当事人，登录相关网站查询申请人和项目负责人是否存在不良园林绿化施工企业信用记录，信息采集的网站见申请人须知前附表。

信息采集人为招标人或其委托的招标代理机构的，招标人或其委托的招标代理机构在本章第 A2 条审查准备工作第 A2.3 款熟悉文件资料阶段，开始进行失信被执行人、重大税收违法案件当事人以及申请人和项目负责人园林绿化施工企业信用记录信息采集工作，信息采集按照提交资格预审申请文件时间的先后顺序依次进行，同时做好信息的采纳和留存。招标人或其委托的招标代理机构将失信被执行人和／或重大税收违法案件当事人以及申请人和项目负责人园林绿化施工企业信用记录信息采集记录和证据一并提交审查委员会，审查委员会根据本章规定进行失信被执行人和／或重大税收违法案件当事人以及申请人和／或项目负责人园林绿化施工企业信用记录的评审。

信息采集人为审查委员会的，审查委员会在本章第 A2 条审查准备工作第 A2.3 款熟悉文件资料阶段，开始进行失信被执行人、重大税收违法案件当事人以及申请人和项目负责人园林绿化施工企业信用记录信息采集工作，信息采集按照提交资格预审申请文件时间的先后顺序依次进行，同时做好信息的采纳和留存，并根据本章有关规定进行失信被执行人和／或重大税收违法案件当事人以及申请人和／或项目负责人园林绿化施工企业信用记录的评审。

特殊说明：对于联合体申请人，应当对组成联合体的每一个成员单位进行失信被执行人、重大税收违法案件当事人以及园林绿化施工企业信用记录等信息进行查询。如果联合体中有一个或一个以上成员单位属于失信被执行人和／或重大税收违法案件当事人，或存在园林绿化施工企业重大不良信用记录的，该联合体将被视为失信被执行人和／或重大税收违法案件当事人或存在园林绿化施工企业重大不良信用记录的申请人。

A2.5　对资格预审申请文件进行基础性数据分析和整理工作

A2.5.1　在不改变申请人资格预审申请文件实质性内容的前提下，审查委员会应当对资格预审申请文件进行基础性数据分析和整理，从而发现并提取其中可能存在的理解偏差、明显文字错误、资料遗漏等存在明显异常、非实质性问题，决定需要申请人进行书面澄清或说明的问题，准备问题澄清通知。

A2.5.2　申请人接到审查委员会发现的问题澄清通知后，应按审查委员会的要求提供书面澄清资料并按要求进行密封，在规定的时间递交到指定地点。申请人递交的书面澄清

资料由审查委员会开启。

A3. 初步审查

A3.1　审查委员会根据本章第 2.1 款规定的审查因素和审查标准，对申请人的资格预审申请文件进行审查，并使用附表 A-2 记录审查结果。

A3.2　提交和核验原件

A3.2.1　如果本章前附表约定需要申请人提交第二章"申请人须知"第 3.2.3 项至第 3.2.7 项规定的有关证明和证件的原件，审查委员会应当将提交时间和地点书面通知申请人。

A3.2.2　审查委员会审查申请人提交的有关证明和证件的原件。对存在伪造嫌疑的原件，审查委员会应当要求申请人给予澄清或者说明或者通过其他合法方式进行核实。

A3.3　澄清、说明或补正

在初步审查过程中，审查委员会应当就资格预审申请文件中不明确的内容，以书面形式要求申请人进行必要的澄清、说明或补正。申请人应当根据问题澄清通知，以书面形式予以澄清、说明或补正，并不得改变资格预审申请文件的实质性内容。澄清、说明或补正应当根据本章第 3.3 款的规定进行。

A3.4　申请人有任何一项初步审查因素不符合审查标准的，或者未按照审查委员会要求的时间和地点提交有关证明和证件的原件、原件与扫描／复印件不符或者原件存在伪造嫌疑且申请人不能合理说明的，不能通过资格预审。

A4. 详细审查

A4.1　只有通过了初步审查的申请人方可进入详细审查。

A4.2　审查委员会根据本章第 2.2 款和第二章"申请人须知"第 1.4.1 项（前附表）规定的程序、标准和方法，对申请人的资格预审申请文件进行详细审查，并使用附表 A-3 记录审查结果。

A4.3　联合体申请人

A4.3.1　联合体申请人的可量化审查因素（如财务状况、类似工程业绩、信誉等）的指标考核，首先分别考核联合体各个成员的指标，在此基础上，以联合体协议中约定的各个成员的分工占合同总工作量的比例作为权重，加权折算各个成员的考核结果，作为联合体申请人的考核结果。

A4.4　澄清、说明或补正

在详细审查过程中，审查委员会应当就资格预审申请文件中不明确的内容，向申请人发出书面的问题澄清通知（见附表 A-9），要求申请人进行必要的澄清、说明或补正。申请人应当根据问题澄清通知，以书面形式予以澄清、说明或补正（见附表 A-10），并不得改变资格预审申请文件的实质性内容。澄清、说明或补正应当根据本章第 3.3 款的规定进行。

A4.5　审查委员会应当逐项核查申请人是否存在本章第 3.2.2 项规定的不能通过资格预审的任何一种情形。

A4.6　不能通过资格审查的条件

不能通过资格审查的条件参见附件 B。

A5. 评分

A5.1　审查委员会进行评分的条件

A5.1.1　通过详细审查的申请人超过本章第 1 条（前附表）规定的数量时，审查委员会按照本章第 2.3 款规定的评分标准进行评分。

A5.1.2　按照本章第 3.4.1 项的规定，通过详细审查的申请人不少于 3 个且没有超过本章第 1 条（前附表）规定数量的，审查委员会不再进行评分，通过详细审查的申请人均通过资格预审。

A5.2　审查委员会进行评分的对象

审查委员会只对通过详细审查的申请人进行评分。

A5.3　评分

A5.3.1　审查委员会成员根据本章第 2.3 款规定的标准，分别对通过详细审查的申请人进行评分，并使用附表 A-4 记录评分结果。

A5.3.2　申请人各个评分因素的最终得分为审查委员会各个成员评分结果的算术平均值，并以此计算各申请人的最终得分。审查委员会使用附表 A-5 记录评分汇总结果。

A5.3.3　评分分值计算保留小数点后两位，小数点后第三位四舍五入。

A5.4　通过详细审查的申请人排序

A5.4.1　审查委员会根据附表 A-5 的评分汇总结果，按申请人得分由高到低的顺序进行排序，并使用附表 A-6 记录排序结果。

A5.4.2　审查委员会对申请人进行排序时，如果出现申请人最终得分相同的情况，以评分因素中针对项目负责人的得分高低排定名次，项目负责人的得分也相同时，以评分因素中针对类似工程业绩的得分高低排定名次。

A6. 确定通过资格预审的申请人

A6.1　确定通过资格预审的申请人（正选）

审查委员会应当根据附表 A-6 的排序结果和本章第 1 条（前附表）规定的数量，按申请人得分由高到低顺序，确定通过资格预审的申请人名单，并使用附表 A-7 记录确定结果。

A6.2　确定通过资格预审的申请人（候补）

A6.2.1　审查委员会应当根据附表 A-6 的排序结果，对未列入附表 A-7 中的通过详细审查的其他申请人按照得分由高到低的顺序，确定带排序的候补通过资格预审的申请人名单，并使用附表 A-8 记录确定结果。

A6.2.2　如果审查委员会确定的通过资格预审的申请人（正选）未在第二章"申请人须知"前附表规定的时间内确认是否参加投标、明确表示放弃投标或者根据有关规定被拒绝投标时，招标人应从附表 A-8 记录的通过资格预审申请人（候补）中按照排序依次递补，作为通过资格预审的申请人。

A6.2.3　按照第二章"申请人须知"第 6.3 款，经过递补后，潜在投标人数量不足 3 个的，招标人应依法重新招标。

A6.3 通过详细审查的申请人数量不足 3 个

通过详细审查的申请人数量不足 3 个的，招标人应当重新组织资格预审或不再组织资格预审而直接招标。招标人重新组织资格预审的，应当在保证满足法定资格条件的前提下，适当降低资格预审的标准和条件。

A6.4 编制及提交书面审查报告

审查委员会根据本章第 4.1 款的规定向招标人提交书面审查报告。审查报告应当由全体审查委员会成员签字。审查报告应当包括以下内容：

（1）基本情况和数据表；

（2）审查委员会成员名单；

（3）不能通过资格预审的情况说明；

（4）审查标准、方法或者审查因素一览表；

（5）审查结果汇总表；

（6）通过资格预审的申请人（正选）名单；

（7）通过资格预审申请人（候补）名单；

（8）澄清、说明或补正事项纪要。

A7. 特殊情况的处置程序

A7.1 关于审查活动暂停

A7.1.1 审查委员会应当执行连续审查的原则，按审查办法中规定的程序、内容、方法、标准完成全部审查工作。只有发生不可抗力导致审查工作无法继续时，审查活动方可暂停。

A7.1.2 发生审查暂停情况时，审查委员会应当封存全部资格预审申请文件和审查记录，待不可抗力的影响结束且具备继续审查的条件时，由原审查委员会继续审查。

A7.2 关于中途更换审查委员会成员

A7.2.1 除发生下列情形之一外，审查委员会成员不得在审查中途更换：

（1）因不可抗拒的客观原因，不能到场或需在中途退出审查活动。

（2）根据法律法规规定，某个或某几个审查委员会成员需要回避。

A7.2.2 退出审查的审查委员会成员，其已完成的审查行为无效。由招标人根据本资格预审文件规定的审查委员会成员产生方式另行确定替代者进行审查。

A7.3 记名投票

在任何审查环节中，需审查委员会就某项定性的审查结论做出表决的，由审查委员会全体成员按照少数服从多数的原则，以记名投票方式表决。

A8. 补充条款

略。

附件 B 不能通过资格审查的条件

不能通过资格审查的条件

B0. 总则

本附件所集中列示的不能通过资格审查的条件，是本章"资格审查办法"的组成部分，是对第二章"申请人须知"和本章正文部分所规定的不能通过资格审查的条件的总结，如果出现不一致的情况，以第二章"申请人须知"和本章正文部分所规定的不能通过资格审查的条件的规定为准。

B1. 不能通过资格审查的条件

申请人或其资格预审申请文件有下列情形之一的，不能通过资格审查：

B1.1　在初步审查、详细审查中审查委员会认定申请人的资格预审申请文件不符合资格审查办法所对应的审查记录表中规定的任何一项审查标准的；

B1.2　存在以下任何一种情形的：

（1）为招标人不具有独立法人资格的附属机构（单位）；

（2）为招标项目提供工程勘察、设计、咨询、项目管理、代建、监理、招标代理等服务的；

（3）与本招标项目的工程勘察单位、设计单位、咨询单位、项目管理单位、代建人、监理人、招标代理单位同为一个法定代表人的；

（4）与本招标项目的工程勘察单位、设计单位、咨询单位、项目管理单位、代建人、监理人、招标代理单位相互控股或参股的；

（5）与本招标项目的工程勘察单位、设计单位、咨询单位、项目管理单位、代建人、监理人、招标代理单位相互任职或工作的；

（6）被暂停或取消投标资格的；

（7）财产被接管或冻结的。

B1.3　有串通投标违法行为的，包括：

（1）不同申请人的资格预审申请文件由同一单位或者个人编制的；

（2）不同申请人委托同一单位或者个人办理资格预审申请或投标事宜的；

（3）不同申请人的资格预审申请文件载明的项目管理机构成员出现同一人的；

（4）不同申请人的资格预审申请文件相互混装的；

（5）其他情形：

_____

B1.4　未按照审查委员会要求澄清、说明或补正的；

B1.5　使用通过受让或者租借等方式获取的资格、资质证书投标的；

B1.6　与招标人存在利害关系且影响招标公正性的；

B1.7　申请人为失信被执行人或重大税收违法案件当事人或申请人存在园林绿化行业重大不良从业信用记录或项目负责人存在园林绿化行业重大不良从业信用记录的；

B1.8 在资格预审过程中发现存在弄虚作假、行贿受贿或者其他违法违规行为的。

附表 A-1 审查委员会签到表

审查委员会签到表

工程名称：_____（项目名称）　　　　审查时间：_____年___月___日

序号	姓名	职称	工作单位	专家证（或身份证）号码	联系电话	签到时间

附表 A-2 初步审查记录表

初步审查记录表

工程名称：_____（项目名称）

序号	审查因素	审查标准	申请人名称和审查结论以及原件核验等相关情况说明				
1	申请人名称	与营业执照一致					
2	申请函签字盖章	有法定代表人或其委托代理人签字并盖单位章					
3	申请文件格式	符合第四章"资格预审申请文件格式"的要求					
4	联合体申请人（如果有）	提交了联合体投标协议书					
	……	……					
初步审查结论：通过初步审查标注为 √；未通过初步审查标注为 ×							

审查委员会全体成员签字／日期：

附表 A-3 详细审查记录表

工程名称: _____

（项目名称）

详细审查记录表

序号	审查因素	审查标准	有效的证明材料	申请人名称及定性的审查结论以及相关情况说明
1	申请人的主体资格	具备有效的营业执照	营业执照的扫描/复印件	
2	财务状况	符合第二章"申请人须知"第1.4.1项规定	经审计机构审计的财务报表，包括资产负债表、利润表、所有者权益变动表（或称损益表）权益变动表（或称股东权益变动表）和财务报表附注的扫描/复印件	
3	项目负责人资格	符合第二章"申请人须知"第1.4.1项规定	专业技术职称证书的扫描/复印件以及没有担任任何在施建设工程项目负责人的书面承诺。项目管理能力的文件或资料，具体的要求见申请人须知前附表10.2（1）。如果申请人须知证书中没有技术职称专业的相关信息，申请人应同时提供相关证明文件，具体内容要求见申请人须知前附表10.2（2）	
4	类似工程业绩（如果有）	符合第二章"申请人须知"第1.4.1项规定	类似工程业绩的资料扫描/复印件。类似工程业绩的资料要求见申请人须知前附表3.2.5	
5	企业信誉情况	符合第二章"申请人须知"第1.4.1项规定	在"信用中国"网站上查询和采集相关信息。查询的结果以网页的截图存储	
6	近年没有发生过一般及以上工程安全事故和重大工程质量问题	符合第二章"申请人须知"第1.4.1项规定	由申请人的法定代表人或授权代表签字并盖单位章的书面声明或承诺	

续表

序号	审查因素		审查标准	有效的证明材料	申请人名称及各定性的审查结论以及相关情况说明				
7	近年在经营活动中没有重大违法记录		符合第二章"申请人须知"第 1.4.1 项规定	由申请人的法定代表人或授权代表签字并盖单位章的书面声明或承诺					
8	联合体申请人（如果有）		符合第二章"申请人须知"第 1.4.2 项规定	联合体投标协议书和联合体各成员单位提供的上述详细审查因素所需的证明材料的扫描／复印件					
	企业缴纳税收和社会保障资金记录		符合第二章"申请人须知"第 1.4.1 项规定	要求时间内缴纳的增值税和企业所得税的凭据和缴纳社会保险的凭据的扫描／复印件					
	其他要求	（1）							
		（2）							
		……							

第二章"申请人须知"第 1.4.3 项规定的申请人不得存在的情形审查情况记录

序号	审查因素	审查标准	有效的证明材料	申请人名称及各定性的审查结论以及相关情况说明				
1	独立法人资格	不是招标人不具备独立法人资格的附属机构（单位）	营业执照的扫描／复印件					
2	为本项目提供其他服务	没有为招标项目提供工程勘察、设计、咨询，项目管理、代理、监理、招标代理等服务	由申请人的法定代表人或其委托代理人签字并盖单位章的书面声明或承诺					
3	同为一个法定代表人	与本招标项目的工程勘察单位、设计单位、咨询单位、项目管理单位、代建人、监理人、招标代理单位不同为一个法定代表人的	营业执照的扫描／复印件以及由申请人的法定代表人或其委托代理人签字并盖单位章的书面声明或承诺					

续表

序号	审查因素	审查标准	有效的证明材料	申请人名称及定性的审查结论以及相关情况说明
4	控股或参股	没有与本招标项目的工程勘察单位、设计单位、咨询单位、项目管理单位、监理人、招标代理人控股或参股	营业执照的扫描/复印件以及由申请人的法定代表人或其委托代理人签字并盖单位章的书面声明或承诺	
5	相互任职工作	没有与本招标项目的工程勘察单位、设计单位、咨询单位、项目管理人、监理人、招标代理人相互任职工作	营业执照的扫描/复印件以及由申请人的法定代表人或其委托代理人签字并盖单位章的书面声明或承诺	
6	经营状态	财产没有被接管或冻结	由申请人的法定代表人或委托代理人签字并盖单位章的书面声明或承诺	
7	投标资格	没有被暂停或者取消投标资格	由申请人的法定代表人或委托代理人签字并盖单位章的书面声明或承诺	
……	……	……		
第三章"资格审查办法"第 3.2.2 项（1）和（3）目规定的情形审查情况记录				
1	澄清和说明情况	按照审查委员会要求澄清、说明或者补正	审查委员会成员的判断	
2	申请人在资格预审过程中遵章守法	没有发现申请人存在弄虚作假、行贿受贿或者其他违法违规行为	由申请人的法定代表人或其委托代理人签字并盖单位章的书面声明以及审查委员会成员的判断	

详细审查结论：通过详细审查标注为√；未通过详细审查标注为×

审查委员会全体成员签字/日期：

附表 A-4 评分记录表

评分记录表

序号	项目			评分标准	
A	项目部人力资源（ 分）	项目负责人（ 分）	学历（ 分）	大学本科（含）以上	___分
				大学专科	___分
				其他	___分
			专业技术职称（ 分）	园林绿化相关专业高级工程师（含）以上	___分
				园林绿化相关专业中级职称	___分
				其他	___分
			在类似项目中担任项目负责人的工作经验（ 分）		___分
					___分
					___分
		技术负责人（ 分）	学历（ 分）	大学本科（含）以上	___分
				大学专科	___分
				其他	___分
			专业技术职称（ 分）	园林绿化相关专业高级工程师（含）以上	___分
				园林绿化相关专业中级职称	___分
				其他专业技术职称（园林绿化专业以外的专业技术职称）	___分
				无专业技术职称	___分
			在类似项目中担任技术负责人的工作经验（ 分）		___分
					___分
					___分
		项目组织机构设置及人员配备（ 分）	项目组织机构设置（ 分）	项目组织机构设置合理，满足施工管理的要求	___分
				项目组织机构设置一般，基本施工管理的要求	___分
				项目组织机构设置一般，不完全施工管理的要求	___分
			专业技术管理人员、技术工人配备（ 分）	人员配备充足、专业齐全，满足施工管理的要求	___分
				人员配备一般、专业基本齐全，基本施工管理的要求	___分
				人员配备一般、专业不齐全，不完全施工管理的要求	___分

续表

序号	项目		评分标准	
B	企业信用	（根据园林绿化市场主体信用评价的标准设定及格的标准或分数）		
C	财务状况 （　分）	近年的年平均园林绿化工程收入		＿＿分
				＿＿分
				＿＿分
		……		＿＿分
				＿＿分
				＿＿分
D	类似工程业绩 （　分）	类似工程业绩	有1个＿＿分，最高的分＿＿分。	＿＿分
E	拟投入的施工机械设备 （　分）	拟投入的施工机械设备包括自有设备和租赁的设备		＿＿分
F	正在施工的和新承接的项目 （　分）	在建和新承接工程对申请人承接本工程的影响程度，申请人是否有足够的生产资源承担本工程施工	在施及新承接的工程规模适当，在生产资源方面不会对承接本工程项目造成不利的影响	＿＿分
			在施及新承接的工程规模过大，在生产资源方面可能会对承接本工程项目造成不利的影响	＿＿分
			在施及新承接的工程规模过小，缺乏市场竞争力	＿＿分
G	企业管理体系 （　分）	认证体系	已经取得 ISO9000 质量管理体系认证且运行情况良好	＿＿分
			已经取得 ISO14000 环境管理体系认证且运行情况良好	＿＿分
			已经取得 OHSAS18000 职业安全健康管理体系认证且运行情况良好	＿＿分
			没有取得，或运行终止	＿＿分
H	诉讼或仲裁 （扣减　分）	近年法律诉讼或仲裁情况 （　分）	无诉讼、仲裁或无败诉	＿＿分
			有败诉	＿＿分
I	近年不良行为记录 （扣减　分）		没有任何不良行为记录	＿＿分
			有＿＿个以下（不含）不良行为记录	＿＿分
			有3个以上（含）不良行为记录	＿＿分
	其他	……		

说明：评审项目中至少应包括项目部人力资源、财务状况、企业类似工程业绩、正在施工的和新承接的项目等评审因素，其他因素由招标人根据项目情况自主选择，企业信用的评价可选择在资格预审或招标阶段评审，如果在资格预审阶段对企业信用进行评分，则不需再对诉讼或仲裁、近年不良行为记录、企业管理体系进行评分。

附表 A-5   评分汇总记录表

评分汇总记录表

审查委员会成员姓名	通过详细审查的申请人名称及其评定得分				
各成员评分合计					
各成员评分平均值					
申请人最终得分					

审查委员会全体成员签字／日期:

附表 A-6   通过详细审查的申请人排序表

通过详细审查的申请人排序表

工程名称:＿＿＿＿＿＿＿＿＿＿＿（项目名称）

序号	申请人名称	评分结果	备注
审查委员会全体成员签字／日期:			

备注: 本表中申请人按评分结果的得分由高到低排序。

附表 A-7　通过资格预审的申请人（正选）名单

通过资格预审的申请人（正选）名单

工程名称: _____（项目名称）

序号	申请人名称	评分结果	备注
审查委员会全体成员签字／日期:			

备注: 本表中申请人按评分结果的得分由高到低排序。

附表 A-8　通过资格预审的申请人（候补）名单

通过资格预审的申请人（候补）名单

工程名称: _____（项目名称）

序号	申请人名称	评分结果	备注
审查委员会全体成员签字／日期:			

备注: 本表中申请人按评分结果的得分由高到低排序。

附表 A-9　问题澄清通知

问题澄清通知

编号：_____

_____（申请人名称）：

_____（项目名称）施工招标的资格审查委员会，对你方的资格预审申请文件进行了仔细的审查，现需你方对下列问题以书面形式予以澄清、说明或者补正：

1.

2.

……

请将上述问题的澄清、说明或者补正于_____年___月___日___时前密封并递交至_____（详细地址）或传真至_____（传真号码）。采用传真方式的，应在_____年___月___日___时前将原件递交至_____（详细地址）。

_____（项目名称）施工招标资格审查委员会

_____年___月___日

附表 A-10　问题的澄清、说明或补正

问题的澄清、说明或补正

编号：_____

_____（项目名称）园林绿化工程施工招标资格审查委员会：

问题澄清通知（编号：_____）已收悉，现澄清、说明或者补正如下：

1.

2.

……

申请人：_____（盖单位章）

法定代表人或其委托代理人：_____（签字）

日期：_____年_____月_____日

第四章　资格预审申请文件格式

一、封面格式

_____（项目名称）工程施工招标

资格预审申请文件

投标申请人：_____（盖单位章）

法定代表人或授权代理人：_（签字或盖法定代表人章）

日　　　期：_____

二、资格预审申请函格式

资格预审申请函

_____（招标人名称）：

1. 按照资格预审文件的要求，我方（申请人）递交的资格预审申请文件及有关资料，用于你方（招标人）审查我方参加_____（项目名称）施工招标的投标资格。

2. 我方的资格预审申请文件包含第二章"申请人须知"第3.1.1项规定的全部内容。

3. 我方接受你方的授权代表进行调查，以审核我方提交的文件和资料，并通过我方的客户，澄清资格预审申请文件中有关财务和技术方面的情况。

4. 你方授权代表可通过_____（联系人及联系方式）得到进一步的资料。

5. 我方在此声明，我方所提交的资格预审申请文件及有关资料内容完整、真实和准确，不存在第二章"申请人须知"第1.4.3项规定的任何一种情形。

申请人：_____（盖单位章）

法定代表人或其委托代理人：_____（签字）

电话：_____

传真：_____

申请人地址：_____

邮政编码：_____

日期_____年____月____日

三、申请人法定代表人身份证明

法定代表人身份证明书

申 请 人：_____

单位性质：_____

地   址：_____

成立时间：_____年____月____日

经营期限：_____

姓   名：_____

身份证号码：_____

系_____（申请人名称）的法定代表人。

特此证明。

申请人：_____（盖单位章）

日期：_____年____月____日

说明：随本证明文件应附法定代表人的身份证扫描／复印件。

四、法定代表人授权委托书格式

法定代表人授权委托书

致：_____

本人_____（姓名）系_____（申请人名称）的法定代表人，现委托_____（姓名）为我方代理人。代理人根据授权，以我方名义签署、澄清、说明、补正、递交、撤回、修改_____（项目名称）施工招标资格预审文件，其法律后果由我方承担。

委托期限：_____

_____。

代理人无转委托权。

须附：1. 法定代表人身份证明。2. 被授权人的身份证扫描／复印件。

申请人：_____（盖单位章）

法定代表人：_____（签字）

身份证号码：_____

委托代理人：_____（签字）

身份证号码：_____

日期：_____年___月___日

五、联合体投标协议书参考格式（如需要）

联合体投标协议书

牵头人名称：_____

法定代表人：_____

法 定 住 所：_____

成员二名称：_____

法定代表人：_____

法 定 住 所：_____

......

鉴于上述各成员单位经过友好协商，自愿组成联合体，共同参加____（招标人名称）____（以下简称招标人）____（招标项目名称）____（以下简称本工程）的施工招标资格预审和投标并争取赢得本工程施工承包合同（以下简称合同）。现就联合体投标事宜订立如下协议：

1. ＿＿＿＿＿（某成员单位名称）＿＿＿＿＿为联合体牵头人。

2. 在本工程投标阶段，联合体牵头人合法代表联合体各成员负责本工程资格预审申请文件和投标文件编制活动，代表联合体提交和接收相关的资料、信息及指示，并处理与资格预审、投标和中标有关的一切事务；联合体中标后，联合体牵头人负责合同订立和合同实施阶段的主办、组织和协调工作。

3. 联合体将严格按照资格预审文件和招标文件的各项要求，提交资格预审申请文件和投标文件，履行投标义务和中标后的合同，共同承担合同规定的一切义务和责任，联合体各成员单位按照内部职责的划分，承担各自所负的责任和风险，并向招标人承担连带责任。

4. 联合体各成员单位内部的职责分工如下：＿＿＿＿＿＿＿＿＿＿＿＿＿＿＿＿＿＿＿＿＿＿＿＿＿＿＿＿＿＿＿＿＿＿＿＿。按照本条上述分工，联合体成员单位各自所承担的合同工作量比例如下：＿＿＿。

5. 资格预审和投标工作以及联合体在中标后工程实施过程中的有关费用按各自承担的工作量分摊。

6. 联合体中标后，本联合体投标协议书是工程施工合同的附件，对联合体各成员单位具有合同约束力。

7. 本协议书自签署之日起生效，联合体未通过资格预审、未中标或者中标时合同履行完毕后自动失效。

8. 本协议书一式＿＿＿份，联合体成员和招标人各执一份。

牵头人名称：＿＿＿＿＿＿＿＿＿＿（盖单位章）
法定代表人或其委托代理人：＿＿（签字）＿＿

成员二名称：＿＿＿＿＿＿＿＿＿＿（盖单位章）
法定代表人或其委托代理人：＿＿（签字）＿＿

……

日期：＿＿＿＿＿年＿＿月＿＿日

备注：本协议书由委托代理人签字的，应附法定代表人签字或盖章的授权委托书。

六、资格预审申请文件附表、附件

表1　申请人基本情况表

申请人名称			
注册地址			
联系方式	联系人		电话
	传　真		电子邮件
组织结构	1. 用图表或文字说明公司组织机构、职能部门。2. 企业参股或控股情况		
法定代表人	姓名		联系电话
成立时间		员工总人数：	
统一社会信用代码		其中	高级职称人员
注册资本金			中级职称人员
开户银行			初级职称人员
账号			高级技工
经营范围			
企业安全生产方面的证书或证明文件（如果有）	发证机构：＿＿＿＿＿＿＿		证书编号：＿＿＿＿＿
体系认证情况	说明：通过的认证体系、通过时间及运行状况		
备　注			

说明：1. 随本表须附营业执照副本的扫描／复印件。

　　　2. 申请人自主选择：企业安全生产方面的证书或证明文件（如果有）等相关资料；体系认证情况，可以包括ISO9001质量管理体系认证证书、ISO14001环境管理体系认证证书、GB/T 28001—2011或OHSAS18001职业健康安全管理体系认证证书等。

　　申请人：（盖单位章）＿＿＿＿＿＿

　　法定代表人或授权代理人：（签字）＿＿＿＿

表2　近年财务状况表

一、近年财务状况表是指经过审计机构审计的财务报表，以下各类报表中反映的财务状况数据应当一致，如果有不一致之处，以不利于申请人的数据为准。

（一）近年资产负债表

（二）近年利润表（或称损益表）

（三）近年现金流量表

（四）所有者权益变动表（或称股东权益变动表）

（五）财务报表附注

二、申请人需提供近年园林绿化工程收入的说明（格式自定），盖单位章。

表3 近年已完成的类似项目情况表

项目名称			
项目所在地			
项目类型			
建设规模			
发包人名称			
发包人联系人		联系电话	
合同价格			
开工日期			
竣工日期			
承包范围			
工程质量			
项目负责人		身份证号码	
技术负责人		身份证号码	
总监理工程师（如果有）		联系电话	
备 注			

说明：类似工程业绩的资料要求见申请人须知前附表。

表4 正在施工的和新承接的项目情况表

项目名称			
项目所在地			
项目类型			
建设规模			
发包人名称			
发包人联系人		联系电话	
签约合同价			
开工日期			
计划竣工日期			
承包范围			
工程质量			
项目负责人		身份证号码	
技术负责人		身份证号码	
总监理工程师（如果有）		联系电话	
备 注			

说明：正在施工和新承接的项目须附合同协议书关键页的扫描／复印件。

表5 项目组织机构设置与人员配备表

1.项目组织机构设置说明或图表						
2.在本项目中配备的专业技术人员						
在本项目中的职务或岗位	姓名	性别	年龄	职称专业	专业技术职称及级别	职称证书／资格证书编号

表6 拟派项目负责人简历表

1.一般情况						
姓名		年龄		身份证号		
专业技术职称及级别		职称专业		专业工作时间		
项目管理能力		学历		学历_____学历专业_____		
2.相关工作经历						
时间	项目名称	项目建设规模	项目类型	合同价格	该项目中的任职	备注

说明：1.随本表须附项目负责人的身份证、职称证、学历证、项目管理能力的文件或资料（具体的内容要求见申请人须知前附表10.2（1））、缴纳社会保险的证明及相关业绩的资料扫描／复印件。相关业绩资料的具体要求见申请人须知前附表。如果职称证书中没有技术职称专业的相关信息，申请人应同时提供相关证明文件，具体内容要求见申请人须知前附表10.2。

2.项目负责人应提供其没有担任任何在施建设工程项目的项目负责人的书面承诺。具体的内容参见表6附件。

表6 附件

承诺书

_____（招标人名称）:

我方在此声明，我方拟派往_____（项目名称）（以下简称"本工程"）的项目负责人_____（项目负责人姓名）没有担任任何在施建设工程项目的项目负责人。

我方保证上述信息的真实和准确，并愿意承担因我方就此弄虚作假所引起的一切法律后果。

特此承诺

申请人：_____（盖单位章）

法定代表人或其委托代理人：_____（签字）

日期：_____年___月___日

表7 拟派本项目主要人员简历表

1. 一般情况					
姓名		年龄		性别	
专业技术职称及级别		技术职称专业		为申请人服务时间	
学历	毕业时间_____		学历专业_____		
执业／职业资格或岗位证书	证书名称_____		证书编号_____		
专业工作时间					
本项目中的任职					

2. 相关工作经历							
时间	项目名称	项目建设规模	项目类型	合同价格	该项目中的任职	备注	

说明：1. 需填写本表的主要人员包括表5中除项目负责人以外的所有人员。

2. 随本表须附以上人员的身份证、学历证明、职称证、执业／职业资格证书、上岗证书等相关资料的扫描／复印件（如果有）。如果职称证书中没有技术职称专业的相关信息，申请人应同时提供相关证明文件，具体内容要求见申请人须知前附表10.2。

表8　近年施工安全、质量情况说明表

年度		申请人近年施工安全、质量情况说明
年		
年		
年		
安全质量事故	工程名称	事故发生原因及责任　简要说明

说明：如果申请人近年在施工项目中未发生过安全、质量事故，请在"申请人近年安全、质量情况说明"栏中填写"无"。本页不够请附页。

表9　近年发生的诉讼和仲裁情况表

备注：近年发生的诉讼和仲裁情况仅限于申请人败诉的，且与履行施工承包合同有关的案件，不包括调解结案以及未裁决的仲裁或未终审判决的诉讼。

类别	序号	发生时间	情况简介	证明材料索引
诉讼情况				
仲裁情况				

说明：如果申请人近年没有诉讼和仲裁情况发生，请在"情况简介"栏中填写"无"。本页不够请添加附页。

表 10 近年不良行为记录情况

序号	发生时间	简要情况说明	证明材料索引

说明：如果申请人近年没有不良行为记录，请在"发生时间"和"简要情况说明"栏中填写"无"。本页不够请添加附页。

表 11 企业缴纳税收和社会保障资金证明

（一）_____年___月至_____年___月，税收缴纳凭证扫描／复印件。

（二）_____年___月至_____年___月，社会保险金缴纳凭证（或由银行出具的委托收款凭证）扫描／复印件。

说明：根据项目情况确定。

附件 A　说明、承诺或声明

说明、承诺书或声明书的格式由申请人自行拟定，说明、承诺或声明书应由申请人的法定代表人或授权代表签字并盖单位章。

申请人根据实际情况告知招标人

1. 与申请人单位负责人为同一人或者存在控股、管理关系的不同单位，是否同时参加了本招标项目（划分标段的招标项目的同一标段）的投标资格预审申请；

2. 申请人是否财产被接管或冻结；

3. 申请人是否被暂停或取消投标资格；

4. 申请人在参加招投标活动前____年内，是否发生过一般及以上工程安全事故和重大工程质量问题；

5. 申请人在参加招投标活动前____年内，是否在经营活动中有重大违法记录；

6. 申请人在资格预审过程中是否有弄虚作假、行贿受贿或者其他违法违规行为；

7. 申请人需要声明或承诺其他事宜。

……

附件 B　其他　投标申请人自行补充的资料（如果有）

第五章　项目建设概况

一、项目说明

二、建设条件

三、建设要求

四、其他需要说明的情况

中国风景园林学会团体标准

园林绿化工程施工招标文件
示范文本

Bidding documents for procurement of landscape greening construction
—Recommended documents

T/CHSLA 10005—2020

批准部门：中国风景园林学会
施行日期：2021年4月1日

中国风景园林学会

景园学字〔2020〕52 号

关于发布《园林绿化工程施工招标资格预审文件示范文本》和《园林绿化工程施工招标文件示范文本》两项团体标准的公告

现批准《园林绿化工程施工招标资格预审文件示范文本》和《园林绿化工程施工招标文件示范文本》两项团体标准，编号为 T/CHSLA 10004—2020 和 T/CHSLA 10005—2020，自 2021 年 4 月 1 日起实施。现予公告。

本标准由我会委托中国建筑工业出版社出版发行。

中国风景园林学会

2020 年 9 月 30 日

目　　次

前　言

本文件与《园林绿化工程施工招标资格预审文件示范文本》T/CHSLA 10004—2020 共同构成了支撑园林绿化工程招标相关文件。

本文件由中国风景园林学会提出。

本文件由中国风景园林学会标准化技术委员会归口。

本文件起草单位：北京市园林绿化工程管理事务中心、北京科技园拍卖招标有限公司

本文件主要起草人：耿晓梅　胥　钢　杨忠全　贾建中　武　戈　朱小锋　邢亚利　蔡　迪　任　磊

本文件主要审查人：强　健　汤仁龙　商自福　唐晓红　薛起堂　向星政　祝珅平

在使用本文件过程中如有问题或建议，请反馈至编制工作小组（地址：北京市海淀区西三环中路 10 号；邮政编码 100142：邮箱：ylztb@yllhj.beijing.gov.cn）。

引　言

随着国家大力推进生态文明建设和美丽中国建设，园林绿化工程建设投入日益增加，园林绿化建设交易活动日益活跃。为了深化"放管服"改革，优化营商环境，促进全国园林绿化工程施工交易市场的公平竞争，规范园林绿化工程施工交易市场参与主体的招标投标行为，提高交易效率，结合园林绿化工程建设管理的特殊性和专业性，编制了本文件。

本文件依据《中华人民共和国招标投标法》《中华人民共和国民法典》《中华人民共和国招标投标法实施条例》《建设工程质量管理条例》《优化营商环境条例》《保障农民工工资支付条例》《生产安全事故报告和调查处理条例》《电子招标投标办法》（国家发展和改革委员会等八部委第20号令）《国务院关于建立完善守信联合激励和失信联合惩戒制度加快推进社会诚信建设的指导意见》（国发〔2016〕33号）《国务院办公厅关于清理规范工程建设领域保证金的通知》（国办发〔2016〕49号）《关于在招标投标活动中对失信被执行人实施联合惩戒的通知》（法〔2016〕285号）《招标公告和公示信息发布管理办法》（国家发展和改革委员会2017第10号令）《关于做好取消城市园林绿化企业资质核准行政许可事项相关工作的通知》（建办城〔2017〕27号）《园林绿化工程建设管理规定》（建城〔2017〕251号）《必须招标的工程项目规定》（国家发改委2018第16号令）《关于印发〈工程项目招投标领域营商环境专项整治工作方案〉的通知》（发改办法规〔2019〕862号）等法律法规，参照《标准施工招标文件》（国家发展和改革委员会等九部委第56号令），结合园林绿化工程建设项目的特点进行编写，旨在对园林绿化工程施工招标文件的编制进行规范性指导。

1 范　　围

　　本文件规定了园林绿化工程施工招标文件的编制内容、格式和要求，并提供了园林绿化工程施工招标文件的示范文本。

　　本文件适用于依法必须招标的园林绿化工程施工项目，非依法必须招标的园林绿化工程施工项目可参考使用。

2　规范性引用文件

　　下列文件中的内容通过文中的规范性引用而构成本文件必不可少的条款。其中，注日期的引用文件，仅该日期对应的版本适用于本文件。不注日期的引用文件，其最新版本（包括所有的修改单）适用于本文件。

　　GF—2020—2605　园林绿化工程施工合同示范文本（试行）
　　GB 50500　建设工程工程量清单计价规范
　　GB 50858　园林绿化工程工程量计算规范
　　CJJ/T 82　园林绿化工程施工及验收规范
　　CJJ/T 287　园林绿化养护标准
　　CJJ/T 236　垂直绿化工程技术规程
　　CJ/T 24　园林绿化木本苗
　　CJ/T 340　绿化种植土壤
　　T/CHSLA 50001—2018　园林绿化工程施工招标投标管理标准
　　T/CHSLA 10001—2019　园林绿化施工企业信用信息和评价标准
　　T/CHSLA 50004—2019　园林绿化工程项目负责人评价标准

3　术语和定义

　　下列术语和定义适用于本文件。

3.1 园林绿化工程　engineering of landscape greening

　　通过地形营造、植物种植和保育、园路与活动场地铺设、建（构）筑物和设施建造安装，实现城市绿地功能，形成工程实体的建设活动。

3.2 园林绿化项目负责人　leader of landscape greening project

　　园林绿化工程施工中，由承包人任命，派驻施工现场并代表承包人全面履行合同职责，对工程项目的质量、进度、成本、安全等方面负责的管理者。应经过相关培训和能力评价，并具有园林绿化相关专业技术和项目管理能力。

3.3 园林绿化技术负责人　technical director for landscape greening

园林绿化工程施工中，由承包人任命的全面负责工程技术的管理者，主要对工程的实体技术及工艺工法等技术事项负责，应具有与承接工程建设要求相匹配的技术水平和解决特殊复杂问题的技术能力。

3.4 阶段性工期 phased construction period

也称"节点工期"，总进度计划下完成某一分部分项工程或关键节点所需要的期限。

3.5 养护期 warranty period for greening maintenance

按照合同约定进行绿化养护的期限，从工程竣工验收合格之日起计算。

3.6 类似工程业绩 relevant project experience

与招标工程项目的工程类型、建设规模、建设内容、工程造价相似或相近的已竣工验收合格的工程。

3.7 投标价 bid price

投标人投标时响应招标文件要求所报出的总价。

4 总 体 要 求

4.1 依法必须招标的园林绿化工程施工项目的招标文件应符合本文件附录"园林绿化工程施工招标文件示范文本"（以下简称"示范文本"）的要求。

4.2 招标文件应包括招标公告或投标邀请、投标人须知、评标办法、合同条款及格式、招标工程量清单、图纸、技术标准和要求、投标文件格式等。

4.3 本文件附录"示范文本"的第一章招标公告与投标邀请列出了可供选择的三种形式，并应符合下列要求：

    a） 公开招标的项目应选择"示范文本"中对应的第一章招标公告；

    b） 邀请招标的项目应选择"示范文本"的第一章投标邀请书；

    c） 已进行资格预审的项目应选择"示范文本"的第一章投标邀请书（代资格预审通过通知书）。

4.4 本文件附录"示范文本"的第二章投标人须知应包括投标人须知前附表和投标人须知正文部分，其中投标人须知前附表应按项目具体情况采用选择、填空式进行编写，不应与"投标人须知正文"的内容相抵触，投标人须知正文部分应不加修改的引用。

4.5 本文件附录"示范文本"的第三章评标办法包括评标办法前附表和评标办法正文部分，其中评标办法前附表应按项目具体情况采用选择、填空式进行编写，不应与"评标办法正文"的内容相抵触，评标办法正文部分应不加修改的引用。

4.6 本文件附录"示范文本"的第三章评标办法列出了综合评估法和经评审的最低投标价法两种评标方法，招标人应根据招标项目具体特点和实际需要选择使用，并应符合下列要求：

    a） 建设内容复杂、施工难度高、建设工期长的项目宜选择综合评估法；

    b） 建设内容单一、施工技术工艺简单的项目可选择经评审的最低投标价法；

    c） 采用综合评估法的，招标人应根据有关规定和项目的具体情况确定各评审因素的评审标准、分值和权重。

4.7 本文件附录"示范文本"的第四章合同条款及格式中的合同条款应直接引用《园林绿化工程施工合同示范文本（试行）》GF—2020—2605。

4.8 本文件附录"示范文本"的第五章招标工程量清单应根据《建设工程工程量清单计价规范》GB 50500、《园林绿化工程工程量计算规范》GB 50858 和招标项目具体特点和实际需要编制，并应与投标人须知、合同条款、技术标准和要求、图纸等内容相衔接。

4.9 本文件附录"示范文本"的第六章图纸，招标文件中应列出图纸目录，图纸可单独提供。

4.10 本文件附录"示范文本"的第七章技术标准和要求的第二节和第三节应根据招标项目具体特点、自然条件和实际需要编制，并应符合下列要求：

　　a）技术标准和要求中的各项技术标准应符合国家强制性标准，不得要求或标明某一特定的专利、商标、名称、设计、原产地或生产供应者，不得含有倾向或者排斥潜在投标人的其他内容；

　　b）如果必须引用某一生产供应者的技术标准才能准确或清楚地说明拟招标项目的技术标准时，则应当在参照后面加上"或相当于"字样。

4.11 本文件附录"示范文本"的第八章投标文件格式，应根据评标办法和实际情况使用。

4.12 建设项目进行分标段招标时，每个招标标段应编制一份招标文件，并应在项目名称中标明"标段"编号，应根据标段工程特点和内容，在文件中载明各标段的具体招标条件和要求。

4.13 园林绿化工程项目采用电子招投标方式时，应按照国家相关电子招投标办法的要求执行。

4.14 园林绿化工程项目分类应符合《园林绿化工程施工招标投标管理标准》T/CHSLA 50001—2018 的有关要求。

5　内容、格式和要求

5.1　招　标　公　告

5.1.1 招标公告应包括以下内容：

　　a）招标项目名称、内容、范围、规模、实施地点和时间、项目资金来源和落实情况；

　　b）投标资格条件要求，以及是否接受联合体投标；

　　c）获取招标文件的时间、地点、方式；

　　d）递交投标文件的截止时间、地点、方式；

　　e）评标方法、定标方法；

　　f）招标人及其招标代理机构的名称、地址、联系人及联系方式；

　　g）招标人要求投标人提供投标担保、中标人提供履约担保的，应当在招标文件中载明；

　　h）采用电子招标投标方式的，潜在投标人访问电子招标投标交易平台的网址和方法；

　　i）其他依法应当载明的内容。

5.1.2 公告的具体文本格式应符合附录第一章的要求。

5.1.3 招标公告应同时注明发布的所有媒介名称。

5.2 投标人资格要求

5.2.1 不得将工程施工的企业资质作为投标人的资格条件。对投标人资格审查应重点关注投标人是否具有与招标项目相匹配的专业技术管理人员、技术工人、资金、设备等履约能力及相关的工程经验，并应符合下列要求：

    a）应对园林绿化工程施工项目负责人的资历、项目组织机构和项目团队人员的资历进行考查。

    b）应对投标人企业信誉进行考查，特别应对投标人在园林绿化行业从业信用情况进行考查。

5.2.2 建设内容较复杂、技术要求高的园林绿化工程，在投标人资格条件中可要求其具有类似工程业绩；建设内容简单、可采用通用施工技术工艺的工程，在投标人资格条件中不应设置类似工程业绩要求。

5.2.3 类似工程业绩的要求适用于投标人企业和人员，企业类似工程业绩可设置年限要求，人员类似工程业绩可不设年限要求。

5.2.4 类似工程业绩要求的建设规模或工程造价不宜超过招标项目的70%。

5.2.5 建设内容较复杂、技术要求高的园林绿化工程，可要求项目负责人具有中级及以上的技术职称；建设内容简单、可采用通用施工技术工艺的工程不得设置中级及以上的技术职称要求。

5.2.6 园林绿化相关专业应依据学历专业或职称证书专业判定，可包括园林、风景园林、园林绿化、园林植物、园林景观设计、园艺、观赏园艺、果树、植物营养、植物保护、林学、草学、城乡规划、景观等。

5.2.7 投标人信誉的考查应在招标文件中明确信息采集的渠道和采集的时点。

5.3 投标人须知

5.3.1 投标人须知前附表第1.4.1款"投标人资格条件"应根据招标项目是否进行资格预审选择相应的条款。

5.3.2 依法必须招标的园林绿化工程项目应在"投标人须知前附表"中明确是否设置最高投标限价，设有最高投标限价的，应当在招标文件中明确最高投标限价或者最高投标限价的计算方法。招标人不得规定最低投标限价。

5.4 评 标 办 法

5.4.1 采用综合评估法的，一般评审的内容应包括：施工组织设计、项目管理机构、投标报价、企业信用、其他因素等。已进行资格预审的项目不宜再进行项目管理机构的评审。

5.4.2 综合评估法中评标价的确定是以投标报价为基础，扣除招标文件中约定的专业工程暂估价和暂列金额等不可竞争的价格，并应符合下列要求：

    a）综合评估法中评标基准价可采用各有效投标的评标价的算术平均法计算，由此得到一个平均数作为计算报价得分的基准价；

b）若为避免极端数据对平均数代表作用的削弱，则可以在评标价数据中分别去掉一定数量的最高评标价和最低评标价后再计算平均数，去掉的最高评标价和最低评标价的具体数量可在评标办法中规定。

5.4.3 采用经评审的最低投标价法的，应综合考虑工程质量、工期进度、安全防护和文明施工措施和保障、材料设备的性能和品质、苗木品质、缺陷责任期的绿化养护和保修服务、付款条件等因素，按照招标文件中规定的权数或量化方法，将这些因素一一折算为一定的货币额，并加入到投标报价中，最终得出的就是评标价。

5.4.4 若对企业信用进行评价，应根据各地的管理规定，明确主体信用信息采集的渠道或网站系统。企业信用评审的权重宜在 5% ～ 15%。

5.4.5 施工组织设计评审要素可结合项目具体要求，参照本文件附录"示范文本"的"第八章投标文件格式"相应的条款选择设置。

5.4.6 评标办法中应明确评标委员会对可能影响履约的异常低价的处理方式。

5.5 招标工程量清单

5.5.1 依法必须招标的园林绿化工程项目宜采用工程量清单的计价方式，采用工程量清单计价方式的应符合《建设工程工程量清单计价规范》GB 50500、《园林绿化工程工程量计算规范》GB 50858 的相关要求。

5.5.2 采用工程量清单计价方式的，应在工程量清单子目特征描述中除描述苗木的规格外，还应明确养护期。

5.6 技术标准和要求

5.6.1 技术标准和要求应包括一般要求、特殊技术标准和要求、适用的国家、行业以及地方规范、标准和规程，主要应包括但不限于《建设工程工程量清单计价规范》GB 50500、《园林绿化工程工程量计算规范》GB 50858、《园林绿化工程施工及验收规范》CJJ/T 82、《园林绿化养护标准》CJJ/T 287、《垂直绿化工程技术规范》CJJ/T 236、《园林绿化木本苗》CJ/T 24、《绿化种植土壤》CJ/T 340 等。

5.6.2 应明确养护标准和养护期结束工程移交时对苗木的存在率、成活率等的要求。

附录

园林绿化工程施工招标文件

示范文本

目　录

---

① 目录中章节号相同的，招标人应根据项目具体特点和实际需要选择适用的内容。

---

① 目录中章节号相同的，招标人应根据项目具体特点和实际需要选择适用的内容。

① 目录中章节号相同的，招标人应根据项目具体特点和实际需要选择适用的内容。

_____（项目名称）工程施工招标

招 标 文 件

招标人：_____（盖单位章）

日期：_____年___月___日

第一章　招标公告、投标邀请书

<u>　　　　　　　</u>（项目名称）工程施工招标

招标公告

1. 招标条件

本招标项目<u>　　　　　　　　　</u>（项目名称）已由<u>　　　　　　　　</u>（项目审批、核准或备案机关名称）以<u>　　　　　　　　</u>（批文名称及编号）批准建设，项目业主为<u>　　　　　　</u>，项目资金来自<u>　　　　　　　　</u>（资金来源），项目出资比例为<u>　　　　</u>，招标人为<u>　　　　　　</u>。项目已具备招标条件，现进行公开招标。

2. 项目概况与招标范围

2.1　项目建设地点：<u>　　　　　　　　　　　　　　　</u>
2.2　项目建设规模：<u>　　　　　　　　　　　　　　</u>
2.3　项目估算或投资概算：<u>　　　　　　　　　　</u>
2.4　要求工期和养护期：要求工期<u>　　</u>天，养护期<u>　　</u>天
2.5　标段划分：<u>　　　　　　　　　　　　　　　</u>
2.6　招标范围：<u>　　　　　　　　　　　　　　　</u>
2.7　其他：<u>　　　　　　　　　　　　　　　　</u>

3. 投标人资格条件要求

3.1　投标人须为在中华人民共和国境内合法注册，具有独立承担民事责任的能力和经营许可的独立法人。
3.2　投标人须具有良好的商业信誉和健全的财务会计制度。
3.3　投标人在人员、设备、资金等方面具备履行合同的能力。
□　项目负责人资格：具有园林绿化相关专业（□高级 □中级 □初级）专业技术职称和项目管理能力，且没有担任任何在施建设工程项目的项目负责人。
□　投标人的类似工程业绩要求：<u>　　　　　　　　　　　　　　</u>。
其他要求：<u>　　　　　　　　　　　　　　　　　　</u>。
3.4　信誉要求：
□　投标人须未被"信用中国"网站（www.creditchina.gov.cn）列入"失信被执行人"和重大税收违法案件当事人名单。
□　投标人及其项目负责人应具有良好的园林绿化施工企业信用记录。
其他信誉要求：
<u>　　　　　　　　　　　　　　　　　　　　　　　　</u>

3.5 投标人参加本招标活动前____年内，没有发生过一般及以上工程安全事故和重大工程质量问题。

3.6 投标人参加本招标活动前____年内，在经营活动中没有重大违法记录。

3.7 本项目招标（□ 接受 □ 不接受）联合体投标。

联合体投标的，应满足下列要求：_____

3.8 其他要求：

□ 投标人具有依法缴纳税收和社会保障资金的良好记录 。

_____

3.9 投标人可以就本招标项目的____标段投标，但最多允许中标 __（具体数量）__ 个标段。（适用于划分标段的招标项目）

3.10 投标人不得存在下列情形之一：

（1）为招标人不具有独立法人资格的附属机构（单位）；

（2）为本招标项目提供工程勘察、设计、咨询、项目管理、代建、监理、招标代理等服务的单位或者与上述单位同为一个法定代表人或相互控股或参股或相互任职的；

（3）单位负责人为同一人或者存在控股、管理关系的不同单位，不得参加同一标段投标或者未划分标段的同一招标项目投标。

4. 招标文件的获取

4.1 凡有意参加投标者，请于_____年___月___日至_____年___月___日，每日上午___时至___时，下午___时至___时（北京时间，下同），在_____（详细地址）_____购买招标文件。图纸押金____元人民币（大写：_____），在退还图纸时退还（不计利息）。

4.2 招标文件每套售价____元人民币（大写：_____），售后不退。

5. 投标文件的递交

5.1 投标文件递交的截止时间（投标截止时间，下同）为_____年___月___日___时___分，地点为_____（详细地址或电子招标投标交易系统）。

5.2 逾期送达的投标文件，招标人不予受理。

6. 评标方法与定标方法

评标方法：_____。
定标方法：_____。

7. 投标担保

投标担保：□ 不需提供 □ 需提供，金额；_____。

8. 履约担保和支付担保

履约担保：□ 不需提供 □ 需提供，金额或比例；_____。
支付担保：□ 不需提供 □ 需提供，金额或比例；与履约担保相同。

9. 发布公告的媒介

本次招标公告同时在＿＿＿＿＿＿＿＿＿（发布公告的媒介名称）上发布。

10. 联系方式

招　标　人：＿＿＿＿＿＿＿＿＿　　招标代理机构：＿＿＿＿＿＿＿＿

地　　　址：＿＿＿＿＿＿＿＿＿　　地　　　址：＿＿＿＿＿＿＿＿

邮　　　编：＿＿＿＿＿＿＿＿＿　　邮　　　编：＿＿＿＿＿＿＿＿

联　系　人：＿＿＿＿＿＿＿＿＿　　联　系　人：＿＿＿＿＿＿＿＿

电　　　话：＿＿＿＿＿＿＿＿＿　　电　　　话：＿＿＿＿＿＿＿＿

传　　　真：＿＿＿＿＿＿＿＿＿　　传　　　真：＿＿＿＿＿＿＿＿

电子邮件：＿＿＿＿＿＿＿＿＿　　电子邮件：＿＿＿＿＿＿＿＿

网　　　址：＿＿＿＿＿＿＿＿＿　　网　　　址：＿＿＿＿＿＿＿＿

招标人或招标代理机构：＿＿＿＿（盖单位章）

主要负责人或其授权的项目负责人：＿＿＿（签字）

日期：＿＿＿年＿＿月＿＿日

第一章　投标邀请书（适用于邀请招标）

＿＿＿＿＿＿＿＿（项目名称）工程施工招标

投标邀请书

＿＿＿＿＿＿＿＿＿（被邀请单位名称）：

1. 招标条件

本招标项目＿＿＿＿＿＿＿＿＿＿＿＿＿＿（项目名称）已由＿＿＿＿＿＿＿＿＿＿＿（项目审批、核准或备案机关名称）以＿＿＿＿＿＿＿＿＿＿＿＿＿（批文名称及编号）批准建设，项目业主为＿＿＿＿＿＿＿＿＿＿，建设资金来自＿＿＿＿＿＿＿＿＿＿＿＿＿＿＿（资金来源），出资比例为＿＿＿＿＿＿＿＿，招标人为＿＿＿＿＿＿＿＿＿＿＿。项目已具备招标条件，现邀请你单位参加＿＿＿＿＿＿＿＿＿＿＿＿＿（项目名称）工程施工投标。

2. 项目概况与招标范围

2.1　项目建设地点：＿＿＿＿＿＿＿＿＿＿＿＿＿＿＿＿＿＿＿＿＿

2.2　项目建设规模：＿＿＿＿＿＿＿＿＿＿＿＿＿＿＿＿＿＿＿＿＿

2.3　项目估算或投资概算：＿＿＿＿＿＿＿＿＿＿＿＿＿＿＿＿＿

2.4　要求工期和养护期：要求工期＿＿＿＿天，养护期＿＿＿＿天

2.5　标段划分：＿＿＿＿＿＿＿＿＿＿＿＿＿＿＿＿＿＿＿＿＿＿＿

2.6　招标范围：＿＿＿＿＿＿＿＿＿＿＿＿＿＿＿＿＿＿＿＿＿＿＿

2.7　其他：＿＿＿＿＿＿＿＿＿＿＿＿＿＿＿＿＿＿＿＿＿＿＿＿＿

3. 投标人资格条件要求

3.1　本次招标要求投标人具备＿＿＿＿＿＿＿＿的业绩，并在人员、设备、资金等方面具有承担本标段施工的能力。

3.2　你单位＿＿（□ 可以　□ 不可以）＿＿组成联合体投标。联合体投标的，应满足下列要求：＿＿＿＿＿＿＿＿＿＿＿＿＿＿＿＿＿＿＿＿＿。

3.3　投标人不得存在下列情形之一：

（1）为招标人不具有独立法人资格的附属机构（单位）；

（2）为本招标项目提供工程勘察、设计、咨询、项目管理、代建、监理、招标代理等服务的单位或者与上述单位同为一个法定代表人或相互控股或参股或相互任职的；

（3）单位负责人为同一人或者存在控股、管理关系的不同单位，不得参加同一标段投标或者未划分标段的同一招标项目投标。

4. 招标文件的获取

4.1 请于＿＿＿＿＿年＿＿月＿＿日至＿＿＿＿＿年＿＿月＿＿日，每日上午＿＿时至＿＿＿时，下午＿＿时至＿＿时（北京时间，下同），在＿＿＿＿＿＿＿＿＿＿＿＿＿（详细地址）＿＿＿＿＿＿＿持本投标邀请书购买招标文件。

4.2 招标文件每套售价＿＿元人民币（大写：＿＿＿），售后不退。图纸押金＿＿元人民币（大写：＿＿＿），在退还图纸时退还（不计利息）。

5. 投标文件的递交

5.1 投标文件递交的截止时间（投标截止时间，下同）为＿＿＿＿＿年＿＿月＿＿日＿＿时＿＿分，地点为＿＿＿＿＿＿＿＿＿＿＿＿（详细地址或电子招标投标交易系统）。

5.2 逾期送达的投标文件，招标人不予受理。

6. 评标方法与定标方法

评标方法：＿＿＿＿＿＿＿＿＿＿＿＿＿＿＿＿＿。
定标方法：＿＿＿＿＿＿＿＿＿＿＿＿＿＿＿＿＿。

7. 投标担保

投标担保：□ 不需提供　□ 需提供，金额；＿＿＿＿＿＿＿。

8. 履约担保和支付担保

履约担保：□ 不需提供　□ 需提供，金额或比例；＿＿＿＿＿＿。
支付担保：□ 不需提供　□ 需提供，金额或比例；与履约担保相同。

9. 确认

你单位收到本投标邀请书后，请于＿＿＿（具体时间）前以＿＿＿的书面方式予以确认。

10. 联系方式

招　标　人：＿＿＿＿＿＿＿＿＿＿	招标代理机构：＿＿＿＿＿＿＿＿＿
地　　　址：＿＿＿＿＿＿＿＿＿＿	地　　　址：＿＿＿＿＿＿＿＿＿
邮　　　编：＿＿＿＿＿＿＿＿＿＿	邮　　　编：＿＿＿＿＿＿＿＿＿
联　系　人：＿＿＿＿＿＿＿＿＿＿	联　系　人：＿＿＿＿＿＿＿＿＿
电　　　话：＿＿＿＿＿＿＿＿＿＿	电　　　话：＿＿＿＿＿＿＿＿＿
传　　　真：＿＿＿＿＿＿＿＿＿＿	传　　　真：＿＿＿＿＿＿＿＿＿
电子邮件：＿＿＿＿＿＿＿＿＿＿	电子邮件：＿＿＿＿＿＿＿＿＿
网　　　址：＿＿＿＿＿＿＿＿＿＿	网　　　址：＿＿＿＿＿＿＿＿＿

招标人：＿＿＿＿＿＿（盖单位章）＿＿＿
日期：＿＿＿＿年＿＿月＿＿日

第一章　投标邀请书（代资格预审通过通知书）

_____（项目名称）工程施工招标

投标邀请书（代资格预审通过通知书）

_____（被邀请单位名称）：

　　你单位已通过资格预审，现邀请你单位按招标文件规定的内容，参加_____（项目名称）园林绿化工程施工投标。

　　请你单位于_____年____月____日至_____年____月____日，每日上午____至____，下午____至____（北京时间，下同），在_____（详细地址）持本投标邀请书购买招标文件。图纸押金____元人民币（大写：_____），在退还图纸时退还（不计利息）。

　　招标文件每套售价____元，售后不退。

　　投标文件递交的截止时间（以下简称"投标截止时间"）为_____年____月____日____时____分，地点为_____（详细地址或电子招标投标交易系统）。

　　逾期送达的投标文件，招标人不予受理。

　　你单位收到本投标邀请书后，请于_____年____月____日____时____分前以_____的书面方式予以确认收到和是否参与本项目投标。

　　特别声明：即便你单位已确认参与本项目投标，也不代表你单位必然取得本项目的投标资格。当资格预审评审排名在你单位之前的资格预审申请人放弃本项目投标时，你单位有可能会因为资格预审文件或相关法律法规规定的利益冲突回避原则无法取得本项目的投标资格。

招　标　人：_____　　　招标代理机构：_____

地　　　址：_____　　　地　　　址：_____

邮　　　编：_____　　　邮　　　编：_____

联　系　人：_____　　　联　系　人：_____

电　　　话：_____　　　电　　　话：_____

传　　　真：_____　　　传　　　真：_____

电子邮件：_____　　　电子邮件：_____

招标人：_____（盖单位章）

日期：_____年____月____日

第二章 投标人须知

投标人须知前附表

序号	条款号	条款名称	内容
1	1.1.2	招标人	名　　称: _____ 地　　址: _____ 联系人: _____ 联系电话: _____ 传　　真: _____ 电子邮件: _____ 传　　真: _____
2	1.1.3	招标代理机构	招标代理: _____ 地　　址: _____ 联系人: _____ 联系电话: _____ 传　　真: _____ 电子邮件: _____ 传　　真: _____
3	1.1.4	项目名称	
4	1.1.5	建设地点	
5	1.1.6	建设规模	
6	1.1.7	项目估算或投资概算	
7	1.2.1	资金来源	
8	1.2.2	出资比例	
9	1.2.3	资金落实情况	
10	1.3.1	招标范围	_____ _____, 关于招标范围的详细说明见第七章"技术标准和要求"
11	1.3.2	要求工期和养护期	要求工期: ___日历天 计划开工日期: ____年___月___日 计划竣工日期: ____年___月___日 除上述总工期外,发包人还要求以下阶段性工期: _____。 养护期: _____。 有关工期的详细要求见第七章"技术标准和要求"
12	1.3.3	质量要求	质量标准: _____养护等级或标准: _____ 关于质量要求的详细说明见第七章"技术标准和要求"

序号	条款号	条款名称	内容
13	1.4.1	投标人的资格条件（适用于已进行资格预审的）	投标人须已通过资格预审，且收到了投标邀请书。 投标人须未被"信用中国"网站（www.creditchina.gov.cn）列入"失信被执行人"和重大税收违法案件当事人名单。"信用中国"网站上相关信息的采集和认定的时间：_____。查询的结果以网页的截图存储。 投标人及其项目负责人应具有良好的园林绿化施工企业信用记录。相关信息的采集和认定的时间：_____，查询的网站：_____，查询的结果以网页的截图存储。 特殊说明：对于联合体投标人，应当对组成联合体的每一个成员单位进行失信被执行人、重大税收违法案件当事人以及园林绿化施工企业信用记录等信息进行查询。如果联合体中有一个或一个以上成员单位属于失信被执行人和／或重大税收违法案件当事人，或存在园林绿化施工企业重大不良信用记录的，该联合体将被视为失信被执行人和／或重大税收违法案件当事人或存在园林绿化施工企业重大不良信用记录的投标人
14	1.4.1	投标人资格条件（适用于未进行资格预审）	（1）投标人的主体资格：投标人须为在中华人民共和国境内合法注册，具有独立承担民事责任的能力和经营许可的独立法人。 □ 提供相关行政主管部门核发的有效营业执照。 （2）投标人须具有良好的商业信誉和健全的财务会计制度要求： □ 提供经审计机构审计的财务报表的扫描／复印件。具体要求见投标人须知第3.5.2项。 □ 提供投标人基本账户开户银行出具的资信证明。 其他要求：_____。 （3）投标人在人员、设备、资金等方面具备履行合同的能力： □ 项目负责人资格：具有园林绿化相关专业（□高级 □中级 □初级）专业技术职称和项目管理能力，且没有担任任何在施建设工程项目的项目负责人。 □ 投标人的类似工程业绩要求：_____ 其他要求：_____ （4）信誉要求： □ 投标人须未被"信用中国"网站（www.creditchina.gov.cn）列入"失信被执行人"和／或重大税收违法案件当事人名单。"信用中国"网站上相关信息的采集和认定的时间：（开标时间）。查询的结果以网页的截图存储。 □ 投标人及其项目负责人应具有良好的园林绿化施工企业信用记录。相关信息的采集和认定的时间：（开标时间）。查询的结果以网页的截图存储。 其他信誉要求：_____ （5）投标人参加本招标活动前_____年内没有发生过一般及以上工程安全事故和重大工程质量问题。 （6）投标人参加本招标活动前_____年内，在经营活动中没有重大违法记录； 重大违法记录是指投标人因违法经营受到刑事处罚或者则责令停产停业、吊销许可证或者执照、较大数额罚款等行政处罚。 （7）其他要求： □ 投标人具有依法缴纳税收和社会保障资金的良好记录。 □ _____

序号	条款号	条款名称	内容
15	1.4.2	是否接受联合体投标	□ 不接受联合体投标 □ 接受联合体投标
16	1.5	费用承担	投标人需承担的其他费用：＿＿＿＿＿
17	1.9.1	踏勘现场	□ 不组织 □ 组织，集合时间：＿＿年＿月＿日＿时＿分 集合地点：＿＿＿＿＿
18	1.10.1	投标预备会	□ 不召开 □ 召开，投标预备会时间：＿＿年＿月＿日＿时＿分 地　点：＿＿＿＿＿ 联系人：＿＿＿＿＿
19	1.10.2	投标人提交要求澄清的问题的截止时间	＿＿＿年＿月＿日＿时＿分
20	1.11	分包	□ 不允许 □ 允许，分包内容要求：＿＿＿＿＿ 分包金额要求：＿＿＿＿＿ 接受分包的分包人资格要求：＿＿＿＿＿
21	1.12	偏离	□ 不允许 □ 允许，偏离的内容和范围：见第七章技术标准和要求的相关规定
22	2.1（9）	构成招标文件的其他材料	
23	2.2.1	投标人要求澄清招标文件的截止时间	＿＿＿年＿月＿日＿时＿分
24	2.2.2	投标截止时间	＿＿＿年＿月＿日＿时＿分
25	2.2.3	投标人确认收到招标文件澄清的时间	在收到相应澄清文件后＿＿小时内
26	2.3.2	投标人确认收到招标文件修改的时间	在收到相应修改文件后＿＿小时内
27	3.1.1（10）	构成投标文件的其他材料	
28	3.2.1	工程计价方式	工程量清单计价
29	3.2.2	最高投标限价的相关约定	□ 不设置最高投标限价 □ 设置最高投标限价 □ 采用招标控制价 本工程（标段）招标控制价为：＿＿元 其中： 安全文明施工费：＿＿元 暂列金额合计金额：＿＿元 专业工程暂估价合计金额：＿＿元 材料和工程设备暂估价合计金额：＿＿元 ＿＿＿＿＿ ＿＿＿＿＿ □ 采用其他方式

序号	条款号	条款名称	内容
30	3.3.1	投标有效期	从投标截止之日起：____日历天
31	3.4	投标保证金	□ 不要求提交投标保证金 □ 要求提交投标保证金 （1）投标保证金的数额：_____ （2）投标保证金的形式：_____ （3）递交要求：_____ 招标人与中标人签订合同后 5 日内，向未中标的投标人和中标人退还投标保证金。投标保证金以可产生利息的保证金形式提交的，招标人应当退还投标保证金的利息： 利息计算标准：_____ 利息计算起止时间：_____ 利息退还方式：_____ （4）未按照招标文件要求提供投标保证担保或者所提供的投标保证担保有以下任何一种瑕疵的投标将被否决： ① 未按"投标人须知"规定的投标保证金的金额、担保形式递交投标保证金； ② 投标保证金的有效期不符合招标文件规定； ③ 以保函的形式出具时，被保证人与该投标人名称不一致； ④ 投标保证金以保函形式出具时，担保机构不是合法的担保机构； ⑤ 以汇票或者支票形式提交的投标保证金不是从投标人基本账户转出； ⑥ 投标保证金以保函形式出具时，保函的实质性条款不符合招标文件规定
32	3.5	资格情况的重大变化（适用于已进行资格预审的）	（1）投标人名称变化； （2）投标人发生合并、分立、破产等重大变化； （3）投标人财务状况、经营状况发生重大变化； （4）更换项目负责人； （5）联合体成员的增减、更换或各成员分工比例变化或各成员方自身资格条件的变化
33	3.5.2	近年财务状况的年份要求	_____年，指_____年起至_____年止
34	3.5.3	近年已完成的类似工程业绩要求	（1）类似工程业绩要求： □ 不要求 □ 要求： （2）类似工程业绩是指：_____万元及以上，或 / 和_____平方米及以上的综合性园林绿化工程或 □ 道路绿化工程 □ 绿化种植工程 □ 古树名木移植保护工程 □ 生态修复工程 □ 湿地工程 □ …… （3）近年已完成的类似工程业绩年份要求：_____年，即自_____年____月____日至_____年____月____日期间已竣工验收的项目。 （4）类似工程业绩的资料要求：_____

序号	条款号	条款名称	内容
35	3.5.5	近年发生的诉讼和仲裁情况的年份要求	_____年,指_____年___月___日起至_____年___月___日止
36	3.5.8	拟派项目负责人的相关业绩	(1)相关业绩要求: □ 不要求 □ 要求: (2)相关业绩是指:_____万元及以上,或/和_____平方米及以上的综合性园林绿化工程或 □ 道路绿化工程 □ 绿化种植工程 □ 古树名木移植保护工程 □ 生态修复工程 □ 湿地工程 □ …… (3)相关业绩年份要求:_____年,即自_____年___月___日至_____年___月___日期间已竣工验收的项目。 (4)相关业绩的资料要求:_____
37	3.5.9	近年施工安全、质量情况的年份要求	_____年,指_____年___月___日起至_____年___月___日止
38	3.5.11	近年没有发生过一般及以上工程安全事故和重大工程质量问题的年份要求	_____年,指_____年___月___日起至_____年___月___日止
39	3.5.12	在经营活动中没有重大违法记录的年份要求	_____年,指_____年___月___日起至_____年___月___日止
40	3.5.13	不良行为记录的年份要求	_____年,指_____年___月___日起至_____年___月___日止
41	3.5.14	企业缴纳税收和社会保障资金记录的年份要求	_____年,指_____年___月___日起至_____年___月___日止
42	3.6	是否允许递交备选投标方案	□ 不允许 □ 允许
43	3.7.3	签字、盖章的特殊要求	
44	3.7.4	投标文件的形式及数量	投标文件的形式:□ 纸质投标文件 投标文件副本的份数:_____份。 是否要求提交投标文件电子版:□ 要求 □ 不要求 电子文档_____套,包括的内容:_____ 电子文档的格式:_____

序号	条款号	条款名称	内容
45	3.7.5	装订要求	按照投标人须知第3.1条规定的投标文件组成内容，投标文件应按以下要求装订： □ 不分册装订 □ 分册装订，共分＿＿＿册，分别为： 第1册，应包括投标人须知第3.1.1条中的＿＿＿； 第2册，应包括投标人须知第3.1.1条中的（6）； 第3册，应包括投标人须知第3.1.1条中的（5）； …… 投标文件装订应牢固、不易拆散和换页，不得采用活页装订
46	3.7.6	投标文件编制的其他要求	施工组织设计编制： □ 不采用"暗标" □ "暗标"，具体的编制要求见第八章投标文件格式"七、施工组织设计"中有关"暗标"编制的要求。 ＿＿＿＿＿＿＿＿＿＿＿＿
47	4.1.1	投标文件密封的其他要求	
48	4.1.2	投标文件的密封袋（或密封箱）写明	（1）招标人的名称； （2）投标人的名称、地址、邮政编码、联系人和联系电话； （3）"＿＿＿＿＿＿＿＿＿（项目名称）施工投标文件"； （4）"＿＿＿年＿＿月＿＿日＿＿时＿＿分（填写开标时间）之前不得开封"
49	4.2	投标文件递交的地点	地　　点：＿＿＿＿＿＿＿＿＿＿＿＿ 收 件 人：＿＿＿＿＿＿＿＿＿＿＿＿ 联系电话：＿＿＿＿＿＿＿＿＿＿＿＿
50	4.2.3	是否退还投标文件	□ 是 □ 否
51	5.1	开标时间和地点	时间：＿＿＿＿＿＿＿＿＿＿＿＿＿＿ 地点：＿＿＿＿＿＿＿＿＿＿＿＿＿＿
52	5.3	开标程序	
53	5.6	开标的其他事项	在"信用中国"网站 www.creditchina.gov.cn 上采集失信被执行人和重大税收违法案件当事人的信息。 在（网站名称和网址）采集投标人及其项目负责人的园林绿化施工企业信用记录。 说明：对于联合体投标人，应当对组成联合体的每一个成员单位进行失信被执行人、重大税收违法案件当事人以及园林绿化施工企业信用记录等信息进行查询。 ＿＿＿＿＿＿＿＿＿＿＿＿
54	6.1.1	评标委员会的组建	评标委员会人数：＿＿＿＿＿人。其中，招标人的代表＿＿＿＿＿人；技术、经济方面的专家＿＿＿＿＿人，其中园林专业专家人数不少于委员会专家人数的1/3。 评标专家确定方式＿＿＿＿＿＿＿＿＿＿＿＿

序号	条款号	条款名称	内容
55	6.3	评标方法	□ 经评审的最低投标价法 □ 综合评估法，分值构成如下： 施工组织设计：_____分 项目管理机构：_____分 投标报价：_____分 企业信用：_____分 其他评分因素：_____分 具体的评审内容详见第三章评标办法。 施工组织设计的评审： □ 采用"暗标"评审　　□ 不采用"暗标"评审
56	7.1	是否授权评标委员会确定中标人	□ 是 □ 否，推荐的中标候选人数量：_____个 排列顺序：□ 是　□ 否 注：如果经评审后有效投标数量不足规定的中标候选人数量，评委按实际有效投标数量推荐
57	7.2.1（5）	公示的其他内容	
58	7.3	履约担保和支付担保	□ 不要求提供 □ 要求提供 履约担保的形式：_____ 履约担保的金额：_____ 招标人要求中标人缴纳履约担保的，应当向中标人提供合同价款支付担保
59	8.1（3）	对招标人明显不利的情况说明	
60	10.2	投诉	投诉受理单位：_____ 单位地址：_____ 投诉电话：_____
61	14.1	其他补充内容	
62	14.1（1）	拟派项目负责人的项目管理能力的文件或资料要求	
63	14.1（2）	专业技术职称的其他证明文件要求	
64	14.1（3）	本附表中的内容与正文部分的内容表述不一致的，以前附表为准	
		……	

投标人须知

1. 总则

1.1 项目概况

1.1.1 根据《中华人民共和国招标投标法》《中华人民共和国招标投标法实施条例》等有关法律、法规和规章的规定，本招标项目已具备招标条件，现对本项目（标段）园林绿化工程施工进行招标。

1.1.2 本招标项目招标人：见投标人须知前附表。

1.1.3 本招标项目（标段）招标代理机构：见投标人须知前附表。

1.1.4 本招标项目名称：见投标人须知前附表。

1.1.5 本招标项目（标段）建设地点：见投标人须知前附表。

1.1.6 本招标项目（标段）建设规模：见投标人须知前附表。

1.1.7 项目估算或投资概算：详见本须知前附表。

1.2 资金来源和落实情况

1.2.1 本招标项目的资金来源：见投标人须知前附表。

1.2.2 本招标项目的出资比例：见投标人须知前附表。

1.2.3 本招标项目的资金落实情况：见投标人须知前附表。

1.3 招标范围、要求工期和质量要求

1.3.1 本次招标范围：见投标人须知前附表。

1.3.2 本招标项目（标段）的要求工期和养护期：见投标人须知前附表。

1.3.3 本招标项目（标段）的质量要求：见投标人须知前附表。

1.4 投标人资格条件要求（适用于已进行资格预审的）

投标人应是收到招标人发出投标邀请书的单位。

1.4 投标人资格条件要求（适用于未进行资格预审的）

1.4.1 投标人应具备承担本招标项目施工的资格条件、能力和信誉。

（1）投标人主体资格要求：见投标人须知前附表；

（2）投标人应具有良好的商业信誉和健全的财务会计制度：见投标人须知前附表；

（3）投标人应具有履行合同的人员、设备、资金能力：见投标人须知前附表；

（4）投标人的信誉要求：见投标人须知前附表；

（5）投标人近年没有发生过一般及以上工程安全事故和重大工程质量问题：见投标人须知前附表；

（6）投标人近年在经营活动中没有重大违法记录：见投标人须知前附表；

（7）其他要求：见投标人须知前附表。

1.4.2 投标人须知前附表规定接受联合体投标的，联合体投标人除应符合本章第1.4.1项的要求外，还应遵守以下规定：

（1）联合体各方必须按招标文件提供的格式签订联合体投标协议书，明确约定各方拟承担的专业工作和责任，并将共同投标协议连同投标文件一并提交招标人。联合体中标

的，联合体各方应当共同与招标人签订合同，就中标项目向招标人承担连带责任。

（2）联合体各方应当具备承担共同投标协议约定的招标项目相应专业工作的能力。国家有关规定或者招标文件对投标人资格条件有规定的，联合体各方应当具备规定的相应资格条件。工程发包内容中涉及须由具有相应施工企业资质的承包单位实施的，联合体相应的专业资质等级，根据共同投标协议约定的专业分工，按照承担相应专业工作的资质等级最低的单位确定。

（3）通过资格预审的联合体，其成员的增减、更换或其各成员方自身资格条件的变化，将会导致其投标被否决；

（4）联合体各方不得再以自己名义单独或加入其他联合体在同一标段中或者在未划分标段的同一招标项目中申请资格预审，否则与其相关的资格预审申请文件均无效。

1.4.3　投标人不得存在下列情形之一：

（1）为招标人不具有独立法人资格的附属机构（单位）；

（2）为本招标项目提供工程勘察、设计、咨询、项目管理、代建、监理、招标代理等服务的单位或者与上述单位同为一个法定代表人或相互控股或参股或相互任职的；

（3）被责令停产停业；

（4）财产被接管或冻结；

（5）处于破产状态；

（6）被暂停或取消投标资格。

1.4.4　单位负责人为同一人或者存在控股、管理关系的不同单位，不得参加同一标段投标或者未划分标段的同一招标项目投标。

1.5　费用承担

投标人准备和参加投标活动发生的费用自理。投标人需承担的其他费用见投标人须知前附表。

1.6　保密

参与招标投标活动的各方应对招标文件和投标文件中的商业和技术等秘密保密，违者应对由此造成的后果承担法律责任。

1.7　语言文字

除专用术语外，与招标投标有关的语言均使用中文。必要时专用术语应附有中文注释。

1.8　计量单位

所有计量均采用中华人民共和国法定计量单位。

1.9　踏勘现场

1.9.1　投标人须知前附表规定组织踏勘现场的，招标人按投标人须知前附表规定的时间、地点组织投标人踏勘项目现场。

1.9.2　投标人踏勘现场发生的费用自理。

1.9.3　除招标人的原因外，投标人自行负责在踏勘现场中所发生的人员伤亡和财产损失。

1.9.4　招标人在踏勘现场中介绍的工程场地和相关的周边环境情况，供投标人在编制投标文件时参考，招标人不对投标人据此作出的判断和决策负责。

1.10　投标预备会

1.10.1　投标人须知前附表规定召开投标预备会的，招标人按投标人须知前附表规定的时间和地点召开投标预备会，澄清投标人提出的问题。

1.10.2 投标人应在投标人须知前附表规定的时间前，以书面形式（包括信件、传真、电子数据交换和电子邮件等可以有形地表现所载内容的形式，下同）将提出的问题送达招标人，以便招标人在会议期间澄清。

1.10.3 投标预备会后，招标人将对投标人所提的问题进行澄清，并以书面方式通知所有获取了招标文件的投标人。该澄清内容为招标文件的组成部分。

1.11 分包

投标人拟在中标后将中标项目的部分非主体、非关键性工作进行分包的，应符合投标人须知前附表规定的分包内容、分包金额和接受分包的第三人资格要求等限制性条件。

1.12 偏离

投标人须知前附表允许投标文件偏离招标文件某些要求的，偏离应当符合招标文件规定的偏离范围和幅度。

2. 招标文件

2.1 招标文件的组成

本招标文件包括：

（1）招标公告（或投标邀请书）

（2）投标人须知；

（3）评标办法；

（4）合同条款及格式；

（5）招标工程量清单；

（6）图纸；

（7）技术标准和要求；

（8）投标文件格式；

（9）投标人须知前附表规定的其他材料。

根据本章第1.10款、第2.2款和第2.3款对招标文件所作的澄清、修改，构成招标文件的组成部分。当招标文件、招标文件的澄清或修改等对同一内容的表述不一致时，以最后发出的书面文件为准。

2.2 招标文件的澄清

2.2.1 投标人应仔细阅读和检查招标文件的全部内容。如发现缺页或附件不全，应及时向招标人提出，以便补齐。如有疑问，应在投标人须知前附表规定的时间前以书面形式，要求招标人对招标文件予以澄清。

2.2.2 招标文件的澄清在投标人须知前附表规定的投标截止时间15天前以书面形式发给所有获取了招标文件的投标人，但不指明澄清问题的来源。如果澄清发出的时间距提交投标文件的截止时间不足15天，且澄清的内容可能影响投标文件编制的，招标人应当顺延提交投标文件的截止时间。

2.2.3 投标人在收到澄清后，应在投标人须知前附表规定的时间内以书面形式通知招标人，确认已收到该澄清。

2.3 招标文件的修改

2.3.1 在投标截止时间 15 天前,招标人可以书面形式修改招标文件。如果修改招标文件的时间距提交投标文件截止时间不足 15 天,且修改内容影响投标文件编制,招标人应当顺延提交投标文件的截止时间。

2.3.2 投标人收到修改内容后,应在投标人须知前附表规定的时间内以书面形式通知招标人,确认已收到该修改。

2.3.3 修改内容与原招标文件具有同等的效力,若修改内容与原招标文件的内容有矛盾时,以日期在后者为准。

2.4 对招标文件的异议

潜在投标人或者其他利害关系人对招标文件及澄清或修改文件的内容有异议的,应当在投标截止时间 10 日前提出。招标人应当自收到异议之日起 3 日内作出答复;作出答复前,应当暂停招标投标活动。

3. 投标文件

3.1 投标文件的组成

3.1.1 投标文件应包括下列内容:

(1)投标函及投标函附录;

(2)法定代表人身份证明或附有法定代表人身份证明的授权委托书;

(3)联合体投标协议书(如果有);

(4)投标保证金;

(5)已标价工程量清单;

(6)施工组织设计;

(7)项目管理机构;

(8)拟分包计划;

(9)资格审查资料;

(10)投标人须知前附表规定的其他材料。

3.1.2 投标人须知前附表规定不接受联合体投标的,或投标人没有组成联合体的,投标文件不包括本章第 3.1.1(3)目所指的联合体投标协议书。

3.1.3 第 3.4.1 项规定不要求提供投标保证金的,投标文件不包括本章第 3.1.1(4)目所指的投标保证金。

3.2 投标报价

3.2.1 工程计价方式见投标人须知前附表。

3.2.2 本招标工程项目(或标段)是否设置最高投标限价及最高投标限价的相关约定见投标人须知前附表。当设置最高投标限价时,投标人的投标报价不得超过最高投标限价,否则其投标将按无效投标处理。

3.2.3 投标人在投标截止时间前修改投标函中的投标总报价,应同时修改"已标价工程量清单"中的相应报价。此修改须符合本章第 4.3 款的有关要求。

3.3 投标有效期

3.3.1 投标有效期的期限见投标人须知前附表,在投标人须知前附表规定的投标有期内，投标人不得要求撤销或修改其投标文件。

3.3.2　出现特殊情况需要延长投标有效期的，招标人以书面形式通知所有投标人延长投标有效期。投标人同意延长的，应相应延长其投标保证金的有效期，但不得要求或被允许修改或撤销其投标文件；投标人拒绝延长的，其投标失效，但投标人有权收回其投标保证金。

3.4　投标保证金

3.4.1　本次招标是否提交投标保证金及投标保证金的金额、担保形式等要求见投标人须知前附表。要求投标人提交投标保证金的，投标人在递交投标文件的同时，应按投标人须知前附表规定的金额、担保形式递交投标保证金，如采用保证担保（包括银行保函）形式则应同时符合第八章"投标文件格式"相关规定，并作为其投标文件的组成部分。联合体投标的，应当以联合体各方或者联合体中牵头人的名义提交投标保证金。以联合体中牵头人名义提交的投标保证金，对联合体各成员具有约束力。

3.4.2　招标人与中标人签订合同后 5 日内，向未中标的投标人和中标人退还投标保证金。投标保证金以可产生利息的保证金形式提交的，招标人应当按规定退还投标保证金的利息。投标保证金利息的计算标准、计算起始时间及退还方式见投标人须知前附表。

3.4.3　有下列情形之一的，投标保证金将不予退还：

（1）投标人在规定的投标有效期内撤销或修改其投标文件；

（2）中标人在收到中标通知书后，无正当理由拒签合同协议书或未按招标文件规定提交履约担保。

3.5　资格审查资料（适用于已进行资格预审的）

投标人在编制投标文件时，应按新的资格情况更新或补充其在申请资格预审时提供的资料，以证实其各项资格条件仍能继续满足资格预审文件的要求，具备承担本标段施工的资格条件、能力和信誉。

如果投标人的资格情况发生投标人须知前附表所列的重大变化，其在投标文件中更新的资格审查资料不能满足资格预审文件的要求或未能通过资格评审，接受其投标会影响招标公正性的，其投标文件可能被否决。

3.5　资格审查资料（适用于未进行资格预审的）

资格审查资料应按第八章"投标文件格式"进行编写，如有必要，可以增加附页。

3.5.1　"投标人基本情况表"应附投标人营业执照副本的扫描／复印件。

3.5.2　"近年财务状况表"应提供经审计机构审计的财务报表的扫描／复印件，包括资产负债表、利润表（或称损益表）、现金流量表、所有者权益变动表（或称股东权益变动表）和财务报表附注，具体年份要求见投标人须知前附表。

3.5.3　"近年完成的类似项目情况表"应附有关资料的扫描／复印件等材料，是否要求类似工程业绩及类似工程业绩的具体要求见申请人须知前附表。每张表格只填写一个项目，并标明序号。

3.5.4　"正在施工和新承接的项目情况表"应附施工合同（协议书）或中标通知书的扫描／复印件。每张表格只填写一个项目，并标明序号。

3.5.5　"近年发生的诉讼和仲裁情况表"应附法院或仲裁机构的裁判文书的扫描／复印件，具体年份要求见投标人须知前附表。

3.5.6　"项目组织机构与人员配备表"包括项目负责人、技术负责人、工程技术人员、工程管理人员、高级技术工人等。

3.5.7 "拟派本项目主要人员简历表"应提供身份证、学历证明、职称证、执业／职业资格证书、岗位资格证明等证明文件的扫描／复印件。如果职称证中没有技术职称专业的相关信息，投标人应同时提供相关证明文件，具体内容要求见投标人须知前附表14.1。

3.5.8 "拟派项目负责人简历表"应提供项目负责人的身份证、学历证明、职称证、项目管理能力的文件或资料、缴纳社会保险的证明、相关业绩的资料扫描／复印件等材料。

拟派项目负责人相关业绩的具体要求见投标人须知前附表，拟派项目负责人项目管理能力的文件或资料要求见投标人须知前附表14.1（1）。

如果职称证中没有技术职称专业的相关信息，投标人应同时提供相关证明文件，具体内容要求见投标人须知前附表14.1（2）。

3.5.9 "近年施工安全、质量情况表"，具体年份要求见投标人须知前附表。

3.5.10 "失信记录"及园林绿化施工企业信用记录（如果有）。"失信被执行人"和／或重大税收违法案件当事人信息以及园林绿化施工企业信用记录（如果有）信息采集的时间和查询的网址见投标人须知前附表。

3.5.11 "近年没有发生过一般及以上工程安全事故和重大工程质量问题"，投标人应提交书面声明或承诺，具体年份要求见投标人须知前附表。

3.5.12 "近年在经营活动中没有重大违法记录"，投标人应提交书面声明或承诺，具体年份要求见投标人须知前附表。

3.5.13 "不良行为记录"，投标人应对企业不良行为记录情况进行说明，主要说明近年投标人在工程建设过程中因违反有关工程建设的法律、法规、规章或强制性标准和执业行为规范，经县级以上建设行政主管部门或其委托的执法监督机构查实和行政处罚，形成的不良行为记录。

3.5.14 "近年企业缴纳税收和社会保障资金记录"应提供投标人在参加投标前的一段时间内缴纳的增值税和企业所得税的凭据和缴纳社会保险的凭据的扫描／复印件。具体的时间要求见投标人须知前附表。

3.5.15 投标人须知前附表规定接受联合体投标的，本章第3.5.1项至第3.5.14项规定的表格和资料应包括联合体各方相关情况。

3.6 备选投标方案

除投标人须知前附表另有规定外，投标人不得递交备选投标方案。允许投标人递交备选投标方案的，只有中标人所递交的备选投标方案方可予以考虑。评标委员会认为中标人的备选投标方案优于其按照招标文件要求编制的投标方案的，招标人可以接受该备选投标方案。

3.7 投标文件的编制

3.7.1 投标文件应按第八章"投标文件格式"进行编写，如有必要，可以增加附页，作为投标文件的组成部分。其中，投标函附录在满足招标文件实质性要求的基础上，可以提出比招标文件要求更有利于招标人的承诺。

3.7.2 投标文件应当对招标文件有关工期、投标有效期、质量要求、技术标准和要求、招标范围等实质性内容作出响应。

3.7.3 投标文件应用不褪色的材料书写或打印，并按照招标文件第八章投标文件格式中的要求签字或盖章。由委托代理人签字的，投标文件应附法定代表人签署的授权委托书。投标文件应尽量避免涂改、行间插字或删除。如果出现上述情况，改动之处应加盖单位章或由投标人的法定代表人或其授权的代理人签字确认。投标文件签字、盖章的特殊要求见投标人须知前附表。

3.7.4 投标文件正本一份，副本份数见投标人须知前附表。正本和副本的封面上应清楚地标记"正本"或"副本"的字样。当副本和正本不一致时，以正本为准。投标文件的形式见投标人须知前附表。

3.7.5 投标文件的正本与副本应分别装订成册，并编制目录，具体装订要求见投标人须知前附表规定。

3.7.6 关于投标文件编制的其他要求见投标人须知前附表。

4. 投标

4.1 投标文件的密封和标记

4.1.1 所有投标文件应装入投标人自制的密封袋（或密封箱），在封口处粘贴投标人自制的封条，并盖投标人单位章，其他要求见投标人须知前附表。

4.1.2 密封袋（或密封箱）上的标识或标记的内容和要求见投标人须知前附表。

4.1.3 未按本章第4.1.1项和第4.1.2项要求密封和加写标记的投标文件，招标人不予受理。

4.2 投标文件的递交

4.2.1 投标人应在本章第2.2.2项规定的投标截止时间前递交投标文件。

4.2.2 投标人递交投标文件的地点：见投标人须知前附表。

4.2.3 除投标人须知前附表另有规定外，投标人所递交的投标文件不予退还。

4.2.4 招标人收到投标文件后，向投标人出具签收凭证。

4.2.5 逾期送达的投标文件，招标人不予受理。

4.3 投标文件的修改与撤回

4.3.1 在本章第2.2.2项规定的投标截止时间前，投标人可以修改或撤回已递交的投标文件，但应以书面形式通知招标人。

4.3.2 投标人修改或撤回已递交投标文件的书面通知应按照本章第3.7.3项的要求签字或盖章。招标人收到书面通知后，向投标人出具签收凭证。

4.3.3 修改的内容为投标文件的组成部分。修改的投标文件应按照本章第3条、第4条规定进行编制、密封、标记和递交，并标明"修改"字样。

5. 开标

5.1 开标时间和地点

招标人在投标人须知前附表中规定的时间和地点公开开标。

5.2 开标由招标人主持，邀请所有投标人参加，投标人自主决定是否参加。实行电子开标的，需要投标人在线解密投标文件的，投标人应当在线解密，不在线解密视为放弃投标。

5.3 开标程序见投标人须知前附表。

5.4 开标时，由投标人或者其委托的代表分别检查各自投标文件有无提前开启情况。经确认无误后，当众拆封或者解密，公布投标人名称、投标价格和投标文件的其他主要内容。

5.5　招标人在招标文件要求提交投标文件的截止时间前收到的所有投标文件，开标时都应当当众予以拆封或者解密、公布。未经开标公布的投标文件不得进入评标环节。

5.6　开标的其他事项见投标人须知前附表。

5.7　开标过程应当记录，并存档备查。

投标人对开标有异议的，应当在开标现场提出，招标人应当当场作出答复，并制作记录。

6. 评标

6.1　评标委员会

6.1.1　评标由招标人依法组建的评标委员会负责。评标委员会由招标人的代表，以及有关技术、经济等方面的专家组成。评标委员会成员人数以及技术、经济等方面专家的确定方式见投标人须知前附表。

6.1.2　评标委员会成员有下列情形之一的，应当回避：

（1）招标人或投标人的主要负责人的近亲属；

（2）项目主管部门或者行政监督部门的人员；

（3）与投标人有经济利益关系，可能影响对投标公正评审的；

（4）曾因在招标、评标以及其他与招标投标有关活动中从事违法行为而受过行政处罚或刑事处罚的；

（5）被人民法院纳入失信被执行人的；

（6）国家有关法律法规规定的需要回避的其他情形。

6.2　评标原则

评标活动遵循公平、公正、科学和择优的原则。

6.3　评标

评标委员会按照第三章"评标办法"规定的评标方法、评审因素和标准对投标文件进行评审。第三章"评标办法"没有规定的评标方法、评审因素和标准，不得作为评标依据。本招标项目的评标方法见投标人须知前附表。

7. 合同授予

7.1　定标方式

除投标人须知前附表规定评标委员会直接确定中标人外，招标人应根据评标委员会提出的书面评标报告和推荐的中标候选人按照投标人须知前附表中规定的定标方法确定中标人。评标委员会推荐中标候选人的数量见投标人须知前附表。

7.2　中标候选人公示和中标结果公示

7.2.1　中标候选人公示

依法必须进行招标的项目，除依法需要保密或者涉及商业秘密的内容外，招标人应当自收到评标报告之日起 3 日内公示中标候选人，公示期不得少于 3 日。公示的内容应符合相关的法律法规，至少应载明：

（1）中标候选人名称、投标报价、质量、工期（交货期），以及评标情况；

（2）中标候选人按照招标文件要求承诺的项目负责人姓名及其相关证书名称和编号；

（3）中标候选人响应招标文件要求的资格能力条件；

（4）提出异议的渠道和方式；

（5）招标文件规定公示的其他内容。

7.2.2　投标人或者其他利害关系人对依法必须进行招标的项目的评标结果有异议的，应当在中标候选人公示期间提出。招标人应当自收到异议之日起 3 日内作出答复；作出答复前，应当暂停招标投标活动。

7.2.3　中标结果公示

中标候选人公示期满后，无投标人或其他利害关系人投诉，监管部门没有发现招投标活动中存在违法违规行为的，招标人在本章第 3.3 款规定的投标有效期内，以书面形式向中标人发出中标通知书，同时将中标结果通知未中标的投标人。

依法必须进行招标的项目，除依法需要保密或者涉及商业秘密的内容外，在中标通知书发出的同时，招标人将中标结果信息在本招标项目的招标公告发布的同一媒介予以公示，中标结果公示的内容应符合相关的法律法规。

7.3　履约担保和支付担保

7.3.1　本次招标要求中标人提供履约担保的，在签订合同前，中标人应按投标人须知前附表中规定的金额、担保形式和招标文件第四章"合同条款"规定的履约担保格式向招标人提交履约担保。联合体中标的，其履约担保可以由联合体各方或者联合体中牵头人递交，以联合体中牵头人名义提交履约担保的，对联合体各成员具有约束力。履约担保应符合投标人须知前附表规定的金额、担保形式和招标文件第四章"合同条款及格式"规定的履约担保要求。

7.3.2　中标人不能按本章第 7.3.1 项要求提交履约担保的，视为放弃中标，其投标保证金不予退还，给招标人造成的损失超过投标保证金数额的，中标人还应当对超过部分予以赔偿。

7.3.3　招标人要求中标人缴纳履约担保的，应当向中标人提供合同价款支付担保。

7.4　签订合同

7.4.1　招标人和中标人应当自中标通知书发出之日起在法定时间内，根据招标文件和中标人的投标文件订立书面合同。中标人无正当理由拒签合同的，招标人取消其中标资格，其投标保证金不予退还；给招标人造成的损失超过投标保证金数额的，中标人还应当对超过部分予以赔偿。

7.4.2　发出中标通知书后，招标人无正当理由拒签合同的，招标人向中标人退还投标保证金；给中标人造成损失的，还应当赔偿损失。

8. 重新招标

8.1　重新招标

有下列情形之一的，招标人将重新招标：

（1）投标截止时间止，投标人少于三个的。

（2）经评标委员会评审后否决所有投标的。

（3）中标人放弃中标、不能履行合同、不按照招标文件的要求提交履约保证金，或者被查实存在影响中标结果的违法行为等不符合中标条件情形的，招标人可以根据评标委员会提出的书面评标报告和推荐的中标候选人名单，重新确定其他中标候选人为中标人，确定其他中标候选人与招标人预期差距较大，或者对招标人明显不利的。不利情况的说明见投标人须知前附表。

（4）所有中标候选人放弃中标、因不可抗力提出不能履行合同或者招标文件规定应当提交承包履约保证担保而在规定的期限内未能提交的。

8.2 再次重新招标

重新招标后投标人仍少于三个的，也可以再次重新招标或按照相关的法律法规执行。

9. 纪律和监督

9.1 对招标人的纪律要求

招标人不得泄露招标投标活动中应当保密的情况和资料，不得与投标人串通损害国家利益、社会公共利益或者他人合法权益。

9.2 对投标人的纪律要求

投标人不得相互串通投标或者与招标人串通投标，不得向招标人或者评标委员会成员行贿谋取中标，不得以他人名义投标或者以其他方式弄虚作假骗取中标；投标人不得以任何方式干扰、影响评标工作。

9.3 对评标委员会成员的纪律要求

评标委员会成员不得收受他人的财物或者其他好处，不得向他人透漏对投标文件的评审和比较、中标候选人的推荐情况以及评标有关的其他情况。在评标活动中，评标委员会成员不得擅离职守，影响评标程序正常进行，不得使用第三章"评标办法"没有规定的评审因素和标准进行评标。

9.4 对与评标活动有关的工作人员的纪律要求

与评标活动有关的工作人员不得收受他人的财物或者其他好处，不得向他人透漏对投标文件的评审和比较、中标候选人的推荐情况以及评标有关的其他情况。在评标活动中，与评标活动有关的工作人员不得擅离职守，影响评标程序正常进行。

9.5 监督

本工程的招标投标活动及其相关当事人应当接受有管辖权的园林绿化工程招标投标行政监督部门依法实施的监督。

10. 异议与投诉

异议与投诉遵从《中华人民共和国招标投标法》《中华人民共和国招标投标法实施条例》以及《工程建设项目招标投标活动投诉处理办法》等有关法律、法规、规章等。

10.1 异议

潜在投标人或投标人或者其他利害关系人认为招标活动不符合相关的法律法规的，有权向招标人提出异议。

10.1.1 潜在投标人或投标人或者其他利害关系人对招标文件有异议的，应当在投标截止时间 10 日前提出。招标人应当自收到异议之日起 3 日内作出答复；作出答复前，应当暂停招标投标活动。

10.1.2 投标人对开标有异议的,应当在开标现场提出,招标人应当当场作出答复,并制作记录。

10.1.3 投标人或者其他利害关系人对评标、定标结果有异议的,应当在中标候选人公示期间提出。招标人应当自收到异议之日起 3 日内作出答复;作出答复前,应当暂停招标投标活动。

10.2 投诉

投标人或者其他利害关系人认为招标投标活动不符合法律、行政法规规定的,可以自知道或者应当知道之日起 10 日内向投标人须知前附表中列明的有关行政监督部门投诉。投诉应当有明确的请求和必要的证明材料。

投标人或者其他利害关系人对招标文件、开标和评标结果提出投诉的,应当先向招标人提出异议。异议答复期间不计算在前款规定的期限内。

11. 知识产权

构成本招标文件技术资料、图纸和商务条件,未经招标人书面同意,投标人不得擅自复印和用于非本工程投标所需的其他目的。招标人全部或者部分使用非中标单位投标文件中的技术成果或技术方案时,需征得其书面同意,并不得擅自复印或提供给第三人。

12. 同义词语

构成招标文件组成部分的"通用合同条款"、"专用合同条款"、"技术标准和要求"和"工程量清单"等章节中出现的措辞"发包人"和"承包人",在招标投标阶段应当分别按"招标人"和"投标人"进行理解。

13. 解释权

构成本招标文件的各个组成文件应当互为解释,互为说明;如果有不明确或不一致,构成合同文件组成内容的,以合同文件约定内容为准,且以合同条款专用部分约定的合同文件优先顺序解释。

除招标文件中有特别规定外,仅适用于招标投标阶段的规定,按投标邀请书、投标人须知、评标办法、投标文件格式的先后顺序解释。

14. 其他补充内容

14.1 其他补充内容见投标人须知前附表。

附表一 招标（澄清、修改）文件领取记录表

招标（澄清、修改）文件领取记录表

项目名称：	
项目编号：	
投标人名称	
地址及邮编	
联系人	
联系电话	
传真	
电子信箱	
购买（领取）时间	
备注	

附表二 开标记录表

园林绿化工程施工开标记录表

项目编号： _____
项目名称： _____
开标时间： _____   开标地点： _____

序号	投标人	投标总价（元）	工期（日历天）	养护周期	质量标准	安全文明施工费（元）	暂列金额（元）	专业工程暂估价（元）	项目负责人姓名	其他情况说明	法定代表人或法定代表人委托人签字
……											
□招标控制价 □标底											
其他情况记录											
备注：											

招标人代表签字：_____   监标人签字：_____   记录人签字：_____

附表三　中标通知书

中标通知书

_____（中标人名称）：

你方于_____（投标日期）所递交的_____（项目名称）的园林绿化工程施工投标文件已被我方接受，被确定为中标人。

中标价：大写_____元（小写_____元）。

工期：_____日历天。

养护期：_____

工程质量：_____。

养护标准或等级：_____

项目负责人：_____（姓名），身份证号码：_____。

请你方在接到本通知书后的_____日内到_____（指定地点）与我方签订施工承包合同，在此之前按招标文件第二章"投标人须知"第7.3款规定向我方提交履约担保。

特此通知。

招标人：_____（盖单位章）

法定代表人：_____（签字）

日期：_____年___月___日

附表四　中标结果通知书

中标结果通知书

_____（未中标人名称）：

我方已接受_____（中标人名称）于_____（投标截止日期）所递交的_____（项目名称）园林绿化工程施工投标文件，确定_____（中标人名称）为中标人。

感谢你方对我们工作的大力支持！

招标人：_____（盖单位章）

法定代表人：_____（签字或盖法定代表人章）

日期：_____年___月___日

附表五 确认通知

确认通知

_____（招标人名称）：

　　你方_____年____月____日发出的_____（项目名称）施工招标关于_____的通知，我方已于_____年_____月____日收到。

　　特此确认。

投标人：_____（盖单位章）

日期：_____年____月____日

第三章 评标办法（综合评估法）

评标办法前附表

条款号		评审因素	评审标准
2.1.1	形式评审标准	投标人名称	与营业执照一致
		投标函签字盖章	有法定代表人或其委托代理人签字并盖单位章
		投标文件格式	符合第八章"投标文件格式"的要求
		联合体投标人（如果有）	提交了联合体投标协议书
		报价唯一	只能有一个有效报价
		……	……
2.1.2	资格评审标准（适用于未进行资格预审的）	投标人的主体资格	具备有效的营业执照
		财务状况	符合第二章"投标人须知"第1.4.1项规定
		项目负责人资格	符合第二章"投标人须知"第1.4.1项规定
		投标人的类似工程业绩（如果要求）	符合第二章"投标人须知"第1.4.1项规定
		企业信誉情况	符合第二章"投标人须知"第1.4.1项规定
		近年没有发生过一般及以上工程安全事故和重大工程质量问题	符合第二章"投标人须知"第1.4.1项规定
		近年在经营活动中没有重大违法记录	符合第二章"投标人须知"第1.4.1项规定
		联合体投标人（如果有）	符合第二章"投标人须知"第1.4.2项规定
		……	……
		其他要求	符合第二章"投标人须知"第1.4.1项规定
2.1.3	响应性评审标准	投标内容	符合第二章"投标人须知"第1.3.1项规定
		工期和养护期	符合第二章"投标人须知"第1.3.2项规定
		工程质量	符合第二章"投标人须知"第1.3.3项规定
		投标价格	符合第二章"投标人须知"第3.2.2项规定
		投标有效期	符合第二章"投标人须知"第3.3.1项规定
		投标保证金	符合第二章"投标人须知"第3.4.1项规定
		权利义务	投标函附录中的相关承诺符合或优于第四章"合同条款及格式"的相关规定
		已标价工程量清单	符合第五章"招标工程量清单"中的相关规定，当合同协议书中约定采用单价合同形式时，已标价工程量清单应符合第五章"招标工程量清单"给出的子目编码、子目名称、子目特征、计量单位和工程量
		技术标准和要求	符合第七章"技术标准和要求"规定
		分包计划	符合第二章"投标人须知"第1.11款规定
		……	

条款号	评审因素	评审标准
2.2.1	分值构成 （总分100分）	施工组织设计：_____分 项目管理机构：_____分 投标报价：_____分 企业信用：_____分 其他评分因素：_____分 说明：（1）已进行资格预审的项目不需要再进行项目管理机构的评审。 　　（2）企业信用评价项目应根据各地的管理规定，明确主体信用信息采集的渠道或网站系统。 　　（3）推荐企业信用评审的分值在5～15分之间
2.2.2	评标基准价计算方法	说明：评标基准价可以采用各有效投标的评标价的算术平均法计算，由此得到一个平均数（均值）来作为基准价。如果为了避免极端数据对平均数代表作用的削弱，可以在评标价数据中分别去掉一个（或若干个）最高评标价和一个（或若干个）最低评标价后再计算平均数。 示例： 1. 评标基准价＝（各评标价之和－N个最高评标价－N个最低评标价）/（有效投标家数 X－2N）。 N的取值： 当有效投标家数 $X \geqslant$ ____时，$N=$ ____； 当有效投标家数____＞X＞____时，$N=$ ____； …… 当有效投标家数 $X \leqslant$ ____时，$N=0$。 说明：最高评标价和最低评标价数量以及N的取值可以根据有效投标家数确定，举例：有效投标家数在9个及以上时，N可以取2；有效投标家数少于9（不含）大于5（不含）时，N可以取1；当有效投标家数小于或等于5时，N取值为0（不再去掉最高评标价和最低评标价）。 2. 评标价的确定 □ 有效投标的投标报价 □ 扣除投标报价中包含的非竞争项目（暂列金额、专业工程暂估价）的金额 举例：扣除投标报价中包含的非竞争项目金额后的评标价＝有效投标的投标报价－招标文件给定的暂列金额合计金额－招标文件中规定的专业工程暂估价合计金额

续表

条款号		评审因素	评审标准
2.2.3		投标报价的偏差率计算公式	偏差率＝100%×（投标人报价－评标基准价）/评标基准价
2.2.4（1）	施工组织设计评分标准（评分因素、分值分配以及评分标准应根据项目的具体情况设置）	内容完整性和编制水平	……
		施工方案与技术措施	……
		材料设备和苗木供应计划及保障措施	……
		质量管理体系与保障措施	……
		安全管理体系与保障措施	……
		环境保护管理体系与保障措施	……
		文明施工保障措施	……
		现场组织管理机构设置和劳动力配置计划及保障措施	……
		施工设备和仪器等施工资源配备及保障措施	……
		工程进度计划及保证措施	……
		施工现场总平面布置	……
		养护管理和工程保修服务方案及保障措施	……
		紧急情况的处理预案和措施，抵抗风险的措施保障	……
		与发包人、设计人、监理人的配合、协调	……
		……	……
2.2.4（2）	项目管理机构评分标准	项目负责人资格与业绩	……
		技术负责人资格与业绩	……
		其他主要人员	……
		……	……
2.2.4（3）	投标报价评分标准	偏差率对应的分值标准	……
		……	……
2.2.4（4）	企业信用评分标准		

条款号		评审因素	评审标准
2.2.4 （5）	其他因素 评分标准	……	……

条款号		编列内容
3	评标程序	详见本章附件 A：评标详细程序
3.1.1	初步审查	是否要求投标人提交第二章"投标人须知"第 3.5.1 项至第 3.5.14 项规定的有关证明和证件的原件进行核验。 □ 否 □ 是，核验原件的具体要求： _____ _____
3.1.2	否决投标条件	详见本章附件 B：否决投标条件
3.2.2	判断投标报价是否为可能影响履约的异常低价	详见本章附件 C：投标人成本评审办法
补 1	备选投标方案的评审	详见本章附件 D：备选投标方案的评审和比较办法

评标办法（综合评估法）

1. 评标方法

本次评标采用综合评估法。评标委员会对满足招标文件实质性要求的投标文件，按照本章第 2.2 款规定的评分标准进行打分，并按得分由高到低顺序推荐中标候选人，或根据招标人授权直接确定中标人。

2. 评审标准

2.1 初步评审标准

2.1.1 形式评审标准：见评标办法前附表。

2.1.2 资格评审标准：见评标办法前附表（适用于未进行资格预审的）。

2.1.2 资格评审标准：见资格预审文件第三章"资格审查办法"详细审查标准（适用于已进行资格预审，当投标人资格情况与预审申请文件的内容相比发生重大变化时，须对其更新资料进行评审的）。

2.1.3 响应性评审标准：见评标办法前附表。

2.2 分值构成与评分标准

2.2.1 分值构成

（1）施工组织设计：见评标办法前附表；

（2）项目管理机构：见评标办法前附表；

（3）投标报价：见评标办法前附表；

（4）企业信用：见评标办法前附表；

（5）其他评分因素：见评标办法前附表。

2.2.2 评标基准价计算

评标基准价计算方法：见评标办法前附表。

2.2.3 投标报价的偏差率计算

投标报价的偏差率计算公式：见评标办法前附表。

2.2.4 评分标准

（1）施工组织设计评分标准：见评标办法前附表；

（2）项目管理机构评分标准：见评标办法前附表；

（3）投标报价评分标准：见评标办法前附表；

（4）企业信用评分标准：见评标办法前附表；

（5）其他因素评分标准：见评标办法前附表。

3. 评标程序

3.1 初步评审

3.1.1 评标委员会可以按照评标办法前附表中规定的核验原件的具体要求，要求投标人提交第二章"投标人须知"第 3.5.1 项至第 3.5.14 项规定的有关证明和证件的原件，以便核验。评标委员会依据本章第 2.1 款规定的标准对投标文件进行初步评审。有一项不符合评审标准的，作为被否决的投标处理（适用于未进行资格预审的）。

3.1.1　评标委员会依据本章第 2.1.1 项、第 2.1.3 项规定的评审标准对投标文件进行初步评审。有一项不符合评审标准的，作为被否决的投标处理。当投标人资格预审申请文件的内容发生重大变化时，评标委员会依据本章第 2.1.2 项规定的标准对其更新资料进行评审（适用于已进行资格预审的）。

3.1.2　投标人有以下情形之一的，其投标作为被否决的投标处理：

（1）第二章"投标人须知"第 1.4.3 项规定的任何一种情形的；

（2）串通投标或弄虚作假或有其他违法行为的；

（3）不按评标委员会要求澄清、说明或补正的。

3.1.3　投标报价有算术错误的，评标委员会按以下原则对投标报价进行修正，修正的价格经投标人书面确认后具有约束力。投标人不接受修正价格的，其投标作为被否决的投标处理。

（1）投标文件中的大写金额与小写金额不一致的，以大写金额为准；

（2）总价金额与依据单价计算出的结果不一致的，以单价金额为准修正总价，但单价金额小数点有明显错误的除外。

3.2　详细评审

3.2.1　评标委员会按本章第 2.2 款规定的量化因素和分值进行打分，并计算出综合评估得分。

（1）按本章第 2.2.4（1）目规定的评审因素和分值对施工组织设计计算出得分 A；

（2）按本章第 2.2.4（2）目规定的评审因素和分值对项目管理机构计算出得分 B；

（3）按本章第 2.2.4（3）目规定的评审因素和分值对投标报价计算出得分 C；

（4）按本章第 2.2.4（4）目规定的评审因素和分值对企业信用计算出得分 D；

（5）按本章第 2.2.4（5）目规定的评审因素和分值对其他因素计算出得分 E。

招标人应根据项目的具体情况选择上述评审因素，设置合理的分值标准，投标报价的分值应遵循各地方的相关管理规定。

3.2.2　评分分值计算保留小数点后两位，小数点后第三位"四舍五入"。

3.2.3　投标人得分＝A＋B＋C＋D＋E。

3.2.4　评标委员会发现投标人的报价为可能影响履约的异常低价，应当启动澄清程序，要求投标人在合理期限内作出书面澄清或者说明，并提供必要的证明材料。投标人不能提供必要的证明材料说明其报价合理性，导致合同履行风险过高的，评标委员会应当否决其投标。

3.3　投标文件的澄清和补正

3.3.1　在评标过程中，评标委员会可以书面形式要求投标人对所提交投标文件中不明确的内容进行书面澄清或说明，或者对细微偏差进行补正。评标委员会不接受投标人主动提出的澄清、说明或补正。

3.3.2　澄清、说明和补正不得改变投标文件的实质性内容（算术性错误修正的除外）。投标人的书面澄清、说明和补正属于投标文件的组成部分。

3.3.3　评标委员会对投标人提交的澄清、说明或补正有疑问的，可以要求投标人进一步澄清、说明或补正，直至满足评标委员会的要求。

3.4 评标结果

3.4.1 除第二章"投标人须知"前附表授权直接确定中标人外，评标委员会按照得分高到低的顺序推荐中标候选人。

3.4.2 评标委员会完成评标后，应当向招标人提交书面评标报告。

附件 A   评标详细程序

评标详细程序

A0. 总则

本附件是本章"评标办法"的组成部分,是对本章第 3 条所规定的评标程序的进一步细化,评标委员会应当按照本附件所规定的详细程序开展并完成评标工作。

A1. 基本程序

评标活动将按以下五个步骤进行:

(1)评标准备;

(2)初步评审;

(3)详细评审;

(4)澄清、说明或补正;

(5)推荐中标候选人或者直接确定中标人及提交评标报告。

A2. 评标准备

A2.1   评标委员会成员签到

评标委员会成员到达评标现场时应在签到表上签到以证明其出席。评标委员会签到表见附表 A-1。

A2.2   评标委员会的分工

评标委员会首先推选一名评标委员会负责人。招标人也可以直接指定评标委员会负责人。评标委员会负责人负责评标活动的组织领导工作。

A2.3   熟悉文件资料

A2.3.1   评标委员会负责人应组织评标委员会成员认真研究招标文件,了解和熟悉招标目的、招标范围、主要合同条件、技术标准和要求、质量标准和工期要求,掌握评标标准和方法,熟悉本章及附件中包括的评标表格的使用,如果本章及附件所附的表格不能满足评标所需时,评标委员会应补充编制评标所需的表格,尤其是用于详细分析计算的表格。未在招标文件中规定的标准和方法不得作为评标的依据。

A2.3.2   招标人或招标代理机构应向评标委员会提供评标所需的信息和数据,包括招标文件、未在开标会上当场拒绝的各投标文件、开标会记录、资格预审文件及各投标人在资格预审阶段递交的资格预审申请文件(适用于已进行资格预审的)、招标控制价或标底(如果有)、工程所在地工程造价管理部门颁布的工程造价信息、定额(如作为计价依据时)、有关的法律、法规、规章、国家标准以及招标人或评标委员会认为必要的其他信息和数据。

A2.4   暗标编号(适用于对施工组织设计进行暗标评审的)

第二章"投标人须知"6.3 款要求对施工组织设计采用"暗标"评审方式且第八章"投标文件格式"中对施工组织设计的编制有暗标要求,则在评标工作开始前,招标人将指定专人负责编制投标文件暗标编码，并就暗标编码与投标人的对应关系做好暗标记录。暗标编码按随机方式编制。在评标委员会全体成员均完成暗标部分评审并对评审结果进行汇总和签字确认后，招标人方可向评标委员会公布暗标记录。暗标记录公布前必须妥善保管并予以保密。

A2.5　对投标文件进行基础性数据分析和整理工作（清标）

A2.5.1　在不改变投标人投标文件实质性内容的前提下，评标委员会应当对投标文件进行基础性数据分析和整理（本章中简称为"清标"），从而发现并提取其中可能存在的对招标范围理解的偏差、投标报价的算术性错误、错漏项、投标报价构成不合理、不平衡报价等存在明显异常的问题，并就这些问题整理形成清标成果。评标委员会对清标成果审议后，确定需要投标人进行书面澄清、说明或补正的问题，形成质疑问卷，向投标人发出问题澄清通知（包括质疑问卷）。

A2.5.2　在不影响评标委员会成员的法定权利的前提下，评标委员会可委托由招标人专门成立的清标工作小组完成清标工作。在这种情况下，清标工作可以在评标工作开始之前完成，也可以与评标工作平行进行。清标工作小组成员应为具备相应执业资格的专业人员，且应当符合有关法律法规对评标专家的回避规定和要求，不得与任何投标人有利益、上下级等关系，不得代行依法应当由评标委员会及其成员行使的权利。清标成果应当经过评标委员会的审核确认，经过评标委员会审核确认的清标成果视同是评标委员会的工作成果，并由评标委员会以书面方式追加对清标工作小组的授权，书面授权委托书必须由评标委员会全体成员签名。

A2.5.3　投标人接到评标委员会发出的问题澄清通知后，应按评标委员会的要求提供书面澄清资料并按要求进行密封，在规定的时间递交到指定地点。投标人递交的书面澄清资料由评标委员会开启。

A3　初步评审

A3.1　形式评审

评标委员会根据评标办法前附表中规定的评审因素和评审标准，对投标人的投标文件进行形式评审，并使用附表 A-2 记录评审结果。

A3.2　资格评审

A3.2.1　评标委员会根据评标办法前附表中规定的评审因素和评审标准，对投标人的投标文件进行资格评审，并使用附表 A-3 记录评审结果（适用于未进行资格预审的）。

A3.2.1　当投标人资格预审申请文件的内容发生重大变化时，评标委员会依据资格预审文件中规定的标准和方法，对照投标人在资格预审阶段递交的资格预审文件中的资料以及在投标文件中更新的资料，对其更新的资料进行评审（适用于已进行资格预审的）。其中：

（1）资格预审采用"合格制"的，投标文件中更新的资料应当符合资格预审文件中规定的审查标准，否则其投标作为被否决的投标处理；

（2）资格预审采用"有限数量制"的，投标文件中更新的资料应当符合资格预审文件中规定的审查标准，其中以评分方式进行审查的，其更新的资料按照资格预审文件中规定的评分标准评分后，其得分应当保证即便在资格预审阶段仍然能够获得投标资格且没有对未通过资格预审的其他资格预审申请人构成不公平，否则其投标作为被否决的投标处理。

A3.3 响应性评审

A3.3.1 评标委员会根据评标办法前附表中规定的评审因素和评审标准，对投标人的投标文件进行响应性评审，并使用附表 A-4 记录评审结果。

A3.3.2 投标人投标价格不得超出最高投标限价，凡投标人的投标价格超出最高投标限价的，该投标人的投标文件不能通过响应性评审。

A3.4 判断投标是否应被否决

A3.4.1 判断投标人的投标是否应被否决的全部条件，在本章附件 B 中集中列示。

A3.4.2 本章附件 B 集中列示的否决投标条件不应与第二章"投标人须知"和本章正文部分包括的否决投标条件抵触，如果出现相互矛盾的情况，以第二章"投标人须知"和本章正文部分的规定为准。

A3.4.3 评标委员会在评标（包括初步评审和详细评审）过程中，依据本章附件 B 中规定的否决投标条件判断投标人的投标是否应被否决。如判定投标人的投标应被否决，应将被否决投标的情况填写在"附表 A-12 被否决投标的情况说明表"中。

A3.5 算术错误修正

评标委员会依据本章中规定的相关原则对投标报价中存在的算术错误进行修正，并根据算术错误修正结果计算评标价。

A3.6 澄清、说明或补正

在初步评审过程中，评标委员会应当就投标文件中不明确的内容要求投标人进行澄清、说明或者补正。投标人对此以书面形式予以澄清、说明或者补正。澄清、说明或补正根据本章第 3.3 款的规定执行。

A4. 详细评审

只有通过了初步评审、被判定为合格的投标方可进入详细评审。

A4.1 详细评审的程序

A4.1.1 评标委员会按照本章第 3.2 款中规定的程序进行详细评审：

（1）施工组织设计评审和评分；

（2）项目管理机构评审和评分；

（3）投标报价评审和评分，并对明显低于其他投标报价的投标报价，或者在设有招标控制价或标底时明显低于招标控制价或标底的投标报价，判断是否为可能影响履约的异常低价；

（4）企业信用评审和评分；

（5）其他因素评审和评分；

（6）汇总评分结果。

A4.2 施工组织设计评审和评分

A4.2.1 按照评标办法前附表中规定的分值设定、各项评分因素、评分标准，对施工组织设计进行评审和评分，并使用附表 A-5 记录对施工组织设计的评分结果，施工组织设计的得分记录为 A。

A4.3 项目管理机构评审和评分

A4.3.1 按照评标办法前附表中规定的分值设定、各项评分因素、评分标准，对项目管理机构进行评审和评分，并使用附表 A-6 记录对项目管理机构的评分结果，项目管理机构的得分记录为 B。

A4.4　投标报价评审和评分（仅按投标总报价进行评分）

A4.4.1　按照评标办法前附表中规定的方法计算"评标基准价"。

A4.4.2　按照评标办法前附表中规定的方法，计算各个已通过了初步评审、施工组织设计评审和项目管理机构评审并且经过评审认定为不低于其个别成本不属于可能影响履约的异常低价的投标报价的"偏差率"。

A4.4.3　按照评标办法前附表中规定的评分标准，对照投标报价的偏差率，分别对各个投标报价进行评分，使用附表 A-7 记录对投标报价的评分结果，投标报价的得分记录为 C。

A4.4　投标报价评审和评分（按投标总报价中的分项报价分别进行评分）

A4.4.1　投标报价按以下项目的分项投标报价分别进行评审和评分：

（1）投标总报价减去以下分别进行评分的各个分项投标报价以后的部分；

（2）＿＿＿＿＿＿＿＿＿＿＿＿＿＿＿＿＿＿＿＿＿＿＿＿＿＿＿＿；

（3）＿＿＿＿＿＿＿＿＿＿＿＿＿＿＿＿＿＿＿＿＿＿＿＿＿＿＿＿；

（4）＿＿＿＿＿＿＿＿＿＿＿＿＿＿＿＿＿＿＿＿＿＿＿＿＿＿＿＿；

（5）＿＿＿＿＿＿＿＿＿＿＿＿＿＿＿＿＿＿＿＿＿＿＿＿＿＿＿＿；

……

A4.4.2　按照评标办法前附表中规定的方法，分别计算各个分项投标报价"评标基准价"。

A4.4.3　按照评标办法前附表中规定的方法，分别计算各个分项投标报价与对应的分项投标报价评标基准价之间的偏差率。

A4.4.4　按照评标办法前附表中规定的评分标准，对照分项投标报价的偏差率，分别对各个分项投标报价进行评分，汇总各个分项投标报价的得分，使用附表 A-7 记录对各个投标报价的评分结果，投标报价的得分记录为 C。

A4.5　判断投标报价是否低于其成本为可能影响履约的异常低价

根据本章第 3.2.4 项的规定，评标委员会根据本章附件 C 中规定的程序、标准和方法，判断投标报价是否低于其成本为可能影响履约的异常低价。评标委员会认定该投标人的报价低于其成本为可能影响履约的异常低价的，应当否决其投标。

A4.6　企业信用的评审和评分

根据评标办法前附表中规定的分值设定、各项评分因素和相应的评分标准，对企业信用进行评审和评分，并使用附表 A-8 记录对企业信用的评分结果，企业信用的得分记录为 D。

A4.7　其他因素的评审和评分

根据评标办法前附表中规定的分值设定、各项评分因素和相应的评分标准，对其他因素（如果有）进行评审和评分，并使用附表 A-9 记录对其他因素的评分结果，其他因素的得分记录为 E。

A4.8　澄清、说明或补正

在详细评审过程中，评标委员会应当就投标文件中不明确的内容要求投标人进行澄清、说明或者补正。投标人对此以书面形式予以澄清、说明或者补正。澄清、说明或补正根据本章第 3.3 款的规定执行。

A4.9 汇总评分结果

A4.9.1 评标委员会成员应按照附表 A-10 的格式填写详细评审评分汇总表。

A4.9.2 详细评审工作全部结束后，按照附表 A-11 的格式汇总各个评标委员会成员的详细评审评分结果，并按照详细评审最终得分由高至低的次序对投标人进行排序。

A5. 推荐中标候选人或者直接确定中标人

A5.1 推荐中标候选人

A5.1.1 除第二章"投标人须知"前附表第 7.1 款授权直接确定中标人外，评标委员会在推荐中标候选人时，应遵照以下原则：

（1）评标委员会按照最终得分由高至低的次序排列，并根据第二章"投标人须知"前附表第 7.1 款规定的中标候选人数量，将排序在前的投标人推荐为中标候选人。

（2）如果评标委员会根据本章的规定作为被否决的投标处理后，有效投标不足三个，且少于第二章"投标人须知"前附表第 7.1 款规定的中标候选人数量的，则评标委员会可以将所有有效投标按最终得分由高至低的次序作为中标候选人向招标人推荐。如果因有效投标不足三个使得投标明显缺乏竞争的，评标委员会可以建议招标人重新招标。

A5.1.2 投标截止时间前递交投标文件的投标人数量少于 3 个或者所有投标被否决的，招标人应当依法重新招标。

A5.2 直接确定中标人

第二章"投标人须知"前附表授权评标委员会直接确定中标人的，评标委员会按照最终得分由高至低的次序排列，并确定排名第一的投标人为中标人。

A5.3 编制评标报告

评标委员会根据本章第 3.4.2 项的规定向招标人提交评标报告。评标报告应当由全体评标委员会成员签字，并于评标结束时抄送有关行政监督部门。评标报告应当包括以下内容：

（1）基本情况和数据表；

（2）评标委员会成员名单；

（3）开标记录；

（4）符合要求的投标一览表；

（5）被否决投标的情况说明；

（6）评标标准、评标方法或者评标因素一览表；

（7）评审或评分比较一览表（包括评标委员会在评标过程中所形成的所有记载评标结果、结论的表格、说明、记录等文件）；

（8）经评审的投标人排序；

（9）推荐的中标候选人名单（如果第二章"投标人须知"前附表授权评标委员会直接确定中标人，则为"确定的中标人"）与签订合同前要处理的事宜；

（10）澄清、说明、补正事项纪要。

A6. 特殊情况的处置程序

A6.1 暗标评审的评审程序规定（适用于对施工组织设计进行暗标评审的）

如果第二章"投标人须知"前附表第 6.3 款要求对施工组织设计采用"暗标"评审方

式且第八章"投标文件格式"中对施工组织设计的编制有暗标要求，评标委员会需对施工组织设计进行暗标评审的，则评标委员会需将施工组织设计（暗标）评审提前到初步评审之前进行。施工组织设计评审结果封存后再进行形式评审、资格评审、响应性评审、项目管理机构评审、企业信用评审和其他因素评审。项目管理机构、企业信用和其他因素评审完成后再公开暗标编码与投标人名称之间的对应关系。

A6.2 关于评标活动暂停

A6.2.1 评标委员会应当执行连续评标的原则，按评标办法中规定的程序、内容、方法、标准完成全部评标工作。只有发生不可抗力导致评标工作无法继续时，评标活动方可暂停。

A6.2.2 发生评标暂停情况时，评标委员会应当封存全部投标文件和评标记录，待不可抗力的影响结束且具备继续评标的条件时，由原评标委员会继续评标。

A6.3 关于评标中途更换评委

A6.3.1 除非发生下列情况之一，评标委员会成员不得在评标中途更换：

（1）因不可抗拒的客观原因，不能到场或需在评标中途退出评标活动。

（2）根据法律法规规定，某个或某几个评标委员会成员需要回避。

A6.3.2 退出评标的评标委员会成员，其已完成的评标行为无效。由招标人根据本招标文件规定的评标委员会成员产生方式另行确定替代者进行评标。

A6.4 记名投票

在任何评标环节中，需评标委员会就某项定性的评审结论做出表决的，由评标委员会全体成员按照少数服从多数的原则，以记名投票方式表决。

A7. 补充条款

略。

附件 B 否决投标条件

否决投标条件

B0. 总则

本附件所集中列示的否决投标条件，是本章"评标办法"的组成部分，是对第二章"投标人须知"和本章正文部分所规定的否决投标条件的总结和补充，如果出现相互矛盾的情况，以第二章"投标人须知"和本章正文部分的规定为准。

B1. 否决投标条件

投标人或投标其投标文件有下列情形之一的，其作否决投标处理：

B1.1　存在以下任何一种情形的：

（1）为招标人不具有独立法人资格的附属机构（单位）；

（2）为招标项目提供工程勘察、设计、咨询、项目管理、代建、监理、招标代理等服务的；

（3）与本招标项目的工程勘察单位、设计单位、咨询单位、项目管理单位、代建人、监理人、招标代理单位同为一个法定代表人的；

（4）与本招标项目的工程勘察单位、设计单位、咨询单位、项目管理单位、代建人、监理人、招标代理单位相互控股或参股的；

（5）与本招标项目的工程勘察单位、设计单位、咨询单位、项目管理单位、代建人、监理人、招标代理单位相互任职或工作的；

（6）被责令停产停业的；

（7）财产被接管或冻结的；

（8）处于破产状态的；

（9）被暂停或取消投标资格的。

B1.2　与招标人存在利害关系且影响招标公正性的。

B1.3　有串通投标违法行为的，包括：

（1）不同投标人的投标文件由同一单位或者个人编制的；

（2）不同投标人委托同一单位或者个人办理投标事宜的；

（3）不同投标人的投标文件载明的项目管理机构成员出现同一人的；

（4）不同投标人的投标文件异常一致或者投标报价呈规律性差异；

（5）不同投标人的投标文件相互混装的；

（6）不同投标人的投标保证金从同一单位或者个人的账户转出的；

（7）法律、法规、规章和规范性文件规定的其他串通投标的情形。

B1.4　使用通过受让或者租借等方式获取的资格、资质证书投标。

B1.5　不按评标委员会要求澄清、说明或补正的。

B1.6　在形式评审、资格评审、响应性评审中，评标委员会认定投标人的投标不符合评标办法对应评审记录表中规定的任何一项评审标准的。

B1.7　未披露或未真实披露投标人与其关联单位的关系的相关情况的。

B1.8　投标人资格预审申请文件的内容发生下列重大变化，其在投标文件中更新的资格审查资料不能满足资格预审文件的要求或未能通过资格评审，接受其投标会影响招标公正性的。

（1）投标人名称变化；

（2）投标人发生合并、分立、破产等重大变化；

（3）投标人财务状况、经营状况发生重大变化；

（4）更换项目负责人；

（5）联合体成员的增减、更换或各成员分工比例变化或各成员方自身资格条件的变化。

B1.9　在施工组织设计和项目管理机构评审中，评标委员会认定投标人的投标未能通过此项评审的。

B1.10　评标委员会认定投标报价低于其个别成本为可能影响履约的异常低价的。

B1.11　投标报价中包含的暂列金额或材料、苗木暂估单价或工程设备暂估单价或专业工程暂估价与招标文件中给定的不一致的。

B1.12　未按照招标文件要求制定相应的安全文明施工措施的。

B1.13　未按照招标文件要求对安全文明施工费单独列项计价，或其报价低于招标文件有关规定和要求的。

B1.14　投标人编制的投标文件技术暗标，其副本的封面（包括封底和侧封）或技术暗标正文内容中出现投标人名称或其他可识别投标人身份的任何字符、徽标、业绩、荣誉或人员姓名等。

B1.15　单位负责人为同一人或者存在控股、管理关系的不同单位，参加同一标段的投标或者未划分标段的同一招标项目的投标的。

B1.16　投标人提交两份或多份内容不同的投标文件，或在一份投标文件中对本工程施工项目（标段）招标工程报有两个或多个报价，但未声明哪一个有效的。

B1.17　未按照招标文件要求提供投标保证金或者所提供的投标保证金有以下任何一种瑕疵的：

（1）未按第二章"投标人须知"规定的投标保证金的金额、担保形式递交投标保证金；

（2）投标保证金的有效期不符合招标文件规定；

（3）以保函的形式出具时，被保证人与该投标人名称不一致；

（4）投标保证金以保函形式出具时，担保机构不是合法的担保机构；

（5）以支票或汇票形式提交的投标保证金不是从投标人基本账户转出；

（6）投标保证金以保函形式出具时，保函的实质性条款不符合招标文件规定；

B1.18　投标函及其附录没有盖投标人单位章的，或没有法定代表人或其委托代理人签字。

B1.19　招标文件中设立最高投标限价时投标报价超出最高投标限价（不含等于）的。

B1.20　评标过程中，评标委员会认为投标报价组成明显不合理，启动质疑程序后投标人不能按评标委员会要求进行合理说明或补正或不能提供相关证明材料的。

B1.21　投标文件载明的工期超过招标文件要求工期的。

B1.22　投标文件载明的养护期短于招标文件规定的期限的。

B1.23 投标文件中载明的质量标准达不到招标文件规定的质量标准的。

B1.24 实质性不响应招标文件中规定的技术标准和要求的。

B1.25 失信被执行人和／或重大税收违法案件当事人信息采集记录中记录投标人为失信被执行人和／或重大税收违法案件当事人的。

B1.26 投标人或其项目负责人存在园林绿化行业重大不良从业信用记录的。

B1.27 投标文件附有招标人不能接受的条件的。

B1.28 在投标过程中存在弄虚作假、行贿受贿或者其他违法违规行为的。

……

备注：如果工程所在地管理规定要求评标委员会对判定为被否决的投标文件说明被否决投标的情况的，应增加"被否决投标情况说明表"格式，被否决投标情况说明应当对照招标文件规定的否决投标条件以及投标文件存在的具体问题。

附件 C 投标人成本评审办法

投标人成本评审办法

C0. 总则

本附件是本章"评标办法"的组成部分，评标委员会按照本章第3.2.4项的规定，对投标人投标报价是否低于其成本为可能影响履约的异常低价进行评审和判断时，适用本附件所规定的办法。

C1. 评审程序

C1.1 启动评审工作的前提条件

在满足下列两项条件的前提下，评标委员会应当启动并进行本办法所规定的评审，以判别投标人的投标报价是否低于其成本为可能影响履约的异常低价：

C1.1.1 投标人的投标文件已经通过本章"评标办法"规定的"初步评审"，不存在应当被否决的投标的情形；

C1.1.2 投标人的投标报价低于（不含）以下限度的：

【说明：（1）设有标底或者招标控制价时以标底或者招标控制价为基准设立下浮限度。（2）既不设招标控制价又不设标底的，可以有效投标报价的算术平均值为基准设立下浮限度。具体限度视工程所在地和招标项目具体情况，在本附件中规定。但此处的下限仅作为启动成本评审工作的警戒线，不得直接认定为该投标报价低于其成本为可能影响履约的异常低价而被否决。】

C1.2 评标委员会结合清标成果，对各个投标价格和影响投标价格合理性的以下因素逐一进行分析，并修正其中任何可能存在的错误和不合理内容：

（1）算术性错误分析和修正；

（2）错漏项分析和修正；

（3）分部分项工程量清单部分价格合理性分析和修正；

（4）措施项目清单和其他项目清单部分价格合理性分析和修正；

（5）企业管理费合理性分析和修正；

（6）利润水平合理性分析和修正；

（7）法定税金和规费的完整性分析和修正；

（8）不平衡报价分析和修正。

C1.3 澄清、说明或补正

评标委员会汇总对投标报价的疑问，启动"澄清、说明或补正"程序，发出问题澄清通知并附上质疑问卷，要求投标人进行澄清和说明并提交有关证明材料。

C1.4 判断投标报价是否低于其成本为可能影响履约的异常低价

评标委员会根据投标人澄清和说明的结果，计算出对投标人投标报价进行合理化修正后所产生的最终差额，判断投标人的投标报价是否低于其成本为可能影响履约的异常低价。

C2. 评审的依据

评标委员会判断投标人的投标报价是否低于其成本为可能影响履约的异常低价，所参考的评审依据包括：

（1）招标文件；

（2）标底或招标控制价（如果有）；

（3）施工组织设计；

（4）投标人已标价的工程量清单；

（5）工程所在地工程造价管理部门颁布的工程造价信息（如果有）；

（6）工程所在地市场价格水平；

（7）工程所在地工程造价管理部门颁布的定额或投标人企业定额；

（8）经审计的企业近年财务报表；

（9）投标人所附其他证明资料；

（10）法律法规允许的和招标文件规定的参考依据等。

C3. 算术性错误分析和修正

评标委员会对已标价工程量清单进行逐项分析，根据本章第 3.1.3 项规定的原则，对投标报价中的算术性错误进行修正，按附表 C-1 的格式记录分析和修正的结果。

汇总修正结果，将经修正后产生的价格差额记为 A 值（此值应为代数值，修正结果表明理论上应当增加投标人的投标报价（投标总价）的修正差额记为正值，反之记为负值，下同），同时整理需要投标人澄清和说明的事项。

C4. 错漏项分析和修正

C4.1　错漏项分析和修正的原则

评标委员会分析投标人已标价工程量清单，列出其中错报或漏报的子目，并按以下原则进行修正：

如果评标委员会认为投标人递交的投标文件中有相同的并且投标人已经给出合适报价的子目，则按该相同子目的价格对错漏项报价进行修正；

如果评标委员会认为投标人递交的投标文件中有相似的并且投标人已经给出合适报价的子目，则按该相似子目的报价为基础，考虑该相似子目与错漏项之间的差异而进行适当调整后的价格对错漏项报价进行修正；

如果做不到以上两点，则按招标控制价或标底（如果有）中的相应价格为基础对错漏项报价进行修正；

如果没有招标控制价或标底，或者招标控制价或标底中也没有相同或相似价格作为参考，评标委员会可以要求投标人在澄清和说明时给出相应的修正价格。此时评标委员会应对此类价格的合理性进行分析，评标委员会可以在分析的基础上要求投标人进一步澄清和说明，评标委员会也可以按不利于该投标人的原则，以其他有效投标报价中该项最高报价作为修正价格；

对超出招标范围报价的子目，则直接删除该子目的价格。

C4.2　错漏项分析和修正的方法

错漏项分析和修正的方法如下：

根据上述原则，修正错报和补充漏报子目的价格；

填写附表 C-2，计算经修正或补充后产生的价格差额。汇总上述结果，将经修正后产生的价格差额记为 B 值，并明确需要投标人澄清和说明的事项。

C5. 分部分项工程量清单部分价格合理性分析和修正

C5.1　分部分项工程量清单部分价格分析和修正的原则

分部分项工程量清单部分价格分析和修正的原则如下：

如果评标委员会认为投标人递交的投标文件中有相同的并且投标人已经给出合适报价的子目，则按该相同子目的价格对评标委员会认为不合理报价子目的报价进行修正；

如果评标委员会认为投标人递交的投标文件中有相似的并且投标人已经给出合适报价的子目，则按该相似子目的报价为基础，考虑该相似子目与不合理子目之间的差异，以适当调整后的价格对评标委员会认为不合理报价子目的报价进行修正；

如果做不到以上两点，则按招标控制价或标底（如果有）中的相应价格为基础对评标委员会认为不合理报价子目的报价进行修正；

如果没有招标控制价或标底或者招标控制价或标底中也没有相同或相似价格作为参考，评标委员会可以要求投标人在澄清和说明时给出相应的修正价格。此时评标委员会应对此类价格的合理性进行分析，并在分析的基础上要求投标人进一步澄清和说明（如果评标委员会认为需要）。

C5.2　分部分项工程量清单部分价格分析和修正的方法

分部分项工程量清单部分价格分析和修正的方法如下：

按附表 C-3 的格式对与市场价格水平存在明显差异的子目进行逐项分析、修正；

计算修正后的差额，汇总分析结果，将经修正后产生的价格差额记为 C 值，同时整理需要投标人澄清和说明的事项。

C6. 措施项目清单和其他项目清单部分价格合理性分析和修正

C6.1　措施项目清单和其他项目清单部分分析和修正的原则

措施项目清单和其他项目清单部分分析和修正的原则如下：

措施项目清单报价中的资源投入数量不正确或不合理的，按照投标人递交的施工组织设计中明确的或者可以通过施工组织设计中给出的相关数据计算出来的计划投入的资源数量（如临时设施、拟派现场管理人员投入计划、施工设备和仪器投入计划等），修正措施项目清单报价中不合理的资源投入数量；

措施项目清单报价中的资源和生产要素价格不合理的，如果评标委员会认为投标人递交的投标文件中有相似的并且投标人已经给出合适报价的子目，则按该相似子目的报价为基础，考虑该相似子目与不合理报价子目之间的差异而进行适当调整后的价格，对不合理报价子目的资源或生产要素的价格进行修正；

其他情况下，按招标控制价或标底（如果有）中的相应价格为基础对措施项目和其他项目清单中的不合理报价进行修正；

如果没有招标控制价或标底或者招标控制价或标底中也没有相同或相似价格作为参考，评标委员会可以要求投标人在澄清和说明时给出相应的修正价格。此时评标委员会应对此类价格的合理性进行分析，并在分析的基础上要求投标人进一步澄清和说明（如果评标委员会认为需要）；

对于按照招标文件不应当报价的子目，则直接删除该子目的价格。

C6.2　措施项目清单和其他项目清单部分分析和修正

措施项目清单和其他项目清单部分分析和修正的方法如下：

按附表 C-4 格式对措施项目清单和其他项目清单进行逐项分析、修正；

计算修正后的差额，汇总分析结果，将经修正后产生的价格差额记为 D 值，同时整理需要投标人澄清和说明的事项。

C7. 企业管理费合理性分析和修正

C7.1　企业管理费分析和修正的原则

企业管理费分析和修正的原则如下：

按投标人经审计的企业近年财务报表中的相关数据计算出投标人企业实际的管理费率（近年企业管理费总额的平均值与近年完成产值的平均值之间的比例）并以此对投标价格中明显不合理的企业管理费率进行修正；

企业管理费率明显不合理并且做不到前项时，按其他通过初步评审的各家投标人的企业管理费率以及招标控制价或标底（如果有）中的企业管理费率的平均费率为准进行修正；

分部分项工程量清单和措施项目清单综合单价分析表中的企业管理费率与费率报价表（如果有）报出的企业管理费率不一致的，以费率报价表（如果有）报出的企业管理费率为准进行修正（但如果费率报价表中的费率明显不合理时，应执行根据上述原则修正后的管理费率）。

C7.2　企业管理费分析和修正的方法

企业管理费分析和修正的方法如下：

按附表 C-5 的格式进行分析和修正；

汇总分析结果，将经修正后产生的价格差额记为 E 值，同时整理需要投标人澄清和说明的事项。

C8. 利润水平合理性分析和修正

C8.1　利润水平分析和修正的原则

利润水平分析和修正的原则如下：

按国有资产管理部门对投标人下达的国有资产增值保值率或投标人公司董事会或股东会要求的企业净资产收益率或股本收益率对投标价格中明显不合理的利润率进行修正；

利润率明显不合理并且做不到前项时，按其他通过初步评审的各家投标人的利润率以及招标控制价或标底（如果有）中的利润率的平均费率为准进行修正；

分部分项工程量清单和措施项目清单综合单价分析表中的利润率与费率报价表（如果有）报出的利润率不一致的，以费率报价表（如果有）报出的利润率为准进行修正（但如果费率报价表中的费率明显不合理时，应执行根据上述原则修正后的利润率）。

C8.2　利润水平分析和修正的方法

利润水平分析和修正的方法如下：

按附表 C-5 的格式进行分析和修正；

汇总分析结果，将经修正后产生的价格差额记为 F 值，同时整理需要投标人澄清和说明的事项。

C9. 法定税金和规费的完整性分析和修正

根据投标价格分析出其中法定税金和规费的百分比，对照现行有关法律、法规规定的额度或比率，对投标报价进行分析和修正。

按附表 C-5 的格式进行分析和修正；将经修正后产生的价格差额记为 G 值，整理需要投标人澄清和说明的事项。

C10. 不平衡报价分析和修正

评审各项单价的合理性以及是否存在不平衡报价的情况，对明显过高或过低的价格进行分析。

按附表 C-6 汇总分析结果，修正明显过高的价格产生的差额，首先用于填补修正过低的价格产生的差额，两者的余额记为 H 值，整理需要投标人澄清和说明的事项。

C11. 对投标报价的澄清和说明

评标委员会对上述 C3 至 C10 条的评审结果进行汇总和整理。以其各自的代数值汇总 A 值至 H 值，得出合计差额 △1（附表 C-7），并整理出需要投标人澄清和说明的全部事项。如果投标人存在需要补正的问题，评标委员会可以同时要求投标人进行补正。

评标委员会应当根据本章第 3.3 款的规定，对需要投标人澄清、说明和提供进一步证明的事项向投标人发出书面问题澄清通知，并附上质疑问卷，问题澄清通知和质疑问卷应当包括：质疑问题、有关澄清要求、需要书面回复的内容、回复时间（应给投标人留出足够的回复时间）、递交方式等。投标人的澄清、说明、补正和提供进一步证明应当采取书面形式。如果评标委员会对投标人提交的质疑问题的澄清和说明依然存在疑问，评标委员会可以进一步要求澄清、说明或补正，投标人应相应地进一步澄清、说明和提交相关证明材料，直至评标委员会认为全部疑问都得到澄清和说明。

根据澄清和说明结果，对于投标人已经有效澄清和说明的问题和子目应从上述 A 值至 H 值的计算中剔除或修正，按附表 C-7 格式修正 A 值至 H 值并计算最终差额 △2。本款中所谓的"有效澄清"是指投标人做出的澄清和说明已经合理地解释或说明了评标委员会提出的问题并且澄清结果令评标委员会信服。

C12. 判断投标报价是否低于成本为可能影响履约的异常低价

评标委员会应按照附表 C-8 的格式填写评审结论记录表，以最终差额 △2 与投标人投标价格中标明的利润额（如标明的是利润率，以利润率乘以其计取基数，下同）进行比较并得出如下结论：

如果最终差额 Δ2（代数值）小于或等于投标人的利润额，则表明该投标人的投标报价不低于成本不属于可能影响履约的异常低价。

如果最终差额 Δ2 是正值且大于（不含等于）投标人报价中的利润额，则评标委员会将根据本章第 3.2.4 项的规定认定该投标人的投标报价低于其成本为可能影响履约的异常低价，否决其投标。

备注：各地可根据本地区实际情况，不断丰富完善投标人成本评审办法。

附件 D　备选投标方案的评审方法

备选投标方案的评审方法

D0. 总则

本附件是本章"评标办法"的组成部分。当第二章"投标人须知"第 3.6 款中规定允许投标人递交备选投标方案时，评标委员会应当按照本附件所规定的办法对排名第一的中标候选人或者根据招标人授权直接确定的中标人所递交的备选投标方案进行评审和比较。

D1. 备选投标方案的评审规定

D.1.1　必须投递了正选投标方案

按照第二章"投标人须知"第 3.6 款中规定投递备选投标方案的投标人，必须按照招标文件中规定的要求和条件编制并投递了正选投标方案，否则其投标作为被否决的投标处理。

D1.2　只对中标人或中标候选人的备选投标方案进行评审

只有中标人或中标候选人的备选投标方案才会被评标委员会评审。

D2. 备选投标方案的评审程序、方法和标准

D2.1　适用的评审程序、方法和标准

评标委员会应当根据备选投标方案的内容，找出本章（包括本章附件）中适用的程序、方法、标准对备选投标方案进行综合定性评审。如果没有适用的程序、方法、标准，则由评标委员会成员分别独立对备选投标方案进行综合定性评审。评审结论通过表决方式做出。只有超过半数的评标委员会成员所做出的结论，方可以作为评标委员会的结论。

D2.2　基本的评审程序和方法

对备选投标方案的评审，按以下程序和方法进行：

（1）找出备选投标方案改变了招标文件中规定的哪些要求或条件，判断这种改变是否可能被招标人所接受。如果评标委员会认为备选投标方案所改变的招标要求和条件是不能被招标人所接受的，则应当宣布备选投标方案不被接受。

（2）判断备选投标方案的可行性，不可行的备选投标方案应当被宣布为不被接受。

（3）对比中标人或中标候选人的正选投标方案和备选投标方案，找出两者之间的偏差，并对偏差对招标人的有利和不利程度做出评估。只有备选投标方案与正选投标方案的偏差对招标人的有利程度明显大于不利程度时，备选投标方案方可以被接受。

D3. 备选投标方案的评审结果

D3.1　备选投标方案的评审报告

评标委员会应当出具备选投标方案评审报告，备选投标方案评审报告中应当包括：

（1）备选投标方案与正选投标方案的主要偏差；

（2）备选投标方案的科学性与合理性分析；

（3）备选投标方案对招标人的有利性分析；

（4）备选投标方案是否可以被采纳。

D3.2　评审结论

通过评审，评标委员会只做出备选投标方案是否可以被采纳的决定，但不做出中标人应当按正选投标方案或备选投标方案中标的决定。中标人是否按备选投标方案中标的决定，由招标人依据评标委员会的评审报告做出。

D4. 补充条款

附表 A-1 评标委员会签到表

评标委员会签到表

工程名称：_____（项目名称）　　　　评标时间：　　年　　月　　日

序号	姓名	职称	工作单位	专家证（或身份证）号码	联系方式	签到时间

附表 A-2 形式评审记录表

形式评审记录表

工程名称：_____（项目名称）

序号	评审因素	投标人名称及评审意见						
1	投标人名称							
2	投标函签字盖章							
3	投标文件格式							
4	联合体投标人（如果有）							
5	报价唯一							
	……							

评标委员会全体成员签名：　　　　　　　　　　　　　　　　日期：　　年　　月　　日

附表 A-3 资格评审记录表（适用于未进行资格预审的）

资格评审记录表（适用于未进行资格预审的）

工程名称：＿＿＿＿＿＿＿＿＿＿＿＿（项目名称）

序号	评审因素	投标人名称及评审意见							
1	投标人的主体资格								
2	财务状况								
3	项目负责人资格								
4	类似工程业绩（如果要求）								
5	企业信誉情况								
6	近年没有发生过一般及以上工程安全事故和重大工程质量问题								
7	近年在经营活动中没有重大违法记录								
8	联合体投标人（如果是）								
	……								
是否通过评审									

评标委员会全体成员签名：　　　　　　　　　　　　　　　日期：　　年　月　日

附表 A-4 响应性评审记录表

响应性评审记录表

工程名称：＿＿＿＿＿＿＿＿＿＿＿＿（项目名称）

序号	评审因素	投标人名称及评审意见							
1	投标内容								
2	工期和养护期								
3	工程质量								
4	投标价格								
5	投标有效期								
6	投标保证金								
7	权利义务								
8	已标价工程量清单								
9	技术标准和要求								
10	分包计划								
	……	……							

评标委员会全体成员签名：　　　　　　　　　　　　　　　日期：　　年　月　日

附表 A-5　施工组织设计评审记录表

施工组织设计评审记录表

工程名称：_____（项目名称）

序号	评分项目	标准分	投标人名称或代码				
1	内容完整性						
2	施工方案与技术措施						
3	材料设备和苗木供应计划及保障措施						
4	质量管理体系与保障措施						
5	安全管理体系与保障措施						
6	环境保护管理体系与保障措施						
7	文明施工保障措施						
8	现场组织管理机构设置和劳动力配置计划及保障措施						
9	施工设备和仪器等施工资源配备及保障措施						
10	工程进度计划及保证措施						
11	施工现场总平面布置						
12	养护管理和工程保修服务方案及保障措施						
13	紧急情况的处理预案和措施，抵抗风险的措施保障						
14	与发包人、设计人、监理人的配合、协调						
	……						
	施工组织设计得分合计 A（满分_____）						

评标委员会成员签名：　　　　　　　　　　　　　日期：　　年　　月　　日

附表 A-6　项目管理机构评审记录表

项目管理机构评审记录表

工程名称：_____（项目名称）

序号	评分项目	标准分	投标人名称代码				
1	项目负责人任职资格与业绩						
2	技术负责人任职资格与业绩						
3	其他主要人员						
	……						
	项目管理机构得分合计 B（满分_____）						

评标委员会成员签名：　　　　　　　　　　　　　日期：　　年　　月　　日

附表 A-7　投标报价评分记录表

投标报价评分记录表

工程名称：＿＿＿＿＿＿＿＿＿＿＿＿（项目名称）　　　　　　　　　　　单位：人民币元

项目	投标人名称					
投标报价						
评标价						
偏差率						
投标报价得分 C（满分＿＿＿＿）						
基准价						
标底（如果有）						

评标委员会全体成员签名：　　　　　　　　　　　　日期：　　年　　月　　日

备注：采用分项报价分别评分的，每个分项报价的评分分别使用一张本表格进行评分。招标人应参照本表格式另行制订投标报价评分汇总表供投标报价评分结果汇总使用。相应地，招标人应当调整第八章"投标文件格式"中"投标函"的格式，投标函中应分别列出投标总报价以及各个分项的报价，以方便开标唱标。

附表 A-8　企业信用评审记录表

企业信用评审记录表

序号	评分因素	评分标准	标准分	投标人名称及评审得分					
1	投标人企业信用评价	开标确认的投标人"企业在园林绿化市场主体信用评价系统中的信用评价分值"×＿＿＿＿%							
2	项目负责人个人信用评价	开标确认的投标人"项目负责人在园林绿化市场主体信用评价系统中的信用评价分值"×＿＿＿＿%							
…	…								
信用评分合计 D ＝ 1＋2＋…									

评标委员会全体成员签名：　　　　　　　　　　　　日期：　　年　　月　　日

附表 A-9 其他因素评审记录表

其他因素评审记录表

工程名称：_____（项目名称）

序号	评分项目	标准分	投标人名称代码						
	……								
	……								
	……								
	……								
其他因素得分合计 E（满分_____）									

评标委员会成员签名：　　　　　　　　　　　　　　　　日期：　　年　月　日

附表 A-10 详细评审评分汇总表

详细评审评分汇总表

工程名称：_____（项目名称）

序号	评分项目	分值代码	投标人名称代码						
1	施工组织设计	A							
2	项目管理机构	B							
3	投标报价	C							
4	企业信用	D							
5	其他因素	E							
详细评审得分合计									

评标委员会成员签名：　　　　　　　　　　　　　　　　日期：　　年　月　日

附表 A-11 评标结果汇总表

评标结果汇总表

工程名称:_____(项目名称)

评委序号和姓名	投标人名称（或代码）及其得分						
各评委评分合计							
各评委评分平均值							
投标人最终排名次序							

评标委员会全体成员签名:　　　　　　　　　　　　　　　　日期:　　年　　月　　日

附表 A-12 被否决投标的情况说明表

被否决投标的情况说明表

单位名称	被否决投标的情况说明

评标委员会全体成员签名:　　　　　　　　　　　　　　　　日期:　　年　　月　　日

附表 A-13   问题澄清通知

问题澄清通知

编号：_____

_____（投标人名称）：

　　_____（项目名称）园林绿化工程施工招标的评标委员会，对你方的投标文件进行了仔细的审查，现需你方对本通知所附质疑问卷中的问题以书面形式予以澄清、说明或者补正。

　　请将上述问题的澄清、说明或者补正于_____年____月____日____时前密封并递交至_____（详细地址）或传真至_____（传真号码）。采用传真方式的，应在_____年____月____日____时前将原件递交至_____（详细地址）。

　　附件：质疑问卷

　　　　　　　　　　　　　　_____（项目名称）_____园林绿化工程施工招标评标委员会

　　　　　　　　　　　　　　　　　　日期：_____年____月____日

附表 A-14   问题的澄清、说明或补正

问题的澄清、说明或补正

编号：_____

_____（项目名称）园林绿化工程施工招标评标委员会：

问题澄清通知（编号：_____）已收悉，现澄清、说明或者补正如下：
1.
2.
……

　　　　　　　　　　　投标人：_____（盖单位章）

　　　　　　　　　　　法定代表人或其委托代理人：_（签字）___

　　　　　　　　　　　日期：_____年____月____日

附表 C-1   算术错误分析及修正记录表

算术错误分析及修正记录表

投标人名称:

序号	子目名称	投标价格	算术正确投标价	差额（代数值）	有关事项备注
A 值（代数值）					

评标委员会全体成员签名:　　　　　　　　　　　　　　　　　　日期:　　　年　　月　　日

附表 C-2   错项漏项分析及修正记录表

错项漏项分析及修正记录表

投标人名称:

编号	子目名称	投标价格	合理投标价	差额（代数值）	有关事项备注
B 值（代数值）					

评标委员会全体成员签名:　　　　　　　　　　　　　　　　　　日期:　　　年　　月　　日

附表 C-3　分部分项工程量清单子目单价分析及修正记录表

分部分项工程量清单子目单价分析及修正记录表

投标人名称：

编号	子目名称	明显不合理的价格	修正后的价格	差额	证明情况及修正理由	有关疑问事项备注
C 值（代数值）						

评标委员会全体成员签名：　　　　　　　　　　　　　　　　日期：　　年　月　日

附表 C-4　措施项目和其他项目工程量清单价格分析及修正记录表

措施项目和其他项目工程量清单价格分析及修正记录表

投标人名称：

编号	子目名称	明显不合理的价格	修正后的价格	差额	证明情况及修正理由	有关疑问事项备注
D 值（代数值）						

评标委员会全体成员签名：　　　　　　　　　　　　　　　　日期：　　年　月　日

附表 C-5　企业管理费、利润及税金和规费完整性分析及修正记录表

企业管理费、利润及税金和规费完整性分析及修正记录表

投标人名称：

项目	企业管理费		利　润		税金和规费	
	投标价格	实际	投标价格	实际	投标价格	实际
比较栏						
差　额	E 值		F 值		G 值	
分析计算						
有关疑问事项备注						

评标委员会全体成员签名：　　　　　　　　　　　　　　日期：　　年　月　日

附表 C-6　不平衡报价分析及修正记录表

不平衡报价分析及修正记录表

投标人名称：

编号	子目名称	存在不平衡的单价	修正后的平衡单价	单价差值（代数值）	工程量	差额	有关疑问事项备注
H 值（代数值）							

评标委员会全体成员签名：　　　　　　　　　　　　　　日期：　　年　月　日

附表 C-7 投标报价之修正差额汇总表

投标报价之修正差额汇总表

投标人名称：

序号	差值代号	差额代数值		修正理由及有关事项说明
		评审后	澄清后修正	
1	A			
2	B			
3	C			
4	D			
5	E			
6	F			
7	G			
8	H			
合计		$\Delta 1$：	$\Delta 2$：	
备注	本表修正的计算应附详细分析计算表			

评标委员会全体成员签名： 日期： 年 月 日

附表 C-8 成本评审结论记录表

成本评审结论记录表

投标人名称：

序号	项目名称	金额（元）	比较结果	备注
1	澄清后最终差额 $\Delta 2$			
2	投标利润额			
比较后需投标人澄清和说明的主要事项概要：				
投标人澄清、说明、补正和提供进一步证明的情况说明：				
评审结论	□ 低于其成本，以可能影响履约的异常低价竞标 □ 不低于其成本，没有以可能影响履约的异常低价竞标			
评审意见概要				
评标委员会全体成员签名			年 月 日	

第三章 评标办法（经评审的最低投标价法）

评标办法前附表

条款号		评审因素	评审标准
2.1.1	形式评审标准	投标人名称	与营业执照一致
		投标函签字盖章	有法定代表人或其委托代理人签字并盖单位章
		投标文件格式	符合第八章"投标文件格式"的要求
		联合体投标人（如果有）	提交了联合体投标协议书
		报价唯一	只能有一个有效报价
		……	……
2.1.2	资格评审标准	投标人的主体资格	具备有效的营业执照
		财务状况	符合第二章"投标人须知"第1.4.1项规定
		项目负责人资格	符合第二章"投标人须知"第1.4.1项规定
		投标人的类似工程业绩（如果要求）	符合第二章"投标人须知"第1.4.1项规定
		企业信誉情况	符合第二章"投标人须知"第1.4.1项规定
		近年没有发生过一般及以上工程安全事故和重大工程质量问题	符合第二章"投标人须知"第1.4.1项规定
		近年在经营活动中没有重大违法记录	符合第二章"投标人须知"第1.4.1项规定
		联合体投标人（如果有）	符合第二章"投标人须知"第1.4.2项规定
		……	……
		其他要求	符合第二章"投标人须知"第1.4.1项规定
2.1.3	响应性评审标准	投标内容	符合第二章"投标人须知"第1.3.1项规定
		工期和养护期	符合第二章"投标人须知"第1.3.2项规定
		工程质量	符合第二章"投标人须知"第1.3.3项规定
		投标价格	符合第二章"投标人须知"第3.2.2项规定
		投标有效期	符合第二章"投标人须知"第3.3.1项规定
		投标保证金	符合第二章"投标人须知"第3.4.1项规定
		权利义务	投标函附录中的相关承诺符合或优于第四章"合同条款及格式"的相关规定
		已标价工程量清单	符合第五章"招标工程量清单"中的相关规定，当合同协议书中约定采用单价合同形式时，已标价工程量清单应符合第五章"招标工程量清单"给出的子目编码、子目名称、子目特征、计量单位和工程量。
		技术标准和要求	符合第七章"技术标准和要求"规定

条款号		评审因素	评审标准
2.1.3	响应性评审标准	分包计划	符合第二章"投标人须知"第 1.11 款规定
		……	……
2.1.4	施工组织设计和项目管理机构评审标准（评审因素、及评价标准应根据项目的具体情况设置）	材料设备和苗木供应计划	
		质量管理体系	
		安全管理体系	
		环境保护管理体系	
		文明施工保障措施	
		现场组织管理机构设置和劳动力配置计划	
		施工设备和仪器等施工资源配备	
		工程进度计划及保证措施	
		养护管理和工程保修服务方案	
		……	
2.1.5	企业信用评审标准	（根据园林绿化市场主体信用评价的标准设定及格的标准或分数） 说明：企业信用评价项目应根据各地的管理规定，明确主体信用信息采集的渠道或网站系统。	

条款号		量化因素	量化标准
2.2	详细评审标准	单价遗漏	……
		付款条件	……
		……	……

条款号		编列内容
3	评标程序	详见本章附件 A：评标详细程序
3.1.1	初步审查	是否要求投标人提交第二章"投标人须知"第 3.5.1 项至第 3.5.14 项规定的有关证明和证件的原件进行核验。 □ 否 □ 是，核验原件的具体要求：
3.1.2	否决投标条件	详见本章附件 B：否决投标条件
3.2.1	评标价计算	详见本章附件 C：评标价计算方法
3.2.2	判断投标报价是否为是否低于其成本为可能影响履约的异常低价	详见本章附件 D：投标人成本评审办法
补 1	备选投标方案的评审	详见本章附件 E：备选投标方案的评审和比较办法

评标办法（经评审的最低投标价法）

1. 评标方法

本次评标采用经评审的最低投标价法。评标委员会对满足招标文件实质要求的投标文件，根据本章第 2.2 款规定的量化因素及量化标准进行价格折算，按照经评审的投标价格由低到高的顺序推荐中标候选人，或根据招标人授权直接确定中标人，但是投标报价低于其成本为可能影响履约的异常低价的除外。经评审的投标价格相等时，投标报价低的优先；投标报价也相等的，由招标人自行确定。

2. 评审标准

2.1 初步评审标准

2.1.1 形式评审标准：见评标办法前附表。

2.1.2 资格评审标准：见评标办法前附表。（适用于未进行资格预审的）

2.1.2 资格评审标准：见资格预审文件第三章"资格审查办法"详细审查标准（适用于已进行资格预审，当投标人资格情况与预审申请文件的内容相比发生重大变化时，须对其更新资料进行评审的）。

2.1.3 响应性评审标准：见评标办法前附表。

2.1.4 施工组织设计和项目管理机构评审标准：见评标办法前附表。

2.1.5 企业信用评审标准：见评标办法前附表。

2.2 详细评审标准

详细评审标准：见评标办法前附表。

3. 评标程序

3.1 初步评审

3.1.1 评标委员会可以按照评标办法前附表中规定的核验原件的具体要求，要求投标人提交第二章"投标人须知"第 3.5.1 项至第 3.5.14 项规定的有关证明和证件的原件，以便核验。评标委员会依据本章第 2.1 款规定的标准对投标文件进行初步评审。有一项不符合评审标准的，作为被否决的投标处理。（适用于未进行资格预审的）

3.1.2 评标委员会依据本章第 2.1.1 项、第 2.1.3 项、第 2.1.4 项规定的评审标准对投标文件进行初步评审。有一项不符合评审标准的，作为被否决的投标处理。当投标人资格预审申请文件的内容发生重大变化时，评标委员会依据本章第 2.1.2 项规定的标准对其更新资料进行评审。（适用于已进行资格预审的）

3.1.3 投标人有以下情形之一的，其投标作为被否决的投标处理：

（1）第二章"投标人须知"第 1.4.3 项规定的任何一种情形的；

（2）串通投标或弄虚作假或有其他违法行为的；

（3）不按评标委员会要求澄清、说明或补正的。

3.1.4 投标报价有算术错误的，评标委员会按以下原则对投标报价进行修正，修正的价格经投标人书面确认后具有约束力。投标人不接受修正价格的，其投标作为被否决的投标处理。

（1）投标文件中的大写金额与小写金额不一致的，以大写金额为准；

（2）总价金额与依据单价计算出的结果不一致的，以单价金额为准修正总价，但单价金额小数点有明显错误的除外。

3.2　详细评审

3.2.1　评标委员会按本章第 2.2 款规定的量化因素和标准进行价格折算，计算出评标价，并编制价格比较一览表。

3.2.2　评标委员会发现投标人的报价为可能影响履约的异常低价，应当启动澄清程序，要求投标人在合理期限内作出书面澄清或者说明，并提供必要的证明材料。投标人不能提供必要的证明材料说明其报价合理性，导致合同履行风险过高的，评标委员会应当否决其投标。

3.3　投标文件的澄清和补正

3.3.1　在评标过程中，评标委员会可以书面形式要求投标人对所提交的投标文件中不明确的内容进行书面澄清或说明，或者对细微偏差进行补正。评标委员会不接受投标人主动提出的澄清、说明或补正。

3.3.2　澄清、说明或补正不得改变投标文件的实质性内容（算术性错误修正的除外）。投标人的书面澄清、说明和补正属于投标文件的组成部分。

3.3.3　评标委员会对投标人提交的澄清、说明或补正有疑问的，可以要求投标人进一步澄清、说明或补正，直至满足评标委员会的要求。

3.4　评标结果

3.4.1　除第二章"投标人须知"前附表授权直接确定中标人外，评标委员会按照经评审的投标价格由低到高的顺序推荐中标候选人。

3.4.2　评标委员会完成评标后，应当向招标人提交书面评标报告。

附件 A 评标详细程序

评标详细程序

A0. 总则

本附件是本章"评标办法"的组成部分，是对本章第 3 条所规定的评标程序的进一步细化，评标委员会应当按照本附件所规定的详细程序开展并完成评标工作。

A1. 基本程序

评标活动将按以下五个步骤进行：

（1）评标准备；

（2）初步评审；

（3）详细评审；

（4）澄清、说明或补正；

（5）推荐中标候选人或者直接确定中标人及提交评标报告。

A2. 评标准备

A2.1 评标委员会成员签到

评标委员会成员到达评标现场时应在签到表上签到以证明其出席。评标委员会签到表见附表 A-1。

A2.2 评标委员会的分工

评标委员会首先推选一名评标委员会负责人。招标人也可以直接指定评标委员会负责人。评标委员会负责人负责评标活动的组织领导工作。

A2.3 熟悉文件资料

A2.3.1 评标委员会负责人应组织评标委员会成员认真研究招标文件，了解和熟悉招标目的、招标范围、主要合同条件、技术标准和要求、质量标准和工期要求等，掌握评标标准和方法，熟悉本章及附件中包括的评标表格的使用，如果本章及附件所附的表格不能满足评标所需时，评标委员会应补充编制评标所需的表格，尤其是用于详细分析计算的表格。未在招标文件中规定的标准和方法不得作为评标的依据。

A2.3.2 招标人或招标代理机构应向评标委员会提供评标所需的信息和数据，包括招标文件、未在开标会上当场拒绝的各投标文件、开标会记录、资格预审文件及各投标人在资格预审阶段递交的资格预审申请文件（适用于已进行资格预审的）、招标控制价或标底（如果有）、工程所在地工程造价管理部门颁布的工程造价信息、定额（如作为计价依据时）、有关的法律、法规、规章、国家标准以及招标人或评标委员会认为必要的其他信息和数据。

A2.4 对投标文件进行基础性数据分析和整理工作（清标）

A2.4.1 在不改变投标文件实质性内容的前提下，评标委员会应当对投标文件进行基础性数据分析和整理（本章中简称为"清标"），从而发现并提取其中可能存在的对招标范围理解的偏差、投标报价的算术性错误、错漏项、投标报价构成不合理、不平衡报价等存在明显异常的问题，并就这些问题整理形成清标成果。评标委员会对清标成果审议后，决定需要投标人进行书面澄清、说明或补正的问题，形成质疑问卷，向投标人发出问题澄清通知（包括质疑问卷）。

A2.4.2　在不影响评标委员会成员的法定权利的前提下，评标委员会可委托由招标人专门成立的清标工作小组完成清标工作。在这种情况下，清标工作可以在评标工作开始之前完成，也可以与评标工作平行进行。清标工作小组成员应为具备相应执业资格的专业人员，且应当符合有关法律法规对评标专家的回避规定和要求，不得与任何投标人有利益、上下级等关系，不得代行依法应当由评标委员会及其成员行使的权利。清标成果应当经过评标委员会的审核确认，经过评标委员会审核确认的清标成果视同是评标委员会的工作成果，并由评标委员会以书面方式追加对清标工作小组的授权，书面授权委托书必须由评标委员会全体成员签名。

A2.4.3　投标人接到评标委员会发出的问题澄清通知后，应按评标委员会的要求提供书面澄清资料并按要求进行密封，在规定的时间递交到指定地点。投标人递交的书面澄清资料由评标委员会开启。

A3. 初步评审

A3.1　形式评审

评标委员会根据评标办法前附表中规定的评审因素和评审标准，对投标人的投标文件进行形式评审，并使用附表 A-2 记录评审结果。

A3.2　资格评审

A3.2.1　评标委员会根据评标办法前附表中规定的评审因素和评审标准，对投标人的投标文件进行资格评审，并使用附表 A-3 记录评审结果（适用于未进行资格预审的）。

A3.2.2　当投标人资格预审申请文件的内容发生重大变化时，评标委员会依据资格预审文件中规定的标准和方法，对照投标人在资格预审阶段递交的资格预审文件中的资料以及在投标文件中更新的资料，对其更新的资料进行评审（适用于已进行资格预审的）。

其中：

（1）资格预审采用"合格制"的，投标文件中更新的资料应当符合资格预审文件中规定的审查标准，否则其投标作为被否决的投标处理；

（2）资格预审采用"有限数量制"的，投标文件中更新的资料应当符合资格预审文件中规定的审查标准，其中以评分方式进行审查的，其更新的资料按照资格预审文件中规定的评分标准评分后，其得分应当保证即便在资格预审阶段仍然能够获得投标资格且没有对未通过资格预审的其他申请人构成不公平，否则其投标作为被否决的投标处理。

A3.3　响应性评审

A3.3.1　评标委员会根据评标办法前附表中规定的评审因素和评审标准，对投标人的投标文件进行响应性评审，并使用附表 A-4 记录评审结果。

A3.3.2　投标人投标价格不得超出最高投标限价，凡投标人的投标价格超出最高投标限价的，该投标人的投标文件不能通过响应性评审。

A3.4　施工组织设计、项目管理机构和企业信用评审

评标委员会根据评标办法前附表中规定的评审因素和评审标准，对投标人的施工组织

设计和项目管理机构进行评审，根据评标办法前附表中规定的评审因素和评审标准和从园林绿化市场主体信用评价系统采集的信用评价结果对投标人的企业信用情况进行评审，并使用附表 A-5 记录评审结果。

A3.5　判断投标是否应被否决

A3.5.1　判断投标人的投标是否应被否决的全部条件，在本章附件 B 中集中列示。

A3.5.2　本章附件 B 集中列示的否决投标条件不应与第二章"投标人须知"和本章正文部分包括的否决投标条件抵触，如果出现相互矛盾的情况，以第二章"投标人须知"和本章正文部分的规定为准。

A3.5.3　评标委员会在评标（包括初步评审和详细评审）过程中，依据本章附件 B 中规定的否决投标条件判断投标人的投标是否应被否决。如判定投标人的投标应被否决，应将被否决投标的情况填写在附表 A-8 中。

A3.6　算术错误修正

评标委员会依据本章中规定的相关原则对投标报价中存在的算术错误进行修正，并根据算术错误修正结果计算评标价。

A3.7　澄清、说明或补正

在初步评审过程中，评标委员会应当就投标文件中不明确的内容要求投标人进行澄清、说明或者补正。投标人应当根据问题澄清通知要求，以书面形式予以澄清、说明或者补正。澄清、说明或补正根据本章第 3.3 款的规定进行。

A4. 详细评审

只有通过了初步评审、被判定为合格的投标方可进入详细评审。

A4.1　价格折算

A4.1.1　评标委员会根据评标办法前附表、本章附件 C 中规定的程序、标准和方法，以及算术错误修正结果，对投标报价进行价格折算，计算出评标价，并使用附表 A-6 记录评标价折算结果。

A4.2　判断投标报价是否低于其成本为可能影响履约的异常低价

根据本章第 3.2.2 项的规定，评标委员会根据本章附件 D 中规定的程序、标准和方法，判断投标报价是否低于其成本为可能影响履约的异常低价。评标委员会认定该投标人的报价低于其成本为可能影响履约的异常低价的，应当否决其投标。

A4.3　澄清、说明或补正

在详细评审过程中，评标委员会应当就投标文件中不明确的内容要求投标人进行澄清、说明或者补正。投标人应当根据问题澄清通知要求，以书面形式予以澄清、说明或者补正。澄清、说明或补正根据本章第 3.3 款的规定进行。

A5. 推荐中标候选人或者直接确定中标人

A5.1　汇总评标结果

投标报价评审工作全部结束后，评标委员会应按照附表 A-7 的格式填写评标结果汇总表。

A5.2　推荐中标候选人

A5.2.1　除第二章"投标人须知"前附表授权直接确定中标人外，评标委员会在推荐中标候选人时，应遵照以下原则：

（1）评标委员会对有效的投标按经评审的投标价格由低至高的次序排列，根据第二章"投标人须知"前附表第 7.1 款的规定推荐中标候选人。

（2）如果评标委员会根据本章的规定作为被否决的投标处理后，有效投标不足三个，且少于第二章"投标人须知"前附表第 7.1 款规定的中标候选人数量的，则评标委员会可以将所有有效投标按经评审的投标价格由低至高的次序作为中标候选人向招标人推荐。如果因有效投标不足三个使得投标明显缺乏竞争的，评标委员会可以建议招标人重新招标。

A5.2.2　投标截止时间前递交投标文件的投标人数量少于三个或者所有投标被否决的，招标人应当依法重新招标。

A5.3　直接确定中标人

第二章"投标人须知"前附表授权评标委员会直接确定中标人的，评标委员会对有效的投标按照经评审的投标价格由低至高的次序排列，并确定排名第一的投标人为中标人。但是其投标报价低于成本为可能影响履约的异常低价的除外。

A5.4　编制及提交评标报告

评标委员会根据本章第 3.4.2 项的规定向招标人提交评标报告。评标报告应当由全体评标委员会成员签字，并于评标结束时抄送有关行政监督部门。评标报告应当包括以下内容：

（1）基本情况和数据表；

（2）评标委员会成员名单；

（3）开标记录；

（4）符合要求的投标一览表；

（5）被否决投标的情况说明；

（6）评标标准、评标方法或者评标因素一览表；

（7）经评审的投标价格一览表（包括评标委员会在评标过程中所形成的所有记载评标结果、结论的表格、说明、记录等文件）；

（8）经评审的投标人排序；

（9）推荐的中标候选人名单（如果第二章"投标人须知"前附表授权评标委员会直接确定中标人，则为"确定的中标人"）与签订合同前要处理的事宜；

（10）澄清、说明或补正事项纪要。

A6. 特殊情况的处置程序

A6.1　关于评标活动暂停

A6.1.1　评标委员会应当执行连续评标的原则，按评标办法中规定的程序、内容、方法、标准完成全部评标工作。只有发生不可抗力导致评标工作无法继续时，评标活动方可暂停。

A6.1.2　发生评标暂停情况时，评标委员会应当封存全部投标文件和评标记录，待不可抗力的影响结束且具备继续评标的条件时，由原评标委员会继续评标。

A6.2　关于评标中途更换评标委员会成员

A6.2.1　除非发生下列情况之一，评标委员会成员不得在评标中途更换：

（1）因不可抗拒的客观原因，不能到场或需在评标中途退出评标活动。

（2）根据法律法规规定，某个或某几个评标委员会成员需要回避。

A6.2.2 退出评标的评标委员会成员，其已完成的评标行为无效。由招标人根据本招标文件规定的评标委员会成员产生方式另行确定替代者进行评标。

A6.3 记名投票

在任何评标环节中，需评标委员会就某项定性的评审结论做出表决的，由评标委员会全体成员按照少数服从多数的原则，以记名投票方式表决。

A7.补充条款

略。

附件 B 否决投标条件

否决投标条件

B0. 总则

本附件所集中列示的否决投标条件，是本章"评标办法"的组成部分，是对第二章"投标人须知"和本章正文部分所规定的否决投标条件的总结和补充，如果出现相互矛盾的情况，以第二章"投标人须知"和本章正文部分的规定为准。

B1. 否决投标条件

投标人或投标其投标文件有下列情形之一的，其作否决投标处理：

B1.1   存在以下任何一种情形的：

（1）为招标人不具有独立法人资格的附属机构（单位）；

（2）为招标项目提供工程勘察、设计、咨询、项目管理、代建、监理、招标代理等服务的；

（3）与本招标项目的工程勘察单位、设计单位、咨询单位、项目管理单位、代建人、监理人、招标代理单位同为一个法定代表人的；

（4）与本招标项目的工程勘察单位、设计单位、咨询单位、项目管理单位、代建人、监理人、招标代理单位相互控股或参股的；

（5）与本招标项目的工程勘察单位、设计单位、咨询单位、项目管理单位、代建人、监理人、招标代理单位相互任职或工作的；

（6）被责令停产停业的；

（7）财产被接管或冻结的；

（8）处于破产状态的；

（9）被暂停或取消投标资格的。

B1.2   与招标人存在利害关系且影响招标公正性的。

B1.3   有串通投标违法行为的，包括：

（1）不同投标人的投标文件由同一单位或者个人编制的；

（2）不同投标人委托同一单位或者个人办理投标事宜的；

（3）不同投标人的投标文件载明的项目管理机构成员出现同一人的；

（4）不同投标人的投标文件异常一致或者投标报价呈规律性差异；

（5）不同投标人的投标文件相互混装的；

（6）不同投标人的投标保证金从同一单位或者个人的账户转出的；

（7）法律、法规、规章和规范性文件规定的其他串通投标的情形；

B1.4   使用通过受让或者租借等方式获取的资格、资质证书投标。

B1.5   不按评标委员会要求澄清、说明或补正的。

B1.6 在形式评审、资格评审、响应性评审中，评标委员会认定投标人的投标不符合评标办法对应评审记录表中规定的任何一项评审标准的。

B1.7 未披露或未真实披露投标人与其关联单位的关系的相关情况的。

B1.8 投标人资格预审申请文件的内容发生下列重大变化，其在投标文件中更新的资格审查资料不能满足资格预审文件的要求或未能通过资格评审，接受其投标会影响招标公正性的：

（1）投标人名称变化；

（2）投标人发生合并、分立、破产等重大变化；

（3）投标人财务状况、经营状况发生重大变化；

（4）更换项目负责人；

（5）联合体成员的增减、更换或各成员分工比例变化或各成员方自身资格条件的变化。

B1.9 在施工组织设计、项目管理机构和企业信用评审中，评标委员会认定投标人的投标未能通过此项评审的。

B1.10 评标委员会认定投标报价低于其个别成本为可能影响履约的异常低价的。

B1.11 投标报价中包含的材料和工程设备暂估单价或暂列金额与招标文件中给定的不一致的。

B1.12 未按照招标文件要求制定相应的安全文明施工措施的。

B1.13 未按照招标文件要求对安全文明施工费单独列项计价，或其报价低于招标文件有关规定和要求的。

B1.14 单位负责人为同一人或者存在控股、管理关系的不同单位，参加同一标段的投标或者未划分标段的同一招标项目的投标的。

B1.15 投标人提交两份或多份内容不同的投标文件，或在一份投标文件中对本工程施工项目（标段）招标工程报有两个或多个报价，但未声明哪一个有效的。

B1.16 未按照招标文件要求提供投标保证担保或者所提供的投标保证担保有以下任何一种瑕疵的：

（1）未按第二章"投标人须知"规定的投标保证金的金额、担保形式递交投标保证金；

（2）投标保证金的有效期不符合招标文件规定；

（3）以保函的形式出具时，被保证人与该投标人名称不一致；

（4）投标保证金以保函形式出具时，担保机构不是合法的担保机构；

（5）以支票或汇票形式提交的投标保证金不是从投标人基本账户转出；

（6）投标保证金以保函形式出具时，保函的实质性条款不符合招标文件规定；

B1.17 投标函及其附录没有盖投标人单位章的，或没有法定代表人或其委托代理人签字。

B1.18 招标文件中设立最高投标限价时投标报价超出最高投标限价（不含等于）的。

B1.19 评标过程中，评标委员会认为投标报价组成明显不合理的，启动质疑程序后投标人不能按评标委员会要求进行合理说明或补正或不能提供相关证明材料的。

B1.20 投标文件载明的工期超过招标文件要求工期的。

B1.21 投标文件载明的养护期短于招标文件规定的期限的。

B1.22　投标文件中载明的质量标准达不到招标文件规定的质量标准的。

B1.23　实质性不响应招标文件中规定的技术标准和要求的。

B1.24　失信被执行人和／或重大税收违法案件当事人信息采集记录中记录投标人为失信被执行人和／或重大税收违法案件当事人的。

B1.25　投标人或其项目负责人存在园林绿化行业重大不良从业信用记录的。

B1.26　投标文件附有招标人不能接受的条件的。

B1.27　在投标过程中存在弄虚作假、行贿受贿或者其他违法违规行为的。

备注：如果工程所在地管理规定要求评标委员会对判定为被否决的投标文件说明被否决投标的情况的，应增加"被否决投标情况说明表"格式，被否决投标情况说明应当对照招标文件规定的否决投标条件以及投标文件存在的具体问题。

附件 C　评标价计算方法

评标价计算方法

C0. 总则

本附件是本章"评标办法"的组成部分，评标委员会按照本章第 3.2.1 项的规定对投标人投标报价进行折算以计算评标价时，适用本附件所规定的方法。

C1.……

备注：本附件的其他具体内容由招标人根据国家有关法律法规和工程所在地适用的有关规定，结合招标项目的实际情况和拟采用的折算方法自行编写。

附件 D　投标人成本评审办法

投标人成本评审办法

备注：同"综合评估法"附件 C。

附件 E　备选投标方案的评审和比较办法

备选投标方案的评审和比较办法

备注：同"综合评估法"附件 D。

附表 A-1 评标委员会签到表

评标委员会签到表

工程名称：＿＿＿＿＿＿＿＿＿＿＿＿（项目名称）

评标时间：＿＿＿＿＿年＿＿月＿＿日

序号	姓名	职称	工作单位	专家证（或身份证）号码	联系方式	签到时间

附表 A-2 形式评审记录表

形式评审记录表

工程名称：＿＿＿＿＿＿＿＿＿＿＿＿（项目名称）

序号	评审因素	投标人名称及评审意见							
1	投标人名称								
2	投标函签字盖章								
3	投标文件格式								
4	联合体投标人（如果有）								
5	报价唯一								
	……								
	是否通过评审								

评标委员会全体成员签名：

日期：＿＿＿年＿＿月＿＿日

附表 A-3 资格评审记录表（适用于未进行资格预审的）

资格评审记录表（适用于未进行资格预审的）

工程名称：＿＿＿＿＿＿＿＿＿＿＿＿（项目名称）

序号	评审因素	投标人名称及评审意见							
1	投标人的主体资格								
2	财务状况								
3	项目负责人资格								
4	类似工程业绩（如果要求）								
5	企业信誉情况								
6	近年没有发生过一般及以上工程安全事故和重大工程质量问题								
7	近年在经营活动中没有重大违法记录								
8	联合体投标人（如果是）								
	……								
	是否通过评审								

评标委员会全体成员签名：
日期：　　年　月　日

附表 A-4 响应性评审记录表

响应性评审记录表

工程名称：＿＿＿＿＿＿＿＿＿＿＿＿（项目名称）

序号	评审因素	投标人名称及评审意见							
1	投标内容								
2	工期和养护期								
3	工程质量								
4	投标价格								
5	投标有效期								
6	投标保证金								
7	权利义务								
8	己标价工程量清单								
9	技术标准和要求								
10	分包计划								
	……								
	是否通过评审								

评标委员会全体成员签名：
日期：　　年　月　日

附表 A-5 施工组织设计、项目管理机构和企业信用评审记录表

施工组织设计、项目管理机构和企业信用评审记录表

工程名称：_____（项目名称）

序号	评审因素	投标人名称及评审意见							
1	施工方案与技术措施								
2	材料设备和苗木供应计划及保障措施								
3	质量管理体系与保障措施								
4	安全管理体系与保障措施								
5	环境保护管理体系与保障措施								
6	文明施工保障措施								
7	现场组织管理机构设置和劳动力配置计划及保障措施								
8	施工设备和仪器等施工资源配备及保障措施								
9	工程进度计划及保证措施								
10	施工现场总平面布置								
11	养护管理和工程保修服务方案及保障措施								
12	紧急情况的处理预案和措施，抵抗风险的措施保障								
13	与发包人、设计人、监理人的配合、协调								
14	企业信用								
	……								
	评审结果汇总								
	是否通过评审								

评标委员会全体成员签名：

日期： 年 月 日

附表 A-6　评标价折算评审记录表

评标价折算评审记录表

工程名称：＿＿＿＿＿＿＿＿＿＿＿＿（项目名称）

序号	量化因素	投标人名称及折算价格				
1	投标报价错漏项					
2	不平衡报价					
	......					
	投标报价					
	经评审的投标价格 （投标报价＋Σ量化因素折算价格）					

评标委员会全体成员签名：

日期：　　年　月　日

附表 A-7　评标结果汇总表

评标结果汇总表

工程名称：＿＿＿＿＿＿＿＿＿＿＿＿（项目名称）

序号	投标人名称	初步评审		详细评审				备注
		合格	不合格	投标报价	是否为可能影响履约的异常低价	经评审的投标价格	排序（经评审的投标价格由低至高）	
最终推荐的中标候选人及其排序	第一名：							
	第二名：							
	第三名：							

评标委员会全体成员签名：

日期：　　年　月　日

附表 A-8 被否决投标情况说明表

被否决投标情况说明表

单位名称	被否决投标情况说明

评标委员会全体成员签名:

日期: 年 月 日

附表 A-9 问题澄清通知

问题澄清通知

编号: _____

_____(投标人名称):

_____(项目名称)园林绿化工程施工招标的评标委员会,对你方的投标文件进行了仔细的审查,现需你方对本通知所附质疑问卷中的问题以书面形式予以澄清、说明或者补正。

请将上述问题的澄清、说明或者补正于_____年___月___日___时前密封并递交至_____(详细地址)或传真至_____(传真号码)。采用传真方式的,应在_____年___月___日___时前将原件递交至_____(详细地址)。

附件: 质疑问卷

_____(项目名称)_____园林绿化工程施工招标评标委员会

日期: _____年___月___日

附表 A-10　问题的澄清、说明或补正

问题的澄清、说明或补正

编号：＿＿＿＿＿＿＿＿＿＿

＿＿＿＿＿＿＿＿＿＿（项目名称）园林绿化工程施工招标评标委员会：

问题澄清通知（编号：＿＿＿＿＿＿＿）已收悉，现澄清、说明或者补正如下：

1.

2.

......

投标人：＿＿＿＿＿＿＿＿＿＿＿（盖单位章）

法定代表人或其委托代理人：＿＿＿＿（签字）

日期：＿＿＿＿年＿＿月＿＿日

第四章　合同条款及格式

本章合同条款及格式应直接引用《园林绿化工程施工合同示范文本（试行）》。

第五章　招标工程量清单

1. 工程量清单说明

1.1　本工程量清单是依据中华人民共和国现行的国家标准《建设工程工程量清单计价规范》GB 50500（以下简称"计价规范"）《园林绿化工程工程量计算规范》GB 50858以及招标文件中包括的图纸等编制。计价规范中规定的工程量计算规则中没有的子目，应在本章第1.4款约定；计价规范中规定的工程量计算规则中没有且本章第1.4款也未约定的，双方协商确定；协商不成的，可向省级或行业工程造价管理机构申请裁定或按照有合同约束力的图纸所标示尺寸的理论净量计算。计量采用中华人民共和国法定的基本计量单位。

1.2　本工程量清单应与招标文件中的投标人须知、通用合同条款、专用合同条款、技术标准和要求及图纸等章节内容一起阅读和理解。

1.3　本工程量清单仅是投标报价的共同基础，竣工结算的工程量按合同约定确定。合同价格的确定以及价款支付应遵循合同条款（包括通用合同条款和专用合同条款）、技术标准和要求以及本章的有关约定。

1.4　补充子目的子目特征、计量单位、工程量计算规则及工作内容说明如下：

子目特征

种植项目清单加入养护特征的描述，关于养护期结束工程移交时对苗木的存在率、成活率的要求。

_____

_____。

1.5　本条第1.1款中约定的计量和计价规则适用于合同履约过程中工程量计量与价款支付、工程变更、索赔和工程结算。

1.6　本条与下述第2条和第3条的说明内容是构成合同文件的已标价工程量清单的组成部分。

2. 投标报价说明

2.1　投标报价应根据招标文件中的有关计价要求，并按照下列依据自主报价。

（1）本招标文件；

（2）《建设工程工程量清单计价规范》GB 50500；

（3）《园林绿化工程工程量计算规范》GB 50858；

（4）国家或省级、行业建设主管部门颁发的计价办法；

（5）企业定额、国家或省级、行业建设主管部门颁发的计价定额；

（6）招标文件（包括工程量清单）的澄清、补充和修改文件；

（7）建设工程设计文件及相关资料；

（8）施工现场情况、工程特点及拟定的投标施工组织设计或施工方案；

（9）与建设项目相关的标准、规定等技术资料；

（10）市场价格信息或工程造价管理机构发布的工程造价信息；

（11）其他的相关资料。

_____

_____。

2.2　工程量清单中的每一清单子目须填入单价或价格，且只允许有一个报价。

2.3　工程量清单中标价的单价或金额，应包括所需人工费、材料费、施工机械使用费和管理费及利润，以及一定范围内的风险费用。所谓"一定范围内的风险"是指合同约定的风险。

2.4　已标价工程量清单中投标人没有填入单价或价格的子目，其费用视为已分摊在工程量清单中其他已标价的相关子目的单价或价格之中。

2.5　"投标报价汇总表"中的投标总价由分部分项工程费、措施项目费、其他项目费、规费和税金组成，并且"投标报价汇总表"中的投标总价应当与构成已标价工程量清单的分部分项工程费、措施项目费、其他项目费、规费、税金的合计金额一致。

2.6　分部分项工程项目按下列要求报价：

2.6.1　分部分项工程量清单计价应依据清单特征描述及计价规范中关于综合单价的组成内容确定报价。

2.6.2　如果分部分项工程量清单中涉及"苗木及材料和工程设备暂估单价表"中列出的苗木、材料和工程设备，则按照本节第3.3.2项的报价原则，将该类苗木、材料和工程设备的暂估单价本身以及除对应的规费及税金以外的费用计入分部分项工程量清单相应子目的综合单价。

2.6.3　如果分部分项工程量清单中涉及"发包人提供的材料和工程设备一览表"中列出的材料和工程设备，则该类材料和工程设备供应至现场指定位置的采购供应价本身不计入投标报价，但应将该类材料和工程设备的安装、安装所需要的辅助材料、安装损耗以及其他必要的辅助工作及其对应的管理费及利润计入分部分项工程量清单相应子目的综合单价，并其他项目清单报价中计取与合同约定服务内容相对应的总承包服务费。

2.6.4　"分部分项工程量清单与计价表"所列各子目的综合单价组成中，各子目的人工、材料和机械台班消耗量由投标人按照其自身情况做充分的、竞争性考虑。材料消耗量包括损耗量。

2.6.5　投标人在投标文件中提交并构成合同文件的"主要材料和工程设备选用表"中所列的苗木、材料和工程设备的价格是指此类苗木、材料和工程设备到达施工现场指定堆放地点的落地价格，即包括采购、包装、运输、装卸、堆放等到达施工现场指定落地或堆放地点之前的全部费用，但不包括落地之后发生的假植、仓储、保管、库损以及从堆放地点运至安装地点的二次搬运费用。"主要苗木、材料和工程设备选用表"中所列苗木、材料和工程设备的价格应与构成综合单价相应材料或工程设备的价格一致。落地之后发生的仓储、保管、库损以及从堆放地点运至安装地点的二次搬运等其他费用均应在投标报价中考虑。

2.7　措施项目按下列要求报价：

2.7.1　措施项目清单计价应根据投标人的施工组织设计进行报价。可以计量工程量的措施项目，应按分部分项工程量清单的方式采用综合单价计价；其余的措施项目可以"项"为单位的方式计价。投标人所填报价格应包括除规费、税金外的全部费用。

2.7.2 措施项目清单中的安全文明施工费应按国家、省级或行业建设主管部门的规定计价，不得作为竞争性费用。

2.7.3 招标人提供的措施项目清单中所列项目仅指一般的通用项目，投标人在报价时应充分、全面地阅读和理解招标文件的相关内容和约定，包括第七章"技术标准和要求"的相关约定，详实了解工程场地及其周围环境，充分考虑招标工程特点及拟定的施工方案和施工组织设计，对招标人给出的措施项目清单的内容进行细化或增减。

2.7.4 "措施项目清单与计价表"中所填写的报价金额，应全面涵盖招标文件约定的投标人中标后施工、竣工、交付本工程并维修其任何缺陷所需要履行的责任和义务的全部费用。

2.7.5 对于"措施项目清单与计价表"中所填写的报价金额，应按照"措施项目清单报价分析表"对措施项目报价的组成进行详细的列项和分析。

2.8 其他项目清单费应按下列规定报价：

2.8.1 暂列金额按"暂列金额明细表"中列出的金额报价，此处的暂列金额是招标人在招标文件中统一给定的，并不包括本章第2.8.3项的计日工金额。

2.8.2 暂估价分为材料和工程设备暂估单价和专业工程暂估价两类。其中的材料和工程设备暂估单价按本节第3.3.2项的报价原则进入分部分项工程量清单之综合单价，不在其他项目清单中汇总；专业工程暂估价直接按"专业工程暂估价表"中列出的金额和本节第3.3.3项的报价原则计入其他项目清单报价。

2.8.3 计日工按"计日工表"中列出的子目和估算数量，自主确定综合单价并计算计日工金额。计日工综合单价均不包括规费和税金，其中：

（1）劳务单价应当包括工人工资、交通费用、各种补贴、劳动安全保护、社保费用、手提手动和电动工器具、施工场地内已经搭设的脚手架、水电和低值易耗品费用、现场管理费用、企业管理费和利润；

（2）材料价格包括材料运到现场的价格以及现场搬运、仓储、二次搬运、损耗、保险、企业管理费和利润；

（3）施工机械限于在施工场地（现场）的机械设备，其价格包括租赁或折旧、维修、维护和燃油等消耗品以及操作人员费用，包括承包人企业管理费和利润，但不包括规费和税金。辅助人员按劳务价格另计。

2.8.4 总承包服务费根据招标文件中列出的内容和要求，按"总承包服务费计价表"所列格式自主报价。

2.9 规费和税金应按"规费、税金项目清单与计价表"所列项目并根据国家、省级或行业建设主管部门的有关规定列项和计算，不得作为竞争性费用。

2.10 除招标文件有强制性规定以及不可竞争部分以外，投标报价由投标人自主确定，但不得低于其成本以可能影响履约的异常低价竞标。

2.11 工程量清单计价所涉及的生产资源（包括各类人工、材料、工程设备、施工设备、临时设施、临时用水、临时用电等）的投标价格，应根据自身的信息渠道和采购渠道，分析其市场价格水平并判断其整个施工周期内的变化趋势，体现投标人自身的管理水平、技术水平和综合实力。

2.12 管理费应由投标人在保证不低于其成本的基础上做竞争性考虑；利润由投标人根据自身情况和综合实力做竞争性考虑。

2.13 投标报价中应考虑招标文件中要求投标人承担的风险范围以及相关的费用。

2.14 投标总价为投标人在投标文件中提出的各项支付金额的总和，为实施、完成招标工程并修补缺陷以及履行招标文件中约定的风险范围内的所有责任和义务所发生的全部费用。

2.15 有关投标报价的其他说明：

_____

3. 其他说明

3.1 词语和定义

3.1.1 工程量清单

是表现本工程分部分项工程项目、措施项目、其他项目、规费项目和税金的名称和相应数量等的明细清单。

3.1.2 总价子目

工程量清单中以总价计价，以"项"为计量单位，工程量为整数 1 的子目，除专用合同条款另有约定外，总价固定包干。采用总价合同形式时，合同订立后，已标价工程量清单中的工程量均没有合同约束力，所有子目均是总价子目，视同按项计量。

3.1.3 单价子目

工程量清单中以单价计价，根据有合同约束力的图纸和工程量计算规则进行计量，以实际完成数量乘以相应单价进行结算的子目。

3.1.4 子目编码

分部分项工程项目清单中所列的子目名称的数字标识和代码，子目编码与项目编码同义。

3.1.5 子目特征

构成分部分项工程项目清单子目、措施项目的实质内容、决定其自身价值的本质特征，子目特征与项目特征同义。

3.1.6 规费

承包人根据省级政府或省级有关权力部门规定必须缴纳的，应计入建筑安装工程造价的费用。

3.1.7 税金

国家税法规定的应计入建筑安装工程造价内的税金。

3.1.8 总承包服务费

总承包人为配合协调发包人发包的专业工程以及发包人采购的材料和工程设备等进行管理、服务以及施工现场管理、竣工资料汇总整理等所需的费用。

3.1.9 同义词语

本章中使用的词语"招标人"和"投标人"分别与合同条款中定义的"发包人"和"承包人"同义；就工程量清单而言，"子目"与"项目"同义。

3.2 工程量差异调整

3.2.1 工程量清单中的工作内容分类、子目列项、特征描述以及"分部分项工程量清单与计价表"中附带的工程量都不应理解为是对承包（招标）范围以及合同工作内容的唯一的、最终的或全部的定义。

3.2.2 投标人应对招标人提供的工程量清单进行认真细致的复核。这种复核包括对招标人提供的工程量清单中的子目编码、子目名称、子目特征描述、计量单位、工程量的准确性以及可能存在的任何书写、打印错误进行检查和复核，特别是对"分部分项工程量清单与计价表"中每个清单子目的工程量进行重新计算和校核。如果投标人经过检查和复核以后认为招标人提供的工程量清单存在差异，则投标人应将此类差异的详细情况连同按投标人须知规定提交的要求招标人澄清的其他问题一起提交给招标人，招标人将根据实际情况决定是否颁发工程量清单的补充和（或）修改文件。

3.2.3 如果招标人在检查投标人根据上文第3.2.2项提交的工程量差异问题后认为没有必要对工程量清单进行补充和（或）修改，或者招标人根据上文第3.2.2项对工程量清单进行了补充和（或）修改，但投标人认为工程量清单中的工程量依然存在差异，则此类差异不再提交招标人答疑和修正，而是直接按招标人提供的工程量清单（包括招标人可能的补充和（或）修改）进行投标报价。投标人在按照工程量清单进行报价时，除按照本节2.7.3项要求对招标人提供的措施项目清单的内容进行细化或增减外，不得改变（包括对工程量清单子目的子目名称、子目特征描述、计量单位以及工程量的任何修改、增加或减少）招标人提供的分部分项工程量清单和其他项目清单。即使按照图纸和招标范围的约定并不存在的子目，只要在招标人提供的分部分项工程量清单中已经列明，投标人都需要对其报价，并纳入投标总价的计算。

3.3 暂列金额和暂估价

3.3.1 "暂列金额明细表"中所列暂列金额（不包括计日工金额）中已经包含与其对应的管理费、利润和规费，但不含税金。投标人应按本招标文件规定将此类暂列金额直接纳入其他项目清单的投标价格并计取相应的税金，不需要考虑除税金以外的其他任何费用。

3.3.2 "材料和工程设备暂估价表"中所列的材料和工程设备暂估价是此类材料、工程设备本身运至施工现场内的工地地面价，不包括其本身所对应的管理费、利润、规费、税金以及这些材料和工程设备的安装、安装所需要的辅助材料、安装损耗、驻厂监造以及发生在现场内的验收、存储、保管、开箱、二次倒运、从存放地点运至安装地点以及其他任何必要的辅助工作（以下简称"暂估价材料和工程设备的安装及辅助工作"）所发生的费用及其对应的管理费、利润、规费和税金。除应按本招标文件规定将此类暂估价本身纳入分部分项工程量清单相应子目的综合单价以外，投标人还应将上述材料和工程设备的安装及辅助工作所发生的费用以及与此类费用有关的管理费和利润包含在分部分项工程量清单相应子目的综合单价中，并计取相应的规费和税金。

3.3.3 专业工程暂估价表中所列的专业工程暂估价已经包含与其对应的管理费、利润和规费，但不含税金。投标人应按本招标文件规定将此类暂估价直接纳入其他项目清单的投标价格并计取相应的税金。除按本招标文件规定将此类暂估价纳入其他项目清单的投标价格并计取相应的税金以外，投标人还需要根据招标文件规定的内容考虑相应的总承包服务费以及与总承包服务费有关的规费和税金。

3.4 其他补充说明：

（1）招标人应结合园林绿化工程季节性施工的特点，并根据要求工期和施工季节，在编制招标工程量清单和招标控制价时考虑非正常季节施工增加的措施费用。

（2）养护期应为工程竣工验收后由投标人负责养护的时间，招标人应在招标文件中明确养护期及养护标准。

（3）投标人在投标文件中提交并构成合同文件的"主要材料和工程设备选用表"中所列的苗木应注明苗木产地。

（4）招标人在招标控制价中和投标人在投标文件中应考虑招标人对苗木的存在率／成活率的要求。

4. 工程量清单与计价表

招标人应结合工程特点编制招标工程量清单，并确保暂列金额明细表、材料和工程设备暂估价表中所填写内容与招标工程量清单中所填写内容一致。

投标人应当使用工程量清单与计价表中提供的格式（除工程量清单封面外），填报已标价工程量清单。投标人认为工程量清单与计价表格式无法满足招标工程量清单要求时，可自行补充相应表格。

5. 工程量清单与计价表格式

略。

第六章 图 纸

本章中应包括图纸目录和图纸两部分，图纸部分可另册装订。

第七章　技术标准和要求

第一节　一　般　要　求

1. 工程说明

1.1　工程概况

1.1.1　本工程基本情况如下：

_____

_____。

1.1.2　本工程施工场地（现场）具体地理位置如下：

_____

_____。

1.2　现场条件和周围环境

1.2.1　本工程施工场地（现场）已经具备施工条件。施工场地（现场）临时水源接口位置、临时电源接口位置、临时排污口位置、建筑红线位置、道路交通和出入口以及施工场地（现场）和周围环境等情况见本章附件 A：施工场地（现场）现状平面图。

1.2.2　施工场地（现场）临时供水管径_____。

施工场地（现场）临时排污管径_____。

施工场地（现场）临时雨水管径_____。

施工现场临时供电容量（变压器输出功率）_____。

1.2.3　现状保留植物的品种、规格、数量如下：

_____

现场及周边地上、架空管线资料和信息数据如下：

_____

现场及周边地下构筑物、地下管线资料和信息数据如下：

_____

现场条件和周围环境的其他资料和信息数据如下：

_____

1.2.4　承包人被认为已在本工程投标阶段踏勘现场时充分了解本工程现场条件和周围环境，并已在其投标时就此给予了充分的考虑。

1.3　地质及水文资料

现场地质及水文资料和信息数据如下：

_____

1.4　资料和信息的使用

合同文件中载明的涉及本工程现场条件、周围环境、地质及水文等情况的资料和信息数据，是发包人现有的和客观的，发包人保证有关资料和信息数据的真实、准确。但承包人据此作出的推论、判断和决策，由承包人自行负责。

2. 承包范围

2.1 园林绿化施工企业可承包范围

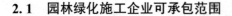

2.2 承包人自行施工范围
2.2.1 本工程承包人自行施工的工程范围如下：

_____

2.2.2 本工程允许承包人分包的工程如下：

_____

2.3 承包范围内的暂估价项目
2.3.1 承包范围内以暂估价形式实施的专业工程见第五章"招标工程量清单"中的"专业工程暂估价表"。

2.3.2 承包范围内以暂估价形式实施的材料和工程设备见第五章"招标工程量清单"中的"材料和工程设备暂估表"。

2.3.3 上述暂估价项目与本节中承包人自行施工范围的工作界面划分如下：

_____

2.4 承包范围内的暂列金额项目
2.4.1 以暂列金额方式实施的项目见第五章"招标工程量清单"表中的"暂列金额明细表"。

2.4.2 暂列金额明细表中所列暂列金额可能不发生，也可能部分发生。即便发生，监理人按照合同约定发出的使用暂列金额的指示也不限于只能用于表中所列子目。

2.4.3 暂列金额是否实际发生、其再分和合并等均不应成为承包人要求任何追加费用和（或）延长工期的理由。

2.4.4 关于暂列金额的其他说明：

_____

2.5 计日工项目
2.5.1 以计日工方式实施的项目见第五章"招标工程量清单"中的"计日工表"。

2.5.2 计日工适用的零星工作一般指合同约定之外的或者因变更而产生的、工程量清单中没有设立相应子目的额外工作，尤其是那些时间不允许事先商定价格的额外工作。

2.5.3 计日工劳务按工日（8 小时）计量，单次 4 小时以内按 0.5 个工日，单次 4 小时至 8 小时按 1 个工日，加班时间按照国家劳动法律法规的规定办理。实施计日工的劳务人员仅应包括直接从事计日工工作的工人和班组长（如果有），不应包括工长及其以上管理人员。

2.5.4　施工机械按台班计量（8 小时），单次 4 小时以内按 0.5 个台班，单次 4 小时至 8 小时按 1 个台班，操作人员加班时间按照国家劳动法律法规的规定办理。计日工如果需要使用场外施工机械，台班费用和进出场费用按市场平均价格，由承包人事后报监理人审批。

2.5.5　关于计日工的其他约定：

_____

_____

2.6　发包人发包专业工程和发包人供应的材料和工程设备

2.6.1　由发包人发包的专业工程属于与本工程有关的其他工程，不属于承包人的承包范围。发包人发包的专业工程如下：

_____

2.6.2　由发包人供应的材料和工程设备不属于承包人的承包范围。发包人供应的材料和工程设备见合同附件二"发包人供应的材料和工程设备一览表"。

2.7　承包人与发包人发包专业工程承包人的工作界面

承包人与发包人发包专业工程承包人以及与发包人供应的材料和设备的供应商之间的工作界面划分如下：

_____

2.8　承包人需要为发包人和监理人提供的现场办公条件和设施

承包人需要为发包人和监理人提供的现场办公条件和设施及其详细要求如下：

_____

_____

3. 要求工期

3.1　合同工期

本工程合同工期和计划开、竣工日期为承包人在投标函附录中承诺的工期和计划开、竣工日期，并在合同协议书中载明。

3.2　关于工期的一般规定

3.2.1　承包人在投标函中承诺的工期和计划开、竣工日期之间发生矛盾或者不一致时，以承包人承诺的工期为准。实际开工日期以合同条款第 10 条约定的开工日期或监理人发出的开工通知中载明的开工日期为准。合同没有约定的，以进场后发包人正式通知监理人的为准。

3.2.2　如果承包人在投标函附录中承诺的工期提前于发包人在本工程招标文件中所要求的工期，承包人在施工组织设计中应当制定相应的工期保证措施，由此而增加的费用应当被认为已经包括在投标总价中。除合同另有约定外，合同履约过程中发包人不会因此再向承包人支付任何性质的技术措施费用、赶工费用或其他任何性质的提前完工奖励等费用。

3.2.3　承包人在投标函附录中所承诺的工期应当包括实施并完成本节上述 2.3 项规定的暂估价项目和上述 2.4 项规定的实际可能发生的暂列金额在内的所有工作的工期。

4. 质量要求

4.1 质量标准

本工程要求的质量标准为符合现行国家有关工程施工验收规范和标准的要求（合格）。

养护等级：_____

养护标准：_____

4.2 特殊质量要求

4.2.1 园林绿化工程所需苗木的质量要求

_____

_____ 。

4.2.2 有关本工程质量方面的特殊要求如下：

_____

_____ 。

4.2.3 有关本工程养护质量方面的特殊要求如下：

_____

_____ 。

5. 适用规范和标准

5.1 适用的规范、标准和规程

5.1.1 除合同另有约定外，本工程适用现行国家、行业和地方规范、标准和规程。适用于本工程的国家、行业和地方的规范、标准和规程等的名录见本章第三节。

5.1.2 构成合同文件的任何内容与适用的规范、标准和规程之间出现矛盾，承包人应书面要求监理人予以澄清，除监理人有特别指示外，承包人应按照其中要求最严格的标准执行。

5.1.3 除合同另有约定外，材料、施工工艺和施工技术都应依照本技术标准和要求以及适用的现行规范、标准和规程的最新版本执行。

5.2 特殊技术标准和要求

5.2.1 适用本工程的特殊技术标准和要求见本章第二节。

5.2.2 有合同约束力的图纸和其他设计文件中的有关文字说明是本节的组成内容。

6. 安全文明施工

6.1 安全防护一般要求

6.1.1 在工程施工、竣工、交付及修补任何缺陷的过程中，承包人应当始终遵守国家和地方有关安全生产的法律、法规、规范、标准和规程等，按照合同条款的约定履行其安全施工职责。

6.1.2 承包人应坚持"安全第一，预防为主"的方针，建立、健全安全生产责任制度和安全生产教育培训制度。在整个工程施工期间，承包人应在施工场地（现场）设立、提供和维护安全标识牌，并在有关工作完成或竣工后撤除，具体要求如下：

（1）设立在现场入口显著位置的现场施工总平面图、总平面管理、安全生产、文明施工、环境保护、质量控制、材料管理等的规章制度和主要参建单位名称和工程概况等说明的图板；

（2）为确保工程安全施工须设立的足够的标志、宣传画、标语、指示牌、警告牌、火警、匪警和急救电话提示牌等；

（3）安全带、安全绳、安全帽、安全网、绝缘鞋、绝缘杆、绝缘手套、防护口罩和防护衣等安全生产用品；

（4）所有机械设备包括各类电动工具的安全保护和接地装置和操作说明；

（5）配备适量的临时急救药品和担架；

（6）足够数量的和合格的手提灭火器；

（7）装备良好的易燃易爆物品仓库和相应的使用管理制度；

（8）其他：_____。

6.1.3　安全文明施工费用必须专款专用，承包人应对其由于安全文明施工费用和施工安全措施不到位而发生的安全事故承担全部责任。

6.1.4　承包人应建立专门的施工场地（现场）安全生产管理机构，配备足够数量的和符合有关规定的专职安全生产管理人员，一个项目不少于一名园林施工专职安全员，负责日常安全生产巡查和专项检查，召集和主持现场全体人员参加的安全生产例会（每周至少一次），负责安全技术交底和技术方案的安全把关，负责制定或审核安全隐患的整改措施并监督落实，负责安全资料的整理和管理，及时消除安全隐患，做好安全检查记录，确保所有的安全设施都处于良好的运转状态。承包人项目负责人和专职安全生产管理人员均应当具备有效的安全生产考核合格证书。

6.1.5　承包人应遵照有关法规要求，编印安全防护手册发给进场施工人员，做好进场施工人员上岗前的安全教育和培训工作，并建立考核制度，只有考核合格的人员才能进场施工作业。特种作业人员还应经过专门的安全作业培训，并取得特种作业操作资格证书后方可上岗。在任何分部分项工程开始施工前，承包人应当就有关安全施工的技术要求向施工作业班组和作业人员等进行安全交底，并由双方签字确认。

6.1.6　承包人应为其进场施工人员配备必需的安全防护设施和设备，承包人还应为施工场地（现场）邻近地区的所有者和占有者、公众和其他人员，提供一切必要的临时道路、人行道、防护棚、围栏及警告等，以确保财产和人身安全以及最大程度地降低施工可能造成的不便。

6.1.7　承包人应在施工场地（现场）入口处、施工起重机械、临时用电设施、脚手架、出入通道口、危险品存放处等危险部位设置一切必需的安全警示标志，包括但不限于标准道路标志、报警标志、危险标志、控制标志、安全标志、指示标志、警告标志等，并配备必要的照明、防护和看守。承包人应当按监理人的指示，经常补充或更换失效的警示和标志。

6.1.8　承包人应对所有用于提升的吊装带、挂钩、挂环、钢丝绳、铁扁担等进行定期检测、检查和标定；如果监理人认为，任何此类设施已经损坏或有使用不当之处，承包人应立即以合格的产品进行更换。

6.1.9　所有机械和工器具应定期保养、校核和维护，以保证它们处于良好和安全的工作状态。保养、校核和维护工作应尽可能安排在非工作时间进行，并为上述机械和工器具准备足够的备用配件，以确保工程的施工能不间断地进行。

6.1.10　承包人应成立应急救援小组，配备必要的应急救援器材和设备，制定灾害和生产安全事故的应急救援预案，并将应急救援预案报送监理人。应急救援预案应能随时组织应救专职人员并定期组织演练。

6.1.11　承包人应按照合同条款的约定处理本工程施工过程中发生的事故。发生施工安全事故后，承包人必须立即报告监理人和发包人，并在事故发生后1小时内向发包人提交事故情况书面报告，并根据《生产安全事故报告和调查处理条例》的规定，及时向工程所在地县级以上地方人民政府安全生产监督管理部门和建设行政主管部门报告。情况紧急时，事故现场有关人员可以直接向工程所在地县级以上地方人民政府安全生产监督管理部门和建设行政主管部门报告。

6.1.12　承包人还应根据有关法律、法规、规定和条例等的要求，制定一套安全生产应急措施和程序，保证一旦出现任何安全事故，能立即保护好现场，抢救伤员和财产，保证施工生产的正常进行，防止损失扩大。

6.1.13　安全防护方面的其他要求如下：

_____

_____

6.2　园林绿化工程安全管理要求

6.2.1　园林绿化用苗（主要指乔木）规格较大的苗木土球挖掘前应该先支撑牢固。

6.2.2　园林绿化用苗（主要指乔木）装、卸、栽植使用吊车（起重机）应该遵守吊车（起重机）操作安全规程的要求。

6.2.3　园林绿化用苗在运输前、过程中、到达现场后都应该采取必要的保鲜处理，土球苗木装运数量不宜过多，码放不宜多层。每层的土球苗木应该码放稳定牢固。在运输押运过程中，押运人员应该穿绝缘服装和绝缘鞋，遇到有线路障碍，应该使用绝缘杆。车辆运输的装载高度、宽度应该符合交通法的规定。

6.2.4　园林苗木栽植应该保证一定的劳动组合，使栽植工作顺利按程序进行。作业人员应该佩戴安全帽，现场配备绝缘杆，应该有专职人员指挥吊车和高空修剪车各种操作。园林苗木（主要指乔木）土球苗木扶正后应该做好支持，裸根苗木栽植后浇水前应该做好支撑。

6.2.5　园林绿化用苗（主要指乔木）使用木箱板方式掘苗栽植的应该执行下列安全规定：

（1）木箱板移植工程应该事先编制专项施工方案和操作规程，制定相关安全措施。

（2）作业前必须对现场环境（如）地下管线的种类、深度、架空线的种类及净空高度、运输宽度、路面质量、立体交叉的净空高度、其他障碍物、桥涵宽度、承载能力及有效的转弯半径等进行调查了解后，制定出安全措施，方可施工。

（3）工作实施前对实施人员进行操作规程培训和考试合格上岗，做好安全交底和签字确认工作。

（4）根据现场应设置警示牌，环境特殊时应设置隔离区。

（5）应配备的安全防护物资物品，安全帽、革制手套、绝缘物品，并明确使用方法。

（6）机械状况及操作人员资格（岗位）检查。

（7）专职安全员现场监督

（8）箱板苗挖掘、吊装、运输、栽植过程的安全必修符合木箱板苗移植专项方案和操作规程中相关安全防护措施的要求。

6.2.6 园林绿化工程施工和养护对树木修剪（含移伐死树）安全作业应该按下列要求执行。

（1）工作实施前对实施人员进行修剪操作规程培训和考试合格上岗，做好安全交底和签字确认工作。

（2）根据现场应设置警示牌，环境特殊时应设置隔离区。

（3）使用修剪车修剪，应检查车辆部件，支放平稳，操作过程中，应有专人负责，有问题及时处理。

（4）在高压线附近作业，应注意安全，避免触电，需要时请供电部门配合。

（5）应选任有实践经验的、专职安全人员担任安全质量检查员，负责安全、技术指导、质量检查及宣传工作。

（6）应有专人维护现场，树上树下互相配合，防止砸伤行人和过往车辆。

（7）注意天气变化，施工应选择无风晴朗天气，五级以上（含五级）大风不可上树作业。

（8）操作时应思想集中，不得打闹谈笑，上树前不得饮酒。

（9）应按规定穿好工作服，戴好安全帽，系好安全绳和安全带等。

（10）大树修剪使用梯子时应牢靠、立稳，单位梯应将上部横挡与树身捆牢，人字梯中腰拴绳，角度开张适中。

（11）树上作业应系好安全绳，手锯绳套拴在手腕上。

（12）截除大枝应由有经验的人员指挥操作。修剪下来的枝条，及时拿掉，集体运走，保证环境整洁。

（13）有高血压和心脏病者，不得上树作业。

（14）树上作业不得两株或多株树体间攀爬。

（15）多人同时在一株树上修剪，应有专人指挥，相互协作。

6.2.7 园林建筑、小品工程施工，安全规定应该执行建筑工程相关管理的规定，给水和排水、照明（含亮丽工程）施工应该执行相关专业工程的管理规定。

6.2.8 园林掇石、假山工程安全应按下列要求执行。

（1）选石的安全，在山林中或山石存放场选石，应该注意山体是否有滑坡，石块是否码放稳定。

（2）石料运输的安全，石料运输不许超重，应该采取中慢速行驶。

（3）假山基础安全，假山基础必须符合设计承载力的要求。

（4）叠山时的安全，作业人员必须进行叠山安全施工教育，了解作业规程，掌握吊车、钢丝绳、拴石头的方法，打刹的方法。保持石头重心稳定，码放牢固。作业人员应该佩戴安全帽、粗皮手套、和防滑鞋等防护用品。

（5）叠山艺术加工时的安全，在对山石进行艺术加工时（石缝处理），应搭设的牢固的脚手架，上面横铺木跳板，木板厚度5cm以上。假山艺术加工时，作业人员不得在空间上上下重叠。

6.3 屋顶花园专项施工安全管理要求

6.3.1 屋顶花园建设的建筑物应在满足屋顶荷载的前提下进行屋顶绿化设计。

6.3.2 屋顶绿化的防水、防根穿刺、排水、防风、防雷、防护、防火等应符合国家、行业及地方的规范要求。

6.3.3 施工安全应符合下列规定：

（1）屋顶绿化施工现场应该优先进行临时（或永久性）围栏防护。

（2）高空垂直运输中，应采取确保人员安全和防止施工材料坠落的措施。

（3）屋顶绿化施工材料不得在屋顶集中码放；

（4）施工中应注意成品保护；

（5）屋顶周边和预留孔洞部位应设置安全防护；

（6）雷、雨、雪和风力4级及以上天气时，屋顶施工应停止；

（7）施工现场应设置必要的消防设施。

（8）屋顶绿化使用的基质和施工产生的垃圾应使用容器运输。

6.4 农药使用专项管理应该按照下列要求

6.4.1 园林绿化养护使用的农药应遵从低毒、环保的原则，不使用国家禁限名录的农药。

6.4.2 少量有毒农药需要在专有库房储存、专人看管，建立严格的出入库登记和旧瓶回收制度。

6.4.3 在对绿地喷施有毒农药前需要提前1天发布公示通知，喷施完成后应该在明显位置设立警示说明。

6.4.4 施药人员应穿长裤、长褂，戴手套、口罩，尽量不使皮肤外露。施药后及时洗澡、更换衣服；施药过程中严禁用手抹汗，擦嘴、脸、眼睛，进食；喷药间歇及施药后，必须远离施药现场，并用肥皂将手脸洗净后，方可饮水、进食或从事其他活动。

6.4.5 患有皮肤病或精神病的人、皮肤损伤后未痊愈的人、农药中毒后身体尚未完全恢复的人、刚饮过酒的人以及月经期、妊娠期、哺乳期的妇女等人群，不得实施农药喷施作业。

6.5 临时消防

6.5.1 承包人应建立消防安全责任制度，制定用火、用电和使用易燃易爆等危险品的消防安全管理制度和操作规程。各项制度和规程等应满足相关法律法规和政府消防管理机构的要求。

6.5.2 承包人应根据相关法律法规和消防管理部门的要求，为施工中的永久工程和所有临时工程提供必要的临时消防和紧急疏散设施，包括提供并维持畅通的消防通道、临时消火栓、灭火器、水龙带、灭火桶、灭火铲、灭火斧、消防水管、阀门、检查井、临时消防水箱、泵房和紧随工作面的临时疏散楼梯或疏散设施，消防设施的设立和消防设备的型号和功率应满足消防任务的需要，始终保持能够随时投入正常使用的状态，并设立明显标志。承包人的临时消防系统和配置应分别经过监理人的审批和验收。所有的临时消防设施属于承包人所有，至工程实际竣工时且永久性消防系统投入使用后从现场拆除。

6.5.3 承包人应当成立由项目主要负责人担任组长的临时消防组或消防队，宣传消防基本知识和基本操作培训，组织消防演练，保证一旦发生火灾，能够组织有效的自救，保护生命和财产安全。

6.5.4　施工场地（现场）内的易燃、易爆物品应单独和安全地存放，设专人进行存放和领用管理。施工场地（现场）储有或正在使用易燃、易爆或可燃材料，或有明火施工的工序时，应当实行严格的"用火证"管理制度。

6.5.5　临时消防方面的其他要求如下：

_____

_____

6.6　临时供电

6.6.1　承包人应当根据《施工现场临时用电安全技术规范》JGJ 46—2005 及其适用的修订版本的规定和施工要求编制施工临时用电方案。临时用电方案及其变更必须履行"编制、审核、批准"程序。施工临时用电方案应当由电气工程技术人员组织编制，经企业技术负责人批准后上报，经编制、审核、批准部门和使用单位共同验收合格后方可投入使用。

6.6.2　承包人应为施工场地（现场），包括为工程楼层或者各区域提供、设立和维护必要的临时电力供应系统，并保证电力供应系统始终处于满足供电管理部门要求和正常施工生产所要求的状态，并在工程实际竣工和相应永久系统投入使用后从现场拆除。

6.6.3　临时供电系统的电缆、电线、配电箱、控制柜、开关箱、漏电保护器等材料设备均应当具有生产（制造）许可证、产品合格证并经过检验合格的产品。临时用电采用三相五线制、三级配电和两极漏电保护供电，三相四线制配电的电缆线路必须采用五芯电缆，按规定设立零线和接地线。电缆和电线的铺设要符合安全用电标准要求，电缆线路应采用埋地或架空敷设，严禁地面上直接敷设，并应避免机械损伤和介质腐蚀。埋地电缆路径应设方位标志。各种配电设备均设有防止漏电和防雨防水设施。

6.6.4　承包人应在施工作业区、施工道路、临时设施、办公区和生活区设置足够的照明，地下工程照明系统的电压不得高于 36V，在潮湿和易触及带电体场所的照明供电电压不应大于 24V。不便于使用电器照明的工作面应采用特殊照明设施。

6.6.5　凡可能漏电伤人或易受雷击的电器及建筑物均应设置接地和避雷装置。承包人应负责避雷装置的采购、安装、管理和维修，并建立定期检查制度。

6.6.6　临时用电方面的其他要求如下：

_____

_____

6.7　劳动保护

6.7.1　承包人应遵守所有适用于本合同的劳动法规及其他有关法律、法规、规章和规定中关于工人工资标准、劳动时间和劳动条件的规定，合理安排现场作业人员的劳动和休息时间，保障劳动者必须的休息时间，支付合理的报酬和费用。承包人应按有关行政管理部门的规定为本合同下雇佣的职员和工人办理任何必要的证件、许可、保险和注册等，并保障发包人免于因承包人不能依照或完全依照上述所有法律、法规、规章和规定等可能给发包人带来的任何处罚、索赔、损失和损害等。

6.7.2　承包人应按照《中华人民共和国劳动保护法》的规定，保障现场施工人员的劳动安全。承包人应为本合同下雇佣的职员和工人提供适当和充分的劳动保护，包括但不限于安全防护、防寒、防雨、防尘、绝缘保护、常用药品、急救设备、传染病预防等。

6.7.3 承包人应为其履行本合同所雇佣的职员和工人提供和维护任何必要的膳宿条件和生活环境，包括但不限于宿舍、围栏、供水（饮用及其他目的用水）、供电、卫生设备、食堂及炊具、防火及灭火设备、供热、家具及其他正常膳宿条件和生活环境所需的必需品，并应考虑宗教和民族习惯。

6.7.4 承包人应为现场工人提供符合政府卫生规定的生活条件并获得必要的许可，保证工人的健康和防止任何传染病，包括工人的食堂、厕所、工具房、宿舍等；承包人应聘请专业的卫生防疫部门定期对现场、工人生活基地和工程进行防疫和卫生的专业检查和处理，包括消灭白蚁、鼠害、蚊蝇和其他害虫，以防对施工人员、现场和永久工程造成任何危害。

6.7.5 承包人应在现场配备足够的设施、药物，用于一旦发生安全事故时对受伤人员的急救。

6.7.6 劳动保护方面的其他要求如下：

_____

_____。

6.8 脚手架

6.8.1 承包人按照园林建筑（一层）及园林小品等具体工程的需要应该搭设并维护一切必要的临时脚手架、挑平台并配以脚手板、安全网、护身栏杆、门架、马道、坡道、爬梯等。脚手架和挑平台的搭设应满足有关安全生产的法律、法规、规范、标准和规程等的要求。新搭设的脚手架投入使用前，承包人必须组织安全检查和验收，并对使用脚手架的作业人员进行安全交底。

6.8.2 园林树木防寒防护、园林建筑和小品施工的脚手架工程、达到一定规模和危险性较大，承包人应当编制专项施工方案。还应当经过安全验算，脚手架安全验算结果必须报送监理人核查后方可实施。

6.8.3 承包人应当加强脚手架的日常安全巡查，及时对其中的安全隐患进行整改，确保脚手架使用安全。雨、雪、雾、霜和大风等天气后，承包人必须对脚手架进行安全巡查，并及时消除安全隐患。

6.8.4 承包人应允许发包人、监理人、专业分包人、独立承包人（如果有）和有关行政管理部门或者机构免费使用承包人在现场搭设的任何已有脚手架，并就其安全使用做必要交底说明。承包人在拆除任何脚手架前，应书面请示监理人他将要拆除的脚手架是否为发包人、监理人、专业分包人、独立承包人（如果有）和政府有关机构所需，只有在获得监理人书面批准后，承包人才能拆除相关脚手架，否则承包人应自费重新搭设。

6.8.5 脚手架的其他要求如下：

_____

_____。

6.9 施工安全措施计划

6.9.1 承包人应根据《中华人民共和国安全生产法》《职业健康安全管理体系规范》《中华人民共和国消防法》《中华人民共和国道路交通安全法》《中华人民共和国传染病防治法实施办法》和地方有关的法规等，按照合同条款的约定，编制一份施工安全措施计划，报送监理人审批。

6.9.2 施工安全措施计划是承包人阐明其安全管理方针、管理体系、安全制度和安全措施等的文件，其内容应当反映现行法律法规规定的和合同条款约定的以及本条上述约定的承包人安全职责，包括但不限于：

（1）施工安全管理机构的设置；

（2）园林专职安全管理人员的配备；

（3）安全责任制度和管理措施；

（4）安全教育和培训制度及管理措施；

（5）各项安全生产规章制度和操作规程；

（6）各项施工安全措施和防护措施；

（7）危险品管理和使用制度；

（8）安全设施、设备、器材和劳动保护用品的配置；

（9）其他：_____。

施工安全措施的项目和范围，应符合国家发布的《安全技术措施计划的项目总名称表》及其附录 H、I、J 的规定，即应采取以改善劳动条件，防止工伤事故，预防职业病和职业中毒为目的的一切施工安全措施，以及修建必要的安全设施、配备安全技术开发试验所需的器材、设备和技术资料，并对现场的施工管理及作业人员做好相应的安全宣传教育。

6.9.3 施工安全措施计划应当在专用合同条款约定的期限内报送监理人。承包人应当严格执行经监理人批准的施工安全措施计划，并及时补充、修订和完善施工安全措施计划，确保安全生产。

6.10 文明施工

6.10.1 承包人应遵守国家和工程所在地有关法规、规范、规程和标准的规定，履行文明施工义务，确保文明施工专项费用专款专用。

6.10.2 承包人应当规范现场施工秩序，实行标准化管理：

（1）承包人的施工场地（现场）必须干净整洁、做到无积水、无淤泥、无杂物，材料堆放整齐；不能及时栽种的苗木材料需要有假植区；屋顶绿化施工垃圾应装袋或采用相应容器，严禁凌空抛掷。严格遵守"工完、料尽、场地净"的原则，不留垃圾、不留剩余施工材料；

（2）不能及时栽种的苗木材料应采取相应的储存措施；

（3）施工现场土方应当集中堆放，裸露的场地和集中堆放的土方应当采取覆盖、固化或绿化等措施；

（4）施工场地（现场）应进行硬化处理，定期定时洒水，做好防治扬尘和大气污染工作；

（5）屋顶绿化施工垃圾的清运，必须采用相应容器，严禁凌空抛掷；不留垃圾，不留剩余施工材料和施工机具，各种设备运转正常；

（6）承包人修建的施工临时设施应符合监理人批准的施工规划要求，并应满足本节规定的各项安全要求；

（7）监理人可要求承包人在施工场地（现场）设置各级承包人的安全文明施工责任牌等文明施工警示牌；

（8）材料进入现场应按指定位置堆放整齐，不得影响现场施工和堵塞施工、消防通道。材料堆放场地应有专职的管理人员；

（9）施工和安装用的各种扣件、紧固件、绳索具、小型配件、螺钉等应在专设的仓库内装箱放置；

（10）现场风、水管及照明电线的布置应安全、合理、规范、有序，做到整齐美观。不得随意架设和造成隐患或影响施工；

（11）建筑拆除工程施工时应采取有效的降尘措施。

6.10.3　承包人应为其雇佣的施工工人建立并维护相应的生活宿舍、食堂、浴室、厕所和文化活动室等，其标准应满足政府有关机构关于生活标准和卫生标准等的要求。承包人应在工作区域设立必要的临时厕所，并安排专门人员定时清理。

6.10.4　承包人应在现场设立固定的垃圾临时存放点并在各区域设立必要的垃圾箱。所有垃圾必须在当天清除出现场，并按有关行政管理部门的规定，运送到指定的垃圾消纳场。

6.10.5　承包人应对离场垃圾和所有车辆进行防遗洒和防污染公共道路的处理。承包人在运输任何材料的过程中，应采取一切必要的措施，防止遗洒和污染公共道路；一旦出现上述遗洒或污染现象，承包人应立即采取措施进行清扫，并承担所有费用。承包人在混凝土浇注、材料运输、材料装卸、现场清理等工作中应采取一切必要的措施防止影响公共交通。

6.10.6　承包人应当制定成品保护措施计划，并提供必要的人员、材料和设备用于整个工程的成品保护。

6.10.7　文明施工方面的其他要求如下：

_____

_____

6.11　环境保护

6.11.1　在工程施工、完工及修补任何缺陷的过程中，承包人应当始终遵守国家和工程所在地有关环境保护、水土保护和污染防治的法律、法规、规章、规范、标准和规程等，按照合同条款的约定履行其环境与生态保护职责。

6.11.2　承包人应按合同约定和监理人指示，接受国家和地方环境保护行政主管部门的监督、监测和检查。承包人应对其违反现行法律、法规、规章、规范、标准和规程等以及本合同约定所造成的环境污染、水土流失、人员伤害和财产损失等承担赔偿责任。

6.11.3　承包人制定施工方案和组织措施时应当同步考虑环境和资源保护，包括水土资源保护、噪声、振动和照明污染防治、固体废弃物处理、污水和废气处理、粉尘和扬尘控制、道路污染防治、卫生防疫、禁止有害材料、节能减排以及不可再生资源的循环使用等因素。

6.11.4　承包人还应设置完善的排水系统，保持施工场地（现场）始终处于良好的排水状态，防止降雨径流对施工场地（现场）的冲刷。

6.11.5　承包人应当确保其所提供的材料、工程设备、施工设备和其他材料都是绿色环保产品。

6.11.6　承包人应为防止进出场的车辆的遗洒和轮胎夹带物等污染周边和公共道路等行为制定并落实必要的措施，这类措施应至少包括在现场出入口设立冲刷池、对现场道路做硬化处理和采用密闭车厢或者对车厢进行必要的覆盖等。

6.11.7　承包人应当采取有效措施，不得让有害物质污染施工场地（现场）及其周边环境。承包人施工安排应当充分考虑降低噪声和照明等对施工场地（现场）周边生产和生活的影响，并满足国家和地方政府有关规定的要求。

6.11.8　施工环保措施计划

施工环保措施计划是承包人阐明环保方针和拟采用的环保措施及方法等的文件，其内容应包括但不限于：

（1）承包人生活区（如果有）的生活用水和生活污水处理措施；

（2）施工生产废水处理措施；

（3）施工扬尘和废气的处理措施；

（4）施工噪声和光污染控制措施；

（5）节能减排措施；

（6）不可再生资源循环利用措施；

（7）固体废弃物处理措施；

（8）人群健康保护和卫生防疫措施；

（9）防止误用有害材料的保证措施；

（10）施工边坡工程的水土流失保护措施；

（11）道路污染防治措施；

（12）完工后场地清理及其植被恢复的规划和措施；

（13）其他：

_____

6.11.9　环境保护方面的其他要求如下：

_____

_____

7. 治安保卫

7.1　承包人应为施工场地（现场）提供 24 小时的保安保卫服务，配备足够的保安人员和保安设备，防止未经批准的任何人进入现场，控制人员、材料和设备等的进出场，防止现场材料、设备或其他任何物品的失窃，禁止任何现场内的打架斗殴事件。

7.2　承包人应实施实名制管理，制定严格的施工场地（现场）出入制度；车辆的出入须有出入审批制度，并有指定的专人负责管理；人员进出现场应有出入证。

7.3　承包人应确保每个参观现场的人员了解和遵守现场的安全管理规章制度，佩戴安全帽，确保所有经发包人和监理人批准的参观人员的人身安全。

7.4　承包人应为施工场地（现场）提供和维护符合建设行政主管部门和市容管理部门规定的临时围墙和其他安全维护，并在工程进度需要时，进行必要的改造。围墙和大门的表面维护应考虑定期的修补和重新刷漆，并应保证所有的乱涂乱画或张贴的广告随时被清理。临时围墙和出入大门考虑必要的照明，照明系统要满足现场安全保卫和美观的要求。

7.5　承包人应当保证发包人支付的工程款项仅用于本合同目的，及时、足额、实名地向所雇佣的人员支付劳动报酬，并制定严格的工人工资支付保障措施，确保所有分包人及时支付所雇佣工人的工资，有效防止影响社会安定的群体事件发生，并保障发包人免于因承包人（包括其分包人）拖欠工人工资而可能遭受的任何处罚、索赔、损失和损害等。

7.6 施工场地（现场）治安管理计划的要求：

_____

_____ 。

7.7 突发治安事件紧急预案的要求：

_____

_____ 。

7.8 治安保卫方面的其他要求如下：

_____

_____ 。

8. 原有树木保护、地上、地下设施和周边建筑物的临时保护

8.1 原有树木保护

8.1.1 承包人应制定现场保留植物的保护和养护措施，以确保现场保留植物在施工期间不会因施工受损，其生长的立地条件（土、肥、水、气、热等）不会因施工而变差，并进而影响到保留植物的正常生长。

8.1.2 施工现场有原有树木，应该对现场所有的树木品种和数量进行核查统计，按树种、规格、生长状态等登记在册。

8.1.3 施工现场有原有树木，施工单位应该对其进行保护、看管、按标准等级实施养护，费用应该纳入合同价款内。

8.1.4 原有树木保护包括对树干用草绳、草袋、厚纸板等软质包裹，或用木板、木条等硬质材料包裹，防止碰撞伤害，重点树木必要时可单独搭设围挡。

8.1.5 施工现场具有古树名木，建设单位、施工单位在施工前应向有关管理部门申报保护方案。

8.1.6 原有树木（含古树名木）保护管理的其他要求：

_____

_____

8.2 地上、地下设施和周边建筑物的临时保护

8.2.1 承包人应为施工场地及其周边现有的地上、地下设施、管线和建筑物提供足够的临时保护设施，确保施工过程中这些设施和建筑物不会受到干扰和破坏。

8.2.2 承包人应当制订现有设施、管线临时保护方案和应急处理方案，并在本工程开工前至少提前7天报送监理人，监理人应在收到现有设施、管线临时保护方案后的3天内批复承包人。承包人应当严格执行经监理人批准的保护方案，并保证在任何可能影响周边现有的地上、地下设施、管线或周边建筑物的施工作业开始前，相应的临时保护设施能够落实到位。

8.3 发包人特别提醒承包人注意以下地上、地下设施、管线和周边建筑物的保护：

_____

_____

8.4 地上、地下设施、管线和周边建筑物的临时保护的其他要求如下：

_____

_____

9. 园林用水

9.1 园林绿化种植养护用水

9.1.1 园林绿化工程施工现场应该提供（临时或永久）用于种植施工或养护的合格水源，施工现场未提供水源的，在合同价款中应该包括绿化工程施工养护合格用水的运输费。

9.1.2 施工现场的天然水源，如河流、小溪、池塘、湖泊等，应该对其水质进行检验合格后方可使用。

9.2 园林工程其他施用水

9.2.1 园林建筑工程、小品工程施工用水应该符合相关专业工程的规范要求。

9.2.2 园林工程景观用水，如喷泉、水池、溪流、湖泊等，应该符合《城市再生水利用景观环境用水水质》GB/T 18921—2019 的要求。

9.2.3 施工现场具备的饮用水和非饮用水应该标志清晰。

9.3 园林用水的其他要求：

_____

_____

10. 样品和材料代换

10.1 样品

用于园林绿化工程重要景点的大规格苗木、珍贵种子种苗、大规格景石、景观灯具、铺装面材等材料，应在移植或施工前进行送样（实物或照片，以及其他相关资料），报请监理人、设计单位、发包人审定。

10.1.1 本工程需要提供的选样苗木类别或苗木名称如下：

_____

本工程需要承包人提供样品的其他材料和工程设备如下：

_____

_____

10.1.2 对于本款第 10.1.1 项约定的苗木，承包人应按照合同约定的期限向监理人提交样品或照片，并附必要的说明文件，种子种苗需标明种子种苗名称、规格、种子种苗所在地、拟使用区域、设计或合同要求等，并附"两证一签"（种子种苗的生产经营许可证、检疫证和标签）；

对于本款第 10.1.1 项约定的其他材料和工程设备，应按照合同条款约定的期限，向监理人提交样品或样品照片，并提供生产（制造）许可证书、出厂合格证明或者证书、出厂检测报告、性能介绍、使用说明等相关资料，同时注明材料和工程设备的供货人及品种、规格、数量和供货时间等，以供检验和审批。

样品送达的地点和样品的数量或尺寸应符合监理人和发包人的要求。除合同另有约定外，承包人在报送任何样品时应按监理人同意的格式填写并递交样品报送单。监理人应及时签收样品。

10.1.3 合同条款约定的依法不需要招标的、以暂估价形式包括在工程量清单中的材料和工程设备，所附资料除本款第 10.1.2 项约定的内容外，还应附上价格资料，每一类材料设备，至少应准备符合合同要求的三个产品，价格分高、中、低三档，以便监理人和发包人选择和批准。

10.1.4 监理人应在收到承包人报送的样品后 7 天内转呈发包人并附上监理人的书面审批意见。发包人在收到通过监理人转交的样品以及监理人的审批意见后 7 天内就此样品给出书面批复。监理人应在收到样品后 21 天内通知承包人对相关样品所做出的决定或指示（同时抄送一份给发包人）。承包人应根据监理人的书面批复和指示相应地进行下一步工作。如果监理人未能在承包人报送样品后 21 天内给出书面批复，承包人应就此通知监理人，要求尽快批复。如果发包人在收到此类通知后 7 天内仍未对样品进行批复，则视为监理人和发包人已经批准。

10.1.5 得到批准后的样品由监理人负责存放，但承包人应为保存样品提供适当和固定的场所并保持适当和良好的环境条件。

10.1.6 提供样品和提供存放样品场所的费用由承包人承担。

10.2 材料代换

如果任何后继法律、法规、规章、规范、标准和规程等禁止使用合同中约定的材料和工程设备，承包人应当按本款约定的程序使用其他替代品来实施工程或修补缺陷。监理人对使用替代品的批准以及承包人据此使用替代品不应减免合同约定的承包人的任何责任和义务。

11. 进口材料和工程设备

11.1 本工程需要进口的材料和工程设备如下：

_____

_____

11.2 上述进口材料和工程设备采购、进口、报关、清关、商检、境内运输（包括保险）、保管的责任以及费用承担方式划分如下：

_____

_____

12. 进度管理

12.1 园林绿化工程季节性的特点

12.1.1 园林绿化用苗（主要指乔木）种植应根据当地的气候条件安排施工。

12.1.2 正常种植季节有利于树木成活，降低施工成本，保证绿化景观效果。正常施工季节如下：

_____

_____

12.1.3 上述时间以外栽植的属于非正常种植季节栽植，需要采取各种对应的措施，所增加的措施费应该计算在合同单价之中。

12.1.4 发包人在安排园林绿化工程的设计及施工招标进度时，需充分考虑绿化种植工程的季节性要求。如发包人要求必须在非正常季节进行绿化种植施工，则发包人需在工程投资中按相关技术要求增加工程投资额（主要是非正常种植季节施工的措施费），以确保植物成活率和建成后的景观效果。

12.1.5 承包人在安排绿化种植工程施工时应首选在蒸腾量小和有利根系恢复生长的季节，非正常种植季节种植，应对苗木提前采取修枝、断根或在适宜季节起苗用容器假植处理。夏（雨）季应避开中午高温时间，宜选择阴天、小雨天，或当日气温较低时（清晨、傍晚、夜晚）带土球移植；夏季施工应尽量缩短苗木从掘苗到栽植后浇完第一遍水的间隔时间，并采取根部喷、灌促进生根类激素，遮阴、树冠喷雾、喷施抗蒸腾剂、输营养液等促根、保水措施；冬季栽植应采取树干缠草绳、覆膜、搭设防风障等保温措施。

12.2 进度报告

12.2.1 施工过程中，承包人应向监理人指定的代表按监理人的要求提供日进度报表、周进度报表、月进度报表。

12.2.2 日和周进度报表的内容应至少包括每日在现场工作的技术管理人员数量、各工种技术工人和非技术工人数量、后勤人员数量、参观现场的人员数量，包括分包人人员数量；还应包括所使用的各种主要机械设备和车辆的型号、数量和台班，工作的区段，以及工程进度情况、天气情况记录、停工、质量和安全事故等特别事项说明。

12.2.3 月进度报表应当反映月完成工程量和累计完成工程量（包括永久工程和临时工程）、材料实际进货、消耗和库存量、现场施工设备的投运数量和运行状况、工程设备的到货情况、劳动力数量（本月及预计未来三个月劳动力的数量）、当前影响施工进度计划的因素和采取的改进措施、进度计划调整及其说明、质量事故和质量缺陷处理纪录、质量状况评价、安全施工措施计划实施情况、安全事故以及人员伤亡和财产损失情况（如果有）、环境保护措施实施和文明施工措施实施情况。

12.2.4 月进度报告还应附有一组充分显示工程形象进度的定点摄影照片。照片应当在经监理人批准的不同位置定期拍摄，每张照片都应标上相应的拍摄日期和简要文字说明，且应用经发包人和监理人批准的标准或格式装裱后呈交。

12.2.5 各个进度报表的格式和内容应经过监理人的审批。进度报表应如实填写，由承包人授权代表签名，并报监理人的指定代表签名确认后再行分发。

12.2.6 如果监理人认为必要，进度报告和进度照片应同时以存储在磁盘或光盘中的数据文件的形式递交给发包人和监理人。数据文件采用的应用软件及其版本应经过监理人的审批。

12.2.7 有关进度报告的其他要求：

_____

_____

12.3 进度例会

12.3.1 监理人将主持召开有发包人、承包人、分包人等与本工程建设有关各方出席的每周一次的进度例会。承包人应保证能代表其当场作出决定的高级管理人员出席会议。

12.3.2 进度例会的内容将涉及合同管理、进度协调和工程管理的各个方面，由监理人准备的会议议题将随会议通知在会议召开前至少 24 小时发给各参会方。

12.3.3　监理人应当做好会议记录，并在会议结束时由与会各方签字确认。监理人应根据会议记录整理出会议纪要，并在相应会议后 24 小时内分发给出席会议的各方。会议纪要应当如实记录会议内容，包括任何决定、存在的问题、责任方、有关工作的时间目标等。各方在收到会议纪要后 24 小时内给予签字确认，如有任何异议，应将有关异议以书面形式通知监理人，由监理人与有异议一方或各方共同核对会议记录，有异议的一方或者各方对与会议记录内容一致的会议纪要必须给予签字确认，否则监理人可以用会议记录作为会议纪要。经参会各方签字认可的会议纪要对各方有合同约束力。

12.3.4　有关进度例会的其他要求：

_____

_____

13. 试验和检验

13.1　承包人应当按照国家行业和地方相关园林绿化工程施工及相关施工验收规范和标准的规定和合同条款的约定，对用于永久工程的主要材料（含苗木及种子）、半成品、成品、建筑构配件、工程设备等进行试验和检验。监理人可以根据工程需要，指示承包人进行其他现场材料和工艺的试验和检验。

13.2　园林绿化工程灌溉使用的非饮用水、种植土（含种植基质）、种子、钢筋、水泥、砂、卵石、碎石、混凝土、木材、防水材料（含防水毯及耐根穿刺防水材料）等材料或产品需根据国家行业和地方相关园林绿化工程施工及相关施工验收规范的要求进行见证取样，送有相应检测资质的检测单位进行检测，并取得试（检）验报告。

13.3　本工程需要由监理人和承包人共同进行试验和检验的材料、工程设备和工艺如下：

_____

13.4　本条上述约定需要进行检验的材料、工程设备和工艺在经过检验并获得监理人批准以前，不得用于任何永久工程。

13.5　承包人应为材料、工程设备和工艺的检查、检测和检验提供劳务、电力、燃料、备用品、设备和仪器以及必要的协助。

13.6　如果检查、检测、检验或试验的结果表明，材料、工程设备和工艺有缺陷或不符合合同约定，监理人和发包人可拒收此类材料、工程设备和工艺，并应立即通知承包人同时说明理由。承包人应立即修复上述缺陷并保证其符合合同约定。若监理人或发包人要求对此类工程设备、材料、设计或工艺重新进行检验，则此类检验应按相同条款和条件重新进行。如果此类拒收和重新检验致使发包人产生了额外费用，则此类费用应由承包人支付给发包人，或从发包人应支付给承包人的款项中扣除。

13.7　除合同另有约定外，承包人应负担本合同项下的所有材料、工程设备和工艺检验的费用。

14. 工程验收和工程移交

14.1　验收基本要求

工程验收需满足以下基本要求：

（1）工程质量应符合本规范和相关专业验收规范的规定。

（2）工程施工应符合工程勘察、设计文件的要求。

（3）参加工程验收的人员应具备相应的资格。

（4）工程质量的验收应在承包人自行检查评定的基础上进行。

（5）隐蔽工程在隐蔽前应由承包人通知有关单位进行验收，并应形成验收文件。

（6）关系植物成活的水、土、基质，涉及结构安全的试块、试件以及有关材料，应按规定进行见证取样检测。

（7）检验批的质量应按主控项目和一般项目验收。

（8）对涉及植物成活、结构安全和使用功能的重要分部工程应进行抽样检测。

（9）承担见证取样检测及有关结构安全检测的单位应具有相应资格。

（10）工程的观感质量应由验收人员通过现场检查，共同确认。

14.2　工程验收的划分及相应规定

14.2.1　园林绿化工程质量验收应划分为：单位（子单位）工程、分部（子分部）工程、分项工程和检验批。

14.2.2　检验批合格质量应符合下列规定：

（1）主控项目和一般项目的质量经抽样检验合格。

（2）具有完整的施工操作依据、质量检查记录。

14.2.3　分项工程质量验收合格应符合下列规定：

（1）分项工程所含的检验批均应符合合格质量的规定。

（2）分项工程所含的检验批的质量验收记录应完整。

14.2.4　分部（子分部）工程质量验收合格应符合下列规定：

（1）分部（子分部）工程所含工程的质量均应验收合格。

（2）质量控制资料应完整。

（3）分部工程各有关安全、功能及涉及植物成活要素的检验和抽样检测结果应符合有关规定。

（4）观感质量验收应符合要求。

14.2.5　单位（子单位）工程质量验收合格应符合下列规定：

（1）单位（子单位）工程所含分部（子分部）工程的质量均应验收合格。

（2）质量控制资料应完整。

（3）单位（子单位）工程所含分部工程有关安全、功能及涉及植物成活要素的检测资料应完整。

（4）主要功能项目的抽查结果应符合相关专业质量验收规范的规定。

（5）观感质量验收应符合要求。

14.2.6　当工程质量不符合要求时，应按下列规定进行处理：

（1）经返工重做或更换设备的检验批，应重新进行验收。

（2）经有资质的检测单位检测鉴定能够达到设计要求的检验批，应予以验收。

（3）经有资质的检测单位检测鉴定达不到设计要求、但经原设计单位核算认可能够满足结构安全和使用功能的检验批，可予以验收。

（4）经返修或加固处理的分项、分部工程，虽然改变外形尺寸但仍能满足安全使用要求，可按技术处理方案和协商文件进行验收。

14.2.7　通过返修或加固处理仍不能满足安全使用要求的分部工程、单位（子单位）工程，不得验收。

14.3　验收程序和组织

14.3.1　检验批及分项工程应由监理工程师（或发包人）组织承包人项目专业质量（技术）负责人等进行验收。

14.3.2　分部工程应由总监理工程师（或发包人）组织承包人项目负责人和技术、质量负责人等进行验收；涉及主体结构安全的分部工程的，勘察、设计单位的项目负责人也应参加相关分部工程验收。

除合同另有约定外，承包人应提前48小时通知监理人进行检验批及分部分项工程验收。监理人不能按时进行验收的，应在验收前24小时向承包人提交书面延期要求，但延期不能超过48小时。监理人未按时进行验收，也未提出延期要求的，承包人有权自行验收，监理人应认可验收结果。

14.3.3　承包人在单位（子单位）工程完工，经自检合格并达到竣工验收条件后，填写《单位工程竣工预验收报验表》，并附相应竣工资料 [《分部（子分部）工程质量验收记录表》《单位（子单位）工程质量控制资料核查记录》《单位（子单位）工程安全、功能及涉及植物成活要素检验资料核查及主要功能抽查记录》《单位（子单位）工程观感质量检查记录》《单位（子单位）工程植物成活率及地被覆盖率统计记录》]，报监理人，申请工程竣工初验收。总监理工程师组织监理项目部人员与承包人根据有关规定共同对工程进行工程竣工初验收。

工程预验收前承包人还应向监理人提交以下资料：

（1）承包人的自行检查和评定记录文件，即除监理人、发包人同意列入缺陷责任期内完成的尾工（甩项）工程和缺陷修补工作外，合同范围内的全部单位工程以及有关工作，包括合同要求的试验、试运行以及检验和验收均已完成，并符合合同要求；

（2）按合同条款约定的内容和份数整理的符合要求的竣工资料；

（3）按监理人、发包人的要求编制了在缺陷责任期内完成的尾工（甩项）工程和缺陷修补工作清单以及相应施工计划；

（4）监理人要求在竣工验收前应完成的其他工作的证明材料；

（5）监理人要求提交的竣工验收资料清单；

（6）其他资料：_____。

监理人应在收到《单位工程竣工预验收报验表》及相关资料后14天内完成组织完成申报工程的初验，并将工程初验合格信息及相关资料报送发包人。

14.3.4　工程竣工初验收合格后，发包人（项目）负责人应在收到经监理人工程初验合格的报告及相关资料后28天内审批完毕，并组织承包人（含分包单位）、设计、监理等单位（项目）负责人完成单位（子单位）工程验收，签署《单位（子单位）工程质量竣工验收记录》。

14.3.5　单位工程有分包单位施工时，分包单位对所承包的工程项目应按本标准规定的程序检查评定，总包单位应派人参加。分包工程完成后，应将工程有关资料交总包单位。

14.3.6　当参加验收各方对工程质量验收意见不一致时，可请本市园林绿化行政主管部门或工程质量监督机构协调处理。

14.3.7 竣工验收不合格的，监理人应按照验收意见发出指示，要求承包人对不合格工程返工、修复或采取其他补救措施，由此增加的费用和（或）延误的工期由承包人承担。承包人在完成不合格工程的返工、修复或采取其他补救措施后，应重新提交《单位工程竣工预验收报验表》，并按 14.3.3 至 14.3.6 约定的程序重新进行验收。

14.4 竣工日期

单位工程质量竣工验收合格并具备法律法规规定的其他条件后，建设单位应当组织勘察、设计、施工、监理等单位进行工程竣工验收；对住宅工程，工程竣工验收前建设单位应当组织施工、监理等单位进行单位工程验收。

工程竣工验收应当形成经建设、勘察、设计、施工、监理等单位项目负责人签署的工程竣工验收记录，作为工程竣工验收合格的证明文件。工程竣工验收记录中各方意见签署齐备的日期为工程竣工时间。

14.5 工程移交

工程竣工验收合格或视同为已竣工验收合格的，发包人应在验收合格后 14 天内向承包人颁发工程接收证书或签署工程移交证书。发包人无正当理由逾期不颁发工程接收证书或不签署工程移交证书的，自验收合格后第 15 天起视为已颁发工程接收证书或已签署工程移交证书。承包人自工程接收证书颁发日或工程移交证书签署日起，不再承担除合同约定的绿化养护工作以外的工程的照管、成品保护、保管义务。

15. 其他要求

第二节　特殊技术标准和要求

1. 苗木、材料和工程设备技术要求

1.1 承包人自行施工范围内的苗木、主要材料和工程设备技术要求如下：

（1）在种子、苗木进场时需提供"两证一签"：种子种苗的生产经营许可证、检疫证和标签；

（2）苗木病虫害控制要求：

A. 不得带有国家及本市植物检疫名录规定的植物检疫对象。

B. 不得带有蛀干害虫，苗木根部不得有腐烂、根瘤。

C. 草坪、地被无斑秃和病害，无地下害虫。

_____。

上述材料和工程设备技术要求中如果出现了参考品牌或规格型号，其目的是为了方便承包人直观和准确地把握相应材料和工程设备的技术标准，不具指定或唯一的意思表示，承包人应当参考所列品牌的材料和工程设备，采购相当于或高于所列品牌技术标准的材料和工程设备。

1.2 承包人自行施工范围内的材料和工程设备选型允许的偏离如下：

序号	材料和工程设备名称	技术指标	允许偏离范围	备注
1	种植土	容重	≤ 1.35g/cm³	
2	种植土	含盐量	≤ 0.12%	
......				

1.3 本工程施工现场所用混凝土或砂浆的供应方式为_____。

2. 特殊技术要求

除合同约定的技术要求外，本工程的特殊技术要求如下：

_____

3. 新技术、新工艺和新材料

本工程涉及的新技术、新工艺和新材料及相应使用和操作说明如下：

_____

4. 其他特殊技术标准和要求

_____

5. 项目其他要求

_____

第三节 适用的国家、行业以及地方规范、标准和规程

说明：本节内容只需列出规范、标准、规程等的名称、编号等内容。本节由招标人根据国家、行业和地方现行标准、规范和规程等，以及项目具体情况摘录。

国家和行业规范、标准和规程	
CJJ/T 82	《园林绿化工程施工及验收规范》
CJJ/T 287	《园林绿化养护标准》
CJJ/T 236	《垂直绿化工程技术规程》
CJJ/T 91	《园林基本术语标准》
CJ/T 24	《园林绿化木本苗》
JGJ 155	《种植屋面工程技术规程》
CJ/T 23	《城市园林苗圃育苗技术规程》
CJ/T 340	《绿化种植土壤》
LD/T 75.1	《建设工程劳动定额 园林绿化工程–绿化工程》
NY/T 1276	《农药安全使用规范总则》

国家和行业规范、标准和规程	
GB 50500	《建设工程工程量清单计价规范》
GB 50858	《园林绿化工程工程量计算规范》
GB 50194	《建设工程施工现场供用电安全规范》
GB/T 50363	《节水灌溉工程技术规范》
CJJ/T 218	《城市道路彩色沥青混凝土路面技术规程》
CECS 266	《建设工程施工现场安全资料管理规程》
JGJ 46	《施工现场临时用电安全技术规范》
……	
地方规范、标准和规程	
……	

附件 A　施工现场现状平面图

　　说明：该图由招标人准备，并作为招标文件本章的组成内容提供给投标人。图中应当标示本章第一节第 1.2.1 项规定的内容，并做必要的文字说明。

第八章　投标文件格式

_____（项目名称）工程施工招标

投 标 文 件

（第　　册）

投标人：_____（盖单位章）

法定代表人或授权代理人：_____（签字）

日期：_____年____月____日

目　录

一、投标函及投标函附录

（一）投标函

致：_____（招标人名称）

　　在考察现场并充分研究_____（项目名称）（以下简称"本工程"）施工招标文件的全部内容后，我方兹以：

　　人民币（大写）：_____元（含税）

　　RMB ￥：_____元

的投标价格和按合同约定有权得到的其他金额，并严格按照合同约定，施工、竣工和交付本工程并承担质量缺陷保修和养护责任。

　　在我方的上述投标报价中，包括：

　　安全文明施工费 RMB ￥：_____元

　　暂列金额 RMB ￥：_____元

　　······

　　如果我方中标，我方保证在_____年____月____日或按照合同约定的开工日期开始本工程的施工，____天（日历天）内竣工，并确保工程质量达到_____标准。我方同意本投标函在招标文件规定的提交投标文件截止时间后，在招标文件规定的投标有效期期满前对我方具有约束力，且随时准备接受你方发出的中标通知书。

　　随本投标函递交的投标函附录是本投标函的组成部分，对我方构成约束力。

　　随同本投标函递交投标保证金一份，金额为人民币（大写）：_____元（￥：____元）。

　　在签署协议书之前，你方的中标通知书、本投标函、投标函附录，对双方具有约束力。

　　投标人：_____（盖单位章）

　　法定代表人或其委托代理人：_____（签字）

　　日期：_____年____月____日

　　备注：采用综合评估法评标，且采用分项报价方法对投标报价进行评分的，应当在投标函中增加填报分项报价的内容。

（二）投标函附录

工程名称：_____（项目名称）

序号	条款内容	合同条款号	约定内容	备注
1	项目负责人		姓名：_____	
2	工期		____日历天	
3	缺陷责任期		_____年	
4	养护期		_____年	
5	承包人履约担保金额			
6	分包		见分包项目情况表	
7	逾期竣工违约金		_____元／天	
8	逾期竣工违约金最高限额		_____元／天	
9	质量标准			
10	养护标准或等级			
11	质量保证金扣留百分比			
12	报价中未包含内容及要求招标人的配合条件			
13	投标报价需要说明的问题			
14	税率			
	……			

备注：投标人在响应招标文件中规定的实质性要求和条件的基础上，可做出其他有利于招标人的承诺。此类承诺可在本表中予以补充填写

投标人：_____（盖单位章）

法定代表人或其委托代理人：_____（签字）

日期：_____年___月___日

二、法定代表人身份证明书

单位名称：_____

单位性质：_____

地　　址：_____

成立时间：_____年____月____日

经营期限：_____

姓　　名：_____　性别：_____　年龄：_____　职务：_____

身份证号码：_____

系_____（投标人单位名称）_____的法定代表人。

特此证明。

附：法定代表人（单位负责人）身份证明（含身份证复印件）并盖单位章

投标人：_____（盖单位章）

日　期：_____年____月____日

三、投标文件签署授权委托书

本授权委托书由＿＿＿＿＿＿＿＿＿＿（投标人名称）出具，＿＿＿＿＿＿＿（姓名）系我方的法定代表人（单位负责人），身份证号码为：＿＿＿＿＿＿＿＿＿＿＿＿＿＿。现委托＿＿＿＿＿＿＿（姓名、身份证号码、职务）为我方代理人。代理人根据授权，以我方名义签署、澄清、说明、补正、递交、撤回、修改＿＿＿＿＿＿＿＿＿＿（项目名称）投标文件、参加开标会议、签订合同和处理有关事宜，其法律后果由我方承担。

委托期限：＿＿＿＿＿＿＿＿＿＿。
代理人无转委托权。

附：委托代理人身份证复印件。

投标人：＿＿＿＿＿＿＿（盖单位章）

法定代表人：＿＿＿＿＿＿＿（签字）

日期：＿＿＿＿＿年＿＿月＿＿日

四、联合体投标协议书

牵头人名称: _____

法定代表人: _____

法 定 住 所: _____

成员二名称: _____

法定代表人: _____

法 定 住 所: _____

......

鉴于上述各成员单位经过友好协商，自愿组成联合体，共同参加_____（招标人名称）（以下简称招标人）_____（项目名称）_____（以下简称本工程）的施工投标并争取赢得本工程施工承包合同（以下简称合同）。现就联合体投标事宜订立如下协议：

一、_____（某成员单位名称）为联合体牵头人。

二、在本工程投标阶段，联合体牵头人合法代表联合体各成员负责本工程投标文件编制活动，代表联合体提交和接收相关的资料、信息及指示，并处理与投标和中标有关的一切事务；联合体中标后，联合体牵头人负责合同订立和合同实施阶段的主办、组织和协调工作。

三、联合体将严格按照招标文件的各项要求，递交投标文件，履行投标义务和中标后的合同，共同承担合同规定的一切义务和责任，联合体各成员单位按照内部职责的划分，承担各自所负的责任和风险，并向招标人承担连带责任。

四、联合体各成员单位内部的职责分工如下：_____。按照本条上述分工，联合体成员单位各自所承担的合同工作量比例如下：_____。

五、投标工作和联合体在中标后工程实施过程中的有关费用按各自承担的工作量分摊。

六、联合体中标后，本联合体协议是合同的附件，对联合体各成员单位有合同约束力。

七、本协议书自签署之日起生效，联合体未中标或者中标时合同履行完毕后自动失效。

八、本协议书一式_____份，联合体成员和招标人各执一份。

牵头人名称: _____（盖单位章）
法定代表人或其委托代理人: _____（签字）

成员二名称: _____（盖单位章）
法定代表人或其委托代理人: _____（签字）
......
日期: _____年____月____日

备注：本协议书由委托代理人签字的，应附法定代表人签字的授权委托书。

五、投标担保函

保函编号: _____

_____(招标人名称):

鉴于_____(投标人名称)(以下简称"投标人")参加你方_____(项目名称)的施工投标, _____(担保人名称)(以下简称"我方")受该投标人委托, 在此无条件地、不可撤销地保证: 一旦收到你方提出的下述任何一种事实的书面通知, 在 7 日内无条件地向你方支付总额不超过_____(投标保函额度)的任何你方要求的金额:

1. 投标人在规定的投标有效期内撤销或者修改其投标文件。

2. 投标人在收到中标通知书后无正当理由而未在规定期限内与贵方签署合同。

3. 投标人在收到中标通知书后未能在招标文件规定期限内向贵方提交招标文件所要求的履约担保。

本保函在投标有效期内保持有效, 除非你方提前终止或解除本保函。要求我方承担保证责任的通知应在投标有效期内送达我方。保函失效后请将本保函交投标人退回我方注销。

本保函项下所有权利和义务均受中华人民共和国法律管辖和制约。

担保人名称: _____(盖单位章)

法定代表人或其委托代理人: _____(签字)

地　　址: _____

邮政编码: _____

电　　话: _____

传　　真: _____

日期: _____年___月___日

六、已标价工程量清单

说明：已标价工程量清单按第五章"招标工程量清单"中的相关清单表格式填写。构成合同文件的已标价工程量清单包括第五章"招标工程量清单"有关工程量清单、投标报价以及其他说明的内容。

已标价工程量清单（投标报价）的签字盖章要求：

1. 签章页

□ 已标价工程量清单（投标总价）的封面

□ 已标价工程量清单（投标总价）的扉页

2. 具体的签字和盖章要求

□ 投标人单位章

□ 投标人法定代表人或其授权人签字或盖章

□ 造价人员的专用章并签字

3. 其他要求：

_____

七、施工组织设计

（一）主要内容

投标人应根据招标文件和对现场的勘察情况，采用文字并结合图表形式，参考以下要点编制本工程的施工组织设计：

1. 施工方案及技术措施；

2. 材料设备和苗木供应计划及保障措施；

3. 质量管理体系与保证措施；

4. 安全管理体系与措施计划；

5. 环境保护管理体系与措施计划；

6. 文明施工保障措施计划；

7. 现场组织管理机构设置和劳动力配置计划及保障措施（若施工组织设计采用"暗标"方式评审，则在任何情况下，"现场组织管理机构设置"不得涉及人员姓名、简历、公司名称等暴露投标人身份的内容）；

8. 施工设备和仪器等施工资源配备及保障措施；

9. 施工进度计划及保证措施（包括以横道图或标明关键线路的网络进度计划）；

10. 施工现场总平面布置（投标人应递交一份施工总平面图，绘出现场临时设施布置图表并附文字说明，说明临时设施、现场办公、设备及仓储、供电、供水、卫生、生活、道路、消防等设施的情况和布置）；

11. 承包人自行施工范围内拟分包的非主体和非关键性工作（按第二章"投标人须知"第 1.11 款的规定）、材料计划和劳动力计划；

12. 养护管理和工程保修服务方案及保障措施；

13. 任何可能的紧急情况的处理预案、措施以及抵抗风险（包括工程施工过程中可能遇到的各种风险）的措施保障；

14. 与发包人、设计人、监理人的配合、协调；

15. 招标文件规定的其他内容。

（二）暗标编制要求

若投标人须知规定施工组织设计采用技术"暗标"方式评审，则施工组织设计的编制和装订应按下列要求编制和装订：

1. 施工组织设计中纳入"暗标"部分的内容：

_____

_____

_____

_____。

2. 暗标的编制和装订要求

（1）打印纸张要求：_____。

（2）打印颜色要求：_____。

（3）正本封皮（包括封面、侧面及封底）设置及盖章要求：_____。

（4）副本封皮（包括封面、侧面及封底）设置要求：_____。

（5）排版要求：_____。

（6）图表大小、字体、装订位置要求：_____。

（7）所有"技术暗标"必须合并装订成一册，所有文件左侧装订，装订方式应牢固、美观，不得采用活页方式装订，均应采用_____方式装订；

（8）任何情况下，技术暗标中不得出现任何涂改、行间插字或删除痕迹；

（9）除满足上述各项要求外，构成投标文件的"技术暗标"的正文中均不得出现投标人的名称和其他可识别投标人身份的字符、徽标、人员名称以及其他特殊标记等。

备注："暗标"应当以能够隐去投标人的身份为原则，尽可能简化编制和装订要求。

（三）附表

施工组织设计除采用文字表述外可附下列图表，图表及格式要求附后。若采用技术暗标评审，则下述表格应按照章节内容，严格按给定的格式附在相应的章节中。

附表一　拟投入本工程的主要施工设备表

附表二　劳动力计划表

附表三　主要材料设备及苗木供应计划表

附表四　计划开、竣工日期和施工进度网络图

附表五　施工总平面图

附表六　临时用地表

附表一　拟投入本工程的主要施工设备表

序号	设备名称	型号规格	数量	国别产地	制造年份	额定功率（kW）	生产能力	用于施工部位	备注

附表二　劳动力计划表

单位: 人

工种	按工程施工阶段投入劳动力情况					

附表三 主要材料设备及苗木供应计划表

序号	按工程施工阶段材料设备及苗木供应情况						
	品种	规格	单位	数量	产地	进场时间	备注

附表四　计划开、竣工日期和施工进度网络图

　　1. 投标人应递交施工进度网络图或施工进度表，说明按招标文件要求的要求工期进行施工的各个关键日期。

　　2. 施工进度表可采用网络图和（或）横道图表示。

附表五　施工总平面图

　　投标人应递交一份施工总平面图，绘出现场临时设施布置图表并附文字说明，说明临时设施、现场办公、设备及仓储、供电、供水、卫生、生活、道路、消防等设施的情况和布置。

附表六　临时用地表

用途	面积（平方米）	位置	需用时间

八、项目管理机构

（一）项目组织机构设置与人员配备表

1. 项目组织机构设置说明或图表						
2. 在本项目中配备的主要管理和技术人员						
在本项目中的职务或岗位	姓名	性别	年龄	职称专业	专业技术职称及级别	职称证书／资格证书编号

（二）主要管理和技术人员简历

附件1 拟派项目负责人简历表

1.一般情况							
姓名		年龄		身份证号			
技术职称级别		职称专业		专业工作时间			
项目管理能力				学历	学历_____ 学历专业_____		
2.相关工作经历							
时间	项目名称	项目建设规模	项目类型	合同价格	该项目中的任职	备注	

说明：1. 随本表须附拟派项目负责人的身份证、职称证、学历证、项目管理能力文件或资料、缴纳社会保险的证明及相关业绩的资料扫描／复印件。相关业绩的资料具体要求见投标人须知前附表。如果职称证中没有技术职称专业的相关信息，投标人应同时提供相关证明文件，具体内容要求见投标人须知前附表14.1。

2. 项目负责人还应提供其没有在任何在施建设工程项目中担任项目负责人职务的书面承诺。具体的内容参见附件2。

附件2 承诺书

承诺书

_____（招标人名称）：

我方在此声明，我方拟派往_____（项目名称）（以下简称"本工程"）的项目负责人_____（项目负责人姓名）没有在任何在施建设工程项目中担任项目负责人职务。

我方保证上述信息的真实和准确，并愿意承担因我方就此弄虚作假所引起的一切法律后果。

特此承诺

投标人：_____（盖单位章）

法定代表人或其委托代理人：_____（签字）

日期：____年____月____日

附件 3　拟派本项目主要人员简历表

　　拟派本项目主要人员是指除项目负责人以外的项目主要管理和技术人员，如项目副经理、技术负责人、施工管理人员、施工技术人员、专职质量管理人员、专职安全生产管理人员、资料管理负责人等。随下表须附上述人员的身份证、职称证、学历证、执业／职业资格证书（如果有）、岗位资格证明等证明文件的扫描／复印件。如果职称证中没有技术职称专业的相关信息，投标人应同时提供相关证明文件，具体内容要求见投标人须知前附表 14.1。

1. 一般情况					
姓名		年龄		性别	
专业技术职称及级别		技术职称专业		为投标人服务时间	
学历		毕业时间＿＿＿＿＿		学历专业＿＿＿＿＿	
执业／职业资格或岗位证书		证书名称＿＿＿＿＿		证书编号＿＿＿＿＿	
专业工作时间					
本项目中的任职					

2. 相关工作经历						
时间	项目名称	项目建设规模	项目类型	合同价格	该项目中的任职	备注

九、拟分包计划表

序号	拟分包项目名称、范围及理由	拟选分包人				备注
		拟选分包人名称	注册地点	企业资质	有关业绩	
		1				
		2				
		3				
		1				
		2				
		3				
		1				
		2				
		3				
		1				
		2				
		3				

备注：本表所列分包仅限于承包人自行施工范围内的非主体、非关键工程。

日期：_____年___月___日

十、资格审查资料（适用于未进行资格预审）

表 1　投标人基本情况表

表 2　近年财务状况表

表 3　近年已完成的类似项目情况表

表 4　正在施工的和新承接的项目情况表

表 5　项目组织机构设置与人员配备表

表 6　拟派项目负责人简历表

表 7　拟派本项目主要人员简历表

表 8　近年施工安全、质量情况说明表

表 9　近年发生的诉讼和仲裁情况表

表 10　近年不良行为记录情况

表 11　企业缴纳税收和社会保障资金证明

表 12　投标人自行补充的资格资料（如果有）

表1 投标人基本情况表

投标人名称					
注册地址				邮政编码	
联系方式	联系人			电　话	
	传　真			电子邮件	
组织结构	1. 用图表或文字说明公司组织机构、职能部门。 2. 企业参股或控股情况。				
法定代表人	姓名			联系电话	
成立时间			员工总人数：		
统一社会信用代码				高级职称人员	
注册资本金		其中		中级职称人员	
开户银行				初级职称人员	
账号				高级技工	
经营范围					
企业安全生产标准化达标证书或相关安全生产建设方面的证书	发证机构：＿＿＿＿＿＿＿＿＿＿　证书编号：＿＿＿＿＿＿＿＿＿＿				
体系认证情况	说明：通过的认证体系、通过时间及运行状况				
备　注					

说明：1. 随本表须附营业执照副本的扫描／复印件。

　　　2. 投标人自主选择：企业安全生产方面的证书或证明文件（如果有）等相关资料的扫描／复印件；体系认证情况，可以包括 ISO9001 质量管理体系认证证书、ISO14001 环境管理体系认证证书、GB/T 28001—2011 或 OHSAS18001 职业健康安全管理体系认证证书等。

表2 近年财务状况表

近年财务状况表是指经过审计机构审计的财务报表，以下各类报表中反映的财务状况数据应当一致，如果有不一致之处，以不利于投标人的数据为准。

（一）资产负债表

（二）利润表（或称损益表）

（三）现金流量表

（四）所有者权益变动表（或称股东权益变动表）

（五）财务报表附注

表3 近年已完成的类似项目情况表

项目名称			
项目所在地			
项目类型			
建设规模			
发包人名称			
发包人联系人		联系电话	
合同价格			
开工日期			
竣工日期			
承包范围			
工程质量			
项目负责人		身份证号码	
技术负责人		身份证号码	
总监理工程师（如果有）		联系电话	
备　注			

说明：类似工程业绩的资料要求见投标人须知前附表。

表4　正在施工的和新承接的项目情况表

项目名称			
项目所在地			
项目类型			
建设规模			
发包人名称			
发包人联系人		联系电话	
签约合同价			
开工日期			
计划竣工日期			
承包范围			
工程质量			
项目负责人		身份证号码	
技术负责人		身份证号码	
总监理工程师（如果有）		联系电话	
备　注			

说明：正在施工和新承接的项目须附合同协议书关键页的扫描／复印件。

表5 项目组织机构设置与人员配备表

与本章"八、项目管理机构（一）项目组织机构设置与人员配备表"相同。不需重复提交。

表6 拟派项目负责人简历表

与本章"八、项目管理机构（二）主要管理和技术人员简历 附件1：拟派项目负责人简历表"相同。不需重复提交。

项目负责人须提交的承诺书与本章"八、项目管理机构（二）主要管理和技术人员简历 附件2：承诺书"相同。不需重复提交。

表7 拟派本项目主要人员简历表

与本章"八、项目管理机构（二）主要管理和技术人员简历 附件3：拟派本项目主要人员简历表"相同。不需重复提交。

表8 近年施工安全、质量情况说明表

年		投标人近年施工安全、质量情况说明
_____年		
_____年		
_____年		
安全质量事故	工程名称	事故发生原因及责任 简要说明

说明：如果投标人近年在施工项目中未发生过安全、质量事故，请在"投标人近年安全、质量情况说明"栏中填写"无"。本页不够请添加附页

表 9 近年发生的诉讼和仲裁情况表

备注：近年发生的诉讼和仲裁情况仅限于投标人败诉的，且与履行施工承包合同有关的案件，不包括调解结案以及未裁决的仲裁或未终审判决的诉讼。

类别	序号	发生时间	情况简介	证明材料索引
诉讼情况				
仲裁情况				

说明：如果投标人近年没有诉讼和仲裁情况发生，请在"情况简介"栏中填写"无"。本页不够请添加附页。

表 10 近年不良行为记录情况

序号	发生时间	简要情况说明	证明材料索引

说明：如果投标人近年没有不良行为记录，请在"发生时间"和"简要情况说明"栏中填写"无"。本页不够请添加附页。

表 11　企业缴纳税收和社会保障资金证明

（一）_____年___月至_____年___月，税收缴纳凭证扫描／复印件。

（二）_____年___月至_____年___月，社会保险金缴纳凭证（或由银行出具的委托收款凭证）扫描／复印件。

说明：根据项目情况确定。

表 12　投标人自行补充的资格资料（如果有）

十一、声明、承诺或说明

说明、承诺书或声明书的格式由投标人自行拟定，说明、承诺或声明书应由投标人的法定代表人或授权代表签字并盖单位章。

投标人根据实际情况告知招标人

1. 与投标人单位负责人为同一人或者存在控股、管理关系的不同单位，是否同时参加了本招标项目（划分标段的招标项目的同一标段）的投标。

2. 投标人是否被责令停产停业，是否财产被接管或冻结，是否处于破产状态。

3. 投标人是否被暂停或取消投标资格。

4. 投标人在参加招投标活动前____年内，是否发生过一般及以上工程安全事故和重大工程质量问题。

5. 投标人在参加招投标活动前____年内，是否在经营活动中有重大违法记录。

6. 投标人在投标过程中是否有弄虚作假、行贿受贿或者其他违法违规行为。

7. 投标人应承诺：投标人如在本项目中标，将落实国务院关于《保障农民工工资支付条例》（国务院令第724号）相关政策，切实保障农民工各项权益。

8. 投标人需要声明或承诺其他事宜。

......

十二、其他材料

园林绿化工程施工合同
示范文本（试行）

GF—2020—2605

批准部门：中华人民共和国住房和城乡建设部
国家市场监督管理总局
施行日期：2021年1月1日

住房和城乡建设部 市场监管总局关于印发
园林绿化工程施工合同示范文本（试行）的通知

各省、自治区住房和城乡建设厅、市场监督管理局（厅），直辖市住房和城乡建设（管）委、市场监督管理局（委），北京市园林绿化局，天津市城市管理委员会，上海市绿化和市容管理局，重庆市城市管理局，新疆生产建设兵团住房和城乡建设局、市场监督管理局：

为规范园林绿化工程建设市场签约履约行为，促进园林绿化行业高质量发展，住房和城乡建设部、市场监管总局联合制定了《园林绿化工程施工合同示范文本（试行）》GF—2020—2605，现印发给你们，自2021年1月1日起试行。试行中如有问题，请及时与住房和城乡建设部城市建设司、市场监管总局网络交易监督管理司联系。

中华人民共和国住房和城乡建设部
国家市场监督管理总局
2020年10月23日

说　明

为指导园林绿化工程施工合同当事人的签约行为，维护合同当事人的合法权益，依据《中华人民共和国民法典》《中华人民共和国建筑法》《中华人民共和国招标投标法》以及相关法律法规，住房和城乡建设部、市场监管总局组织编制了《园林绿化工程施工合同示范文本（试行）》GF—2020—2605（以下简称《合同示范文本》）。为便于合同当事人使用，现就有关问题说明如下：

一、《合同示范文本》的组成

《合同示范文本》由合同协议书、通用合同条款和专用合同条款三部分组成。

（一）合同协议书

合同协议书共计 16 条，主要包括：工程概况、合同工期、质量标准、签约合同价与合同价格形式、承包人项目负责人、预付款、绿化种植及养护要求、其他要求、合同文件构成、承诺以及合同生效条件等重要内容，集中约定了合同当事人基本的合同权利义务。

（二）通用合同条款

通用合同条款共计 20 条，采用《建设工程施工合同（示范文本）》GF—2017—0201 的"通用合同条款"。

（三）专用合同条款

专用合同条款共计 20 条，是对通用合同条款原则性约定的细化、完善、补充、修改或另行约定的条款。合同当事人可以根据不同建设工程的特点及具体情况，通过双方的谈判、协商对相应的专用合同条款进行修改补充。在使用专用合同条款时，应注意以下事项：

1. 专用合同条款的编号应与相应的通用合同条款的编号一致；

2. 合同当事人可以通过对专用合同条款的修改，满足具体建设工程的特殊要求，避免直接修改通用合同条款；

3. 在专用合同条款中有横道线的地方，合同当事人可针对相应的通用合同条款进行细化、完善、补充、修改或另行约定；如无细化、完善、补充、修改或另行约定，则填写"无"或划"/"。

二、《合同示范文本》的性质和适用范围

《合同示范文本》为非强制性使用文本。《合同示范文本》适用于园林绿化工程的施工承发包活动，合同当事人可结合园林绿化工程具体情况，参照本合同示范文本订立合同，并按照法律法规规定和合同约定承担相应的法律责任及合同权利义务。

《合同示范文本》中引用的规范、标准中，未备注编制年号的，均采用现行最新版本。

目　　录

第一部分 合同协议书

发包人（全称）：_____

承包人（全称）：_____

根据《中华人民共和国民法典》《中华人民共和国建筑法》及有关法律规定，遵循平等、自愿、公平和诚实信用的原则，双方就_____工程施工及有关事项协商一致，共同达成如下协议：

一、工程概况

1. 工程名称：_____。

2. 工程地点：_____。

3. 工程立项批准文号：_____。

4. 资金来源：_____。

5. 工程规模：_____。

群体工程应附《承包人承揽工程项目一览表》（附件1）。

6. 工程承包范围：_____。

二、合同工期

计划开工日期：_____年____月____日。

计划竣工日期：_____年____月____日。

工期总日历天数：____天，阶段性工期：_____。

工期总日历天数与根据前述计划开竣工日期计算的工期天数不一致的，以工期总日历天数为准。

三、质量标准

工程质量符合_____标准；

园林绿化养护质量符合□《园林绿化养护标准》CJJ/T 287 或□_____

_____（地方标准）中____级标准。

四、签约合同价与合同价格形式

1. 签约合同价（不含税）为：

人民币（大写）_____（¥_____元）；税率：____%；

含税金额：人民币（大写）_____（¥_____元）。

其中：

（1）安全文明施工费（含税）：

人民币（大写）_____（¥_____元）；

（2）暂估价金额（含税）：

人民币（大写）_____（¥_____元）；

（3）暂列金额（含税）：

人民币（大写）_____（¥_____元）；

（4）农民工工伤保险（含税）：

人民币（大写）＿＿＿＿＿＿＿（¥＿＿＿＿元）。

2. 合同价格形式：＿＿＿＿＿＿＿＿＿＿＿＿。

五、承包人项目负责人

姓名：＿＿＿＿＿；身份证号：＿＿＿＿＿＿＿＿＿＿＿＿＿。

六、预付款

预付款：发包人在合同签订后，＿＿＿个工作日内支付合同价的＿＿＿％作为工程预付款。

七、绿化种植及养护要求

1. 在施工过程及绿化养护期内植物死亡，须按原设计品种和规格更换，更换费用由承包人承担。

2. 竣工验收时苗木成活率约定（乔木、灌木、地被、草坪等）：＿＿＿＿＿＿＿＿＿
＿＿＿＿＿＿＿＿＿＿＿＿＿＿＿＿＿＿＿＿＿＿＿＿＿＿＿＿＿＿＿＿＿＿＿＿＿＿。

3. 养护期满移交时苗木成活率约定（乔木、灌木、地被、草坪等）：＿＿＿＿＿＿＿＿
＿＿＿＿＿＿＿＿＿＿＿＿＿＿＿＿＿＿＿＿＿＿＿＿＿＿＿＿＿＿＿＿＿＿＿＿＿＿。

八、其他要求： ＿＿＿＿＿＿＿＿＿＿＿＿＿＿＿＿＿＿＿＿＿＿＿＿＿＿＿＿
＿＿＿＿＿＿＿＿＿＿＿＿＿＿＿＿＿＿＿＿＿＿＿＿＿＿＿＿＿＿＿＿＿＿＿＿＿＿。

九、合同文件构成

本协议书与下列文件一起构成合同文件：

（1）中标通知书（如果有）；（2）投标函及其附录（如果有）；（3）专用合同条款及其附件；（4）通用合同条款；（5）技术标准和要求；（6）图纸；（7）已标价工程量清单或预算书；（8）其他合同文件。

在合同订立及履行过程中形成的与合同有关的文件均构成合同文件组成部分。

上述各项合同文件包括合同当事人就该项合同文件所作出的补充和修改，属于同一类内容的文件，应以最新签署的为准。专用合同条款及其附件须经合同当事人签字或盖章。

十、承诺

1. 发包人承诺按照法律规定履行项目审批手续、筹集工程建设资金并按照合同约定的期限和方式支付合同价款，及时足额支付人工费用至农民工工资专用账户，并加强对施工总承包单位按时足额支付农民工工资的监督。

2. 承包人承诺按照法律规定及合同约定组织完成工程施工，确保工程质量和安全，不进行转包及违法分包，并在缺陷责任期及保修期内承担相应的工程维修责任；按照有关规定开设农民工工资专用账户，专项用于支付本工程农民工工资。农民工工资拨付周期不超过1个月。

3. 发包人和承包人通过招投标形式签订合同的，双方理解并承诺不再就同一工程另行签订与合同实质性内容相背离的协议。

十一、词语含义

本协议书中词语含义与通用合同条款、专用合同条款中赋予的含义相同。

十二、签订时间

本合同于＿＿＿＿＿年＿＿＿月＿＿＿日签订。

十三、签订地点

本合同在＿＿＿＿＿＿＿＿＿＿＿＿＿＿＿＿＿＿＿＿＿＿＿签订。

十四、补充协议

合同未尽事宜，合同当事人另行签订补充协议，补充协议是合同的组成部分。

十五、合同生效

本合同自＿＿＿＿＿＿＿＿＿＿＿＿＿＿＿＿＿＿＿＿＿＿＿＿生效。

十六、合同份数

本合同一式＿＿份，均具有同等法律效力，发包人执＿＿份，承包人执＿＿份。

发包人：（公章）   承包人：（公章）

法定代表人或其委托代理人：   法定代表人或其委托代理人：
（签字）   （签字）

社会统一信用代码：＿＿＿＿＿＿＿   社会统一信用代码：＿＿＿＿＿＿＿

地　　址：＿＿＿＿＿＿＿＿＿＿＿＿   地　　址：＿＿＿＿＿＿＿＿＿＿＿＿

邮政编码：＿＿＿＿＿＿＿＿＿＿＿＿   邮政编码：＿＿＿＿＿＿＿＿＿＿＿＿

法定代表人：＿＿＿＿＿＿＿＿＿＿＿   法定代表人：＿＿＿＿＿＿＿＿＿＿＿

委托代理人：＿＿＿＿＿＿＿＿＿＿＿   委托代理人：＿＿＿＿＿＿＿＿＿＿＿

电　　话：＿＿＿＿＿＿＿＿＿＿＿＿   电　　话：＿＿＿＿＿＿＿＿＿＿＿＿

传　　真：＿＿＿＿＿＿＿＿＿＿＿＿   传　　真：＿＿＿＿＿＿＿＿＿＿＿＿

电子信箱：＿＿＿＿＿＿＿＿＿＿＿＿   电子信箱：＿＿＿＿＿＿＿＿＿＿＿＿

开户银行：＿＿＿＿＿＿＿＿＿＿＿＿   开户银行：＿＿＿＿＿＿＿＿＿＿＿＿

账　　号：＿＿＿＿＿＿＿＿＿＿＿＿   账　　号：＿＿＿＿＿＿＿＿＿＿＿＿

第二部分　通用合同条款

通用合同条款共计 20 条，采用《建设工程施工合同（示范文本）》GF—2017—0201 的"通用合同条款"。

第三部分 专用合同条款

1. 一般约定

1.1 词语定义

本款修改 1.1.2.4、1.1.2.5，补充 1.1.3.11、1.1.3.12、1.1.3.13、1.1.4.8。

1.1.1 合同

1.1.1.10 其他合同文件包括：_____

_____。

1.1.2 合同当事人及其他相关方

1.1.2.4 监理人和总监理工程师：

名　　称：_____；

资质类别和等级：_____；

总监理工程师姓名：_____；联系电话：_____；

总监理工程师执业资格证书号：_____；

电子信箱：_____；

通信地址：_____。

1.1.2.5 设计人和设计项目负责人：

名　　称：_____；

资质类别和等级：_____；

项目负责人姓名：_____；联系电话：_____；

电子信箱：_____；

通信地址：_____。

1.1.3 工程和设备

1.1.3.7 作为施工现场组成部分的其他场所包括：_____

_____。

1.1.3.9 永久占地包括：_____。

1.1.3.10 临时占地包括：_____。

1.1.3.11 园林绿化工程：是指新建、改建、扩建公园绿地、防护绿地、广场用地、附属绿地、区域绿地，以及对城市生态和景观影响较大建设项目的配套绿化，主要包括园林绿化植物栽植、地形整理、园林设施设备安装及园林建筑、小品、花坛、园路、水系、喷泉、假山、雕塑、绿地广场、驳岸、园林景观桥梁等。

1.1.3.12 绿化工程：是指树木、花卉、草坪、地被植物等的种植工程。

1.1.3.13 绿化养护：是指对绿地内植物采取的整形修剪、松土除草、灌溉与排水、施肥、有害生物防治、改植与补植、绿地防护（如防台风、防寒）等技术措施。

1.1.4 日期和期限

1.1.4.8 绿化养护期：是指承包人按照合同约定进行绿化养护的期限，从工程竣工验收合格之日起计算。绿化养护期最长不得超过 24 个月。

1.3　法律

适用于合同的其他规范性文件：＿＿＿＿＿＿＿＿＿＿＿＿＿＿＿＿＿

＿＿＿＿＿＿＿＿＿＿＿＿＿＿＿＿＿＿＿＿＿＿＿＿＿＿＿＿＿＿＿＿＿

＿＿＿＿＿＿＿＿＿＿＿＿＿＿＿＿＿＿＿＿＿＿＿＿＿＿＿＿＿＿＿。

1.4　标准和规范

本款修改 1.4.1、1.4.2。

1.4.1　适用于工程的标准规范包括：

《园林绿化工程施工及验收规范》CJJ 82；

《园林绿化养护标准》CJJ/T 287；

《建设工程工程量清单计价规范》GB 50500；

《园林绿化工程工程量计算规范》GB 50858；

与园林绿化行业相关的行业标准、地方标准：＿＿＿＿＿＿＿＿＿＿＿＿

＿＿＿＿＿＿＿＿＿＿＿＿＿＿＿＿＿＿＿＿＿＿＿＿＿＿＿＿＿＿＿＿＿。

1.4.2　发包人提供国外标准、规范的名称：＿＿＿＿＿＿＿＿＿＿＿＿

＿＿＿＿＿＿＿＿＿＿＿＿＿＿＿＿＿＿＿＿＿＿＿＿＿＿＿＿＿＿＿＿＿；

发包人提供国外标准、规范的份数：＿＿＿＿＿＿＿＿＿＿＿＿＿＿＿。

1.4.3　发包人对工程的技术标准和功能要求的特殊要求：＿＿＿＿＿＿

＿＿＿＿＿＿＿＿＿＿＿＿＿＿＿＿＿＿＿＿＿＿＿＿＿＿＿＿＿＿＿＿＿。

1.5　合同文件的优先顺序

合同文件组成及优先顺序为：＿＿＿＿＿＿＿＿＿＿＿＿＿＿＿＿＿＿＿。

1.6　图纸和承包人文件

1.6.1　图纸的提供

发包人向承包人提供图纸的期限：＿＿＿＿＿＿＿＿＿＿＿＿＿＿＿＿＿；

发包人向承包人提供图纸的数量：＿＿＿＿＿＿＿＿＿＿＿＿＿＿＿＿＿；

发包人向承包人提供图纸的内容：＿＿＿＿＿＿＿＿＿＿＿＿＿＿＿＿。

1.6.4　承包人文件

需要由承包人提供的文件，包括：＿＿＿＿＿＿＿＿＿＿＿＿＿＿＿＿＿；

承包人提供的文件的期限为：＿＿＿＿＿＿＿＿＿＿＿＿＿＿＿＿＿＿＿；

承包人提供的文件的数量为：＿＿＿＿＿＿＿＿＿＿＿＿＿＿＿＿＿＿＿；

承包人提供的文件的形式为：＿＿＿＿＿＿＿＿＿＿＿＿＿＿＿＿＿＿＿；

发包人审批承包人文件的期限：＿＿＿＿＿＿＿＿＿＿＿＿＿＿＿＿＿。

1.6.5　现场图纸准备

关于现场图纸准备的约定：＿＿＿＿＿＿＿＿＿＿＿＿＿＿＿＿＿＿＿。

1.7　联络

1.7.1　发包人和承包人应当在＿＿＿＿天内将与合同有关的通知、批准、证明、证书、指示、指令、要求、请求、同意、意见、确定和决定等书面函件送达对方当事人。

1.7.2　发包人接收文件的地点：＿＿＿＿＿＿＿＿＿＿＿＿＿＿＿＿＿；

发包人指定的接收人为：＿＿＿＿＿＿＿＿＿＿＿＿＿＿＿＿＿＿＿＿。

承包人接收文件的地点：_____ ；

承包人指定的接收人为：_____ 。

监理人接收文件的地点：_____ ；

监理人指定的接收人为：_____ 。

1.10 交通运输

1.10.1 出入现场的权利

关于出入现场的权利的约定：_____ 。

1.10.3 场内交通

关于场外交通和场内交通的边界的约定：_____ 。

关于发包人向承包人免费提供满足工程施工需要的场内道路和交通设施的约定：_____
_____ 。

1.10.4 超大件和超重件的运输

运输超大件或超重件所需的道路和桥梁临时加固改造费用和其他有关费用由_____
承担。

1.11 知识产权

1.11.1 关于发包人提供给承包人的图纸、发包人为实施工程自行编制或委托编制的技术规范以及反映发包人关于合同要求或其他类似性质的文件的著作权的归属：_____ 。

关于发包人提供的上述文件的使用限制的要求：_____ 。

1.11.2 关于承包人为实施工程所编制文件的著作权的归属：_____
_____ 。

关于承包人提供的上述文件的使用限制的要求：_____
_____ 。

1.11.4 承包人在施工过程中所采用的专利、专有技术、技术秘密的使用费的承担方式：_____ 。

1.13 工程量清单错误的修正

本款修改为：

承包人应在合同签订后对发包人提供的工程量清单、图纸和现场进行核查和踏察，如发现差异，应在____天内以书面形式向发包人提出；有下列情形之一时，发包人应予以修正，并相应调整合同价格：

出现工程量清单错误时，是否调整合同价格：_____ 。

允许调整合同价格的工程量偏差范围：_____ 。

2. 发包人

2.1 许可或批准

本款补充 2.1.1、2.4.3。

2.1.1 根据相关规定提供园林绿化施工所需的许可或批准。

2.2 发包人代表

发包人代表：

姓 名：_____ ；身份证号：_____ ；

职　　务：＿＿＿＿＿＿＿＿＿＿＿＿＿＿＿＿＿＿＿；

联系电话：＿＿＿＿＿＿＿＿＿＿＿＿＿＿＿＿＿＿＿；

电子信箱：＿＿＿＿＿＿＿＿＿＿＿＿＿＿＿＿＿＿＿；

通信地址：＿＿＿＿＿＿＿＿＿＿＿＿＿＿＿＿＿＿＿；

发包人对发包人代表的授权范围如下：＿＿＿＿＿＿＿＿＿。

2.4　施工现场、施工条件和基础资料的提供

2.4.1　提供施工现场

关于发包人移交施工现场的期限要求：＿＿＿＿＿＿＿＿＿＿＿＿＿＿＿＿。

2.4.2　提供施工条件

关于发包人应负责提供施工所需要的条件，包括：＿＿＿＿＿＿＿＿＿＿＿＿＿
＿＿＿＿＿＿＿＿＿＿＿＿＿＿＿＿＿＿＿＿＿＿＿＿＿＿＿＿＿＿＿＿＿＿＿＿。

2.4.3　提供基础资料

发包人还应提供项目施工区域内现状树木一览表（附件2）、现状土壤指标、＿＿＿＿＿＿
＿＿＿＿＿＿＿＿等。

2.5　资金来源证明及支付担保

本款修改为：

发包人提供资金来源证明的期限要求：＿＿＿＿＿＿＿＿＿＿＿＿＿＿＿＿＿＿
＿＿＿＿＿＿＿＿＿＿＿＿＿＿＿＿＿＿＿＿＿＿＿＿＿＿＿＿＿＿＿＿＿＿＿＿。

发包人提供支付担保期限及方式：发包人应在签订合同后＿＿＿＿天内，向承包人提供工
程款支付担保，确保农民工工资按时足额支付。发包人提供支付担保的形式：＿＿＿＿＿＿＿，
担保有效期至工程款拨付完成为止（不含质量保证金）。

3. 承包人

3.1　承包人的一般义务

（9）承包人提交的竣工资料的内容：＿＿＿＿＿＿＿＿＿＿＿＿＿＿＿＿＿＿＿。

承包人需要提交的竣工资料套数：＿＿＿＿＿＿＿＿＿＿＿＿＿＿＿＿＿＿＿＿。

承包人提交的竣工资料的费用承担：＿＿＿＿＿＿＿＿＿＿＿＿＿＿＿＿＿＿＿。

承包人提交的竣工资料移交时间：＿＿＿＿＿＿＿＿＿＿＿＿＿＿＿＿＿＿＿＿。

承包人提交的竣工资料形式要求：＿＿＿＿＿＿＿＿＿＿＿＿＿＿＿＿＿＿＿＿。

（10）承包人应履行的其他义务：＿＿＿＿＿＿＿＿＿＿＿＿＿＿＿＿＿＿＿＿。

3.2　项目经理

本款修改为：

3.2.1　项目负责人：

姓　　名：＿＿＿＿＿＿＿；身份证号：＿＿＿＿＿＿＿＿＿＿＿；

相关证书及编号：＿＿＿＿＿＿＿＿＿＿＿＿＿＿＿＿＿＿＿＿；

联系电话：＿＿＿＿＿＿＿＿＿＿＿＿＿＿＿＿＿＿＿＿＿；

电子信箱：＿＿＿＿＿＿＿＿＿＿＿＿＿＿＿＿＿＿＿＿＿；

通信地址：＿＿＿＿＿＿＿＿＿＿＿＿＿＿＿＿＿＿＿＿＿；

承包人对项目负责人的授权范围如下：＿＿＿＿＿＿＿＿＿＿＿。

关于项目负责人每月在施工现场的时间要求：_____。

承包人未提交劳动合同，以及没有为项目负责人缴纳社会保险证明的违约责任：_____

_____。

项目负责人未经批准，擅自离开施工现场的违约责任：_____

_____。

3.2.3　承包人擅自更换项目负责人的违约责任：_____

_____。

3.2.4　承包人无正当理由拒绝更换项目负责人的违约责任：_____

_____。

3.3　承包人人员

本款补充 3.3.6。

3.3.1　承包人提交项目管理机构及施工现场管理人员安排报告的期限：_____

_____。

3.3.3　承包人无正当理由拒绝撤换主要施工管理人员的违约责任：_____

_____。

3.3.4　承包人主要施工管理人员离开施工现场的批准要求：_____

_____。

3.3.5　承包人擅自更换主要施工管理人员的违约责任：_____

_____。

承包人主要施工管理人员擅自离开施工现场的违约责任：_____

_____。

3.3.6　技术负责人

姓名：_____ ；身份证号：_____ ；

专业：_____ ；职称等级：_____ 。

3.5　分包

本款修改 3.5.1、3.5.2。

3.5.1　分包的一般约定

禁止分包的工程包括：绿化工程、_____ 。

主体结构、关键性工作的范围：_____ 。

3.5.2　分包的确定

允许分包的专业工程包括：_____。

涉及分包的工程内容，分包工程承包人的资格应符合国家相关规定。

其他关于分包的约定：_____。

3.5.4　分包合同价款

关于分包合同价款支付的约定：_____。

3.6　工程照管与成品、半成品保护

本款补充 3.6.2。

3.6.1　承包人负责照管工程及工程相关的材料、工程设备的起始时间：_____

_____。

3.6.2　现状树木的保护起始时间：＿＿＿＿＿＿＿＿＿＿＿＿＿＿＿＿＿＿。

3.7　履约担保

承包人是否提供履约担保：＿＿＿＿＿＿＿＿。

本款补充：

履约担保金额及方式：签订合同后＿＿＿＿＿个工作日内，承包人需提交履约担保人民币＿＿＿＿元（不高于中标价的10%），以□保函或□保险形式执行。履约担保的有效期至本工程竣工验收合格为止。

4. 监理人

4.1　监理人的一般规定

关于监理人的监理内容：＿＿＿＿＿＿＿＿＿＿＿＿＿＿＿＿＿＿＿＿＿。

关于监理人的监理权限：＿＿＿＿＿＿＿＿＿＿＿＿＿＿＿＿＿＿＿＿＿。

关于监理人在施工现场的办公场所、生活场所的提供和费用承担的约定：＿＿＿＿＿＿＿＿＿＿＿＿＿＿＿＿＿＿＿＿＿＿＿＿＿＿＿＿＿＿＿＿＿＿＿＿。

4.2　监理人员

关于监理人的其他约定：＿＿＿＿＿＿＿＿＿＿＿＿＿＿＿＿＿＿＿。

4.4　商定或确定

在发包人和承包人不能通过协商达成一致意见时，发包人授权监理人对以下事项进行确定：

（1）＿＿＿＿＿＿＿＿＿＿＿＿＿＿＿＿＿＿＿＿＿＿＿＿＿＿＿＿；

（2）＿＿＿＿＿＿＿＿＿＿＿＿＿＿＿＿＿＿＿＿＿＿＿＿＿＿＿＿；

（3）＿＿＿＿＿＿＿＿＿＿＿＿＿＿＿＿＿＿＿＿＿＿＿＿＿＿＿＿。

5. 工程质量

5.1　质量要求

5.1.1　特殊质量标准和要求：＿＿＿＿＿＿＿＿＿＿＿＿＿＿＿＿＿＿。

关于工程奖项的约定：＿＿＿＿＿＿＿＿＿＿＿＿＿＿＿＿＿＿＿＿＿。

5.3　隐蔽工程检查

5.3.2　承包人提前通知监理人隐蔽工程检查的期限的约定：＿＿＿＿＿＿＿＿＿＿＿＿＿＿＿＿＿＿＿＿＿＿＿＿＿＿＿＿＿＿＿＿＿＿＿＿。

监理人不能按时进行检查时，应提前＿＿＿＿小时提交书面延期要求。

关于延期最长不得超过：＿＿＿＿小时。

6. 安全文明施工与环境保护

6.1　安全文明施工

6.1.1　项目安全生产的达标目标及相应事项的约定：＿＿＿＿＿＿＿＿＿＿＿＿＿＿＿＿＿＿＿＿＿＿＿＿＿＿＿＿＿＿＿＿＿＿＿＿＿。

6.1.4　关于治安保卫的特别约定：＿＿。

关于编制施工场地治安管理计划的约定： _____

_____。

6.1.5　文明施工

合同当事人对文明施工的要求： _____

_____。

6.1.6　关于安全文明施工费支付比例和支付期限的约定： _____

_____。

6.3　环境保护

本款补充：

合同当事人对农药、肥料的使用要求： _____。

7.　工期和进度

7.1　施工组织设计

本款修改 7.1.1。

7.1.1　工程涉及以下内容的，合同当事人约定的施工组织设计还应包括此类工程内容的专项施工方案：

□ 现状树木保护；

□ 古树名木保护；

□ 土壤改良；

□ 其他内容： _____。

7.1.2　施工组织设计的提交和修改

承包人提交详细施工组织设计的期限的约定： _____

_____。

发包人和监理人在收到详细的施工组织设计后确认或提出修改意见的期限： _____

_____。

7.2　施工进度计划

7.2.2　施工进度计划的修订

发包人和监理人在收到修订的施工进度计划后确认或提出修改意见的期限： _____

_____。

7.3　开工

本款修改 7.3.1。

7.3.1　开工准备

关于承包人提交工程开工报审表的期限： _____。

关于发包人应完成的其他开工准备工作及期限： _____

_____。

关于承包人应完成的其他开工准备工作及期限： _____

_____。

7.3.2　开工通知

因发包人原因或监理人未能在计划开工日期之日起____天内发出开工通知的，承包人有权提出价格调整要求，或者解除合同。

7.4 测量放线

本款修改 7.4.1。

7.4.1 发包人或发包人通过监理人向承包人提供测量基准点、基准线和水准点及其书面资料的期限：_____。

7.5 工期延误

7.5.1 因发包人原因导致工期延误

（7）因发包人原因导致工期延误的其他情形：_____

_____。

7.5.2 因承包人原因导致工期延误

因承包人原因造成工期延误，逾期竣工违约金的计算方法为：_____

_____。

因承包人原因造成工期延误，逾期竣工违约金的上限：_____

_____。

7.6 不利物质条件

不利物质条件的其他情形和有关约定：_____

_____。

7.7 异常恶劣的气候条件

发包人和承包人同意以下情形视为异常恶劣的气候条件：

（1）_____；

（2）_____；

（3）_____。

7.9 提前竣工的奖励

7.9.2 提前竣工的奖励：_____

_____。

8. 材料与设备

8.4 材料与工程设备的保管与使用

本款修改 8.4.1。

8.4.1 发包人供应的苗木、材料设备的保管费用的承担：_____

_____。

8.6 样品

8.6.1 样品的报送与封存

需要承包人报送样品的材料或工程设备，样品的种类、名称、规格、数量要求：_____

_____。

8.8 施工设备和临时设施

8.8.1 承包人提供的施工设备和临时设施

关于修建临时设施费用承担的约定：_____

_____。

9. 试验与检验

9.3 材料、工程设备和工程的试验和检验
本款补充 9.3.4。

9.3.4 关于送检材料的约定：_____
_____。

10. 变更

10.1 变更的范围
关于变更的范围的约定：_____。

10.4 变更估价
本款补充 10.4.3。

10.4.1 变更估价原则
关于变更估价的约定：_____。

10.4.3 变更估价的支付方式及时间
关于变更价款的支付方式及时间的约定：_____。

10.5 承包人的合理化建议
监理人审查承包人合理化建议的期限：_____。

发包人审批承包人合理化建议的期限：_____。

承包人提出的合理化建议降低了合同价格或者提高了工程经济效益的奖励的方法和金额为：_____。

10.7 暂估价
本款补充 10.7.1、10.7.2。

暂估价材料的明细详见附件 3《暂估价一览表》。

10.7.1 依法必须招标的暂估价项目
对于依法必须招标的暂估价项目的确认和批准采取通用合同条款中第____种方式确定。

10.7.2 不属于依法必须招标的暂估价项目
对于不属于依法必须招标的暂估价项目的确认和批准采取通用合同条款中第____种方式确定。

第 3 种方式：承包人直接实施的暂估价项目
承包人直接实施的暂估价项目的约定：_____。

10.8 暂列金额
合同当事人关于暂列金额使用的约定：_____。

11. 价格调整

11.1 市场价格波动引起的调整
市场价格波动是否调整合同价格的约定：_____。

因市场价格波动调整合同价格，采用以下第____种方式对合同价格进行调整：

第 1 种方式：采用价格指数进行价格调整。

关于各可调因子、定值和变值权重，以及基本价格指数及其来源的约定：_____
_____；

第 2 种方式：采用造价信息进行价格调整。

（2）关于基准价格的约定：_____。

① 承包人在已标价工程量清单或预算书中载明的材料单价低于基准价格的：合同履行期间材料单价涨幅以基准价格为基础超过____%时，或材料单价跌幅以已标价工程量清单或预算书中载明材料单价为基础超过____%时，其超过部分据实调整。

② 承包人在已标价工程量清单或预算书中载明的材料单价高于基准价格的：合同履行期间材料单价跌幅以基准价格为基础超过____%时，材料单价涨幅以已标价工程量清单或预算书中载明材料单价为基础超过____%时，其超过部分据实调整。

③ 承包人在已标价工程量清单或预算书中载明的材料单价等于基准单价的：合同履行期间材料单价涨跌幅以基准单价为基础超过 ±____%时，其超过部分据实调整。

第 3 种方式：其他价格调整方式：_____。

12. 合同价格、计量与支付

12. 1　合同价格形式

1. 单价合同。

综合单价包含的风险范围：_____。

风险费用的计算方法：_____。

风险范围以外合同价格的调整方法：_____。

2. 总价合同。

总价包含的风险范围：_____。

风险费用的计算方法：_____。

风险范围以外合同价格的调整方法：_____。

3. 其他价格方式：_____。

12. 2　预付款

本款修改 12.2.1、12.2.2。

12.2.1　预付款的支付

预付款扣回的方式：_____。

12.2.2　预付款担保

签订合同后_____个工作日内，承包人需提交支付担保人民币_____元（中标价的____%），以□保函或□保险形式执行。预付款担保的有效期至_____为止。

12. 3　计量

12.3.1　计量原则

工程量计算规则：_____。

12.3.2　计量周期

关于计量周期的约定：_____。

12.3.3　单价合同的计量

关于单价合同计量的约定：_____。

12.3.4　总价合同的计量

关于总价合同计量的约定：＿＿＿＿＿＿＿＿＿＿＿＿＿＿＿＿＿＿＿＿＿＿＿＿。

12.3.5　总价合同采用支付分解表计量支付的，是否适用第 12.3.4 项〔总价合同的计量〕约定进行计量：＿＿＿＿＿＿＿＿＿＿＿＿＿＿＿＿＿＿＿＿＿＿＿＿。

12.3.6　其他价格形式合同的计量

其他价格形式的计量方式和程序：＿＿＿＿＿＿＿＿＿＿＿＿＿＿＿＿＿＿＿＿。

12.4　工程进度款支付

本款修改 12.4.4。

12.4.2　进度付款申请单的编制

关于进度付款申请单编制的约定：＿＿＿＿＿＿＿＿＿＿＿＿＿＿＿＿＿＿＿＿。

12.4.3　进度付款申请单的提交

（1）单价合同进度付款申请单提交的约定：＿＿＿＿＿＿＿＿＿＿＿＿＿＿＿。

（2）总价合同进度付款申请单提交的约定：＿＿＿＿＿＿＿＿＿＿＿＿＿＿＿。

（3）其他价格形式合同进度付款申请单提交的约定：＿＿＿＿＿＿＿＿＿＿＿

＿＿＿＿＿＿＿＿＿＿＿＿＿＿＿＿＿＿＿＿＿＿＿＿＿＿＿＿＿＿＿＿＿＿＿＿。

12.4.4　进度款审核和支付

（1）监理人审查并报送发包人的期限：＿＿＿＿＿＿＿＿＿＿＿＿＿＿＿＿＿＿

＿＿＿＿＿＿＿＿＿＿＿＿＿＿＿＿＿＿＿＿＿＿＿＿＿＿＿＿＿＿＿＿＿＿＿＿。

发包人完成审批并签发进度款支付证书的期限：＿＿＿＿＿＿＿＿＿＿＿＿＿＿

＿＿＿＿＿＿＿＿＿＿＿＿＿＿＿＿＿＿＿＿＿＿＿＿＿＿＿＿＿＿＿＿＿＿＿＿。

承包人根据工程进度申请支付工程款，每期工程进度款按以下方式选择支付：

□ 按实际完成工程量的百分比支付：

＿＿＿＿＿＿＿＿＿＿＿＿＿＿＿＿＿＿＿＿＿＿＿＿＿＿＿＿＿＿＿＿＿＿＿＿；

□ 按形象进度支付：

＿＿＿＿＿＿＿＿＿＿＿＿＿＿＿＿＿＿＿＿＿＿＿＿＿＿＿＿＿＿＿＿＿＿＿＿；

□ 按月实际完成工程量＿＿＿％支付；

□ 其他：＿＿＿＿＿＿＿＿＿＿＿＿＿＿＿＿＿＿＿＿＿＿＿＿＿＿＿＿＿＿＿。

发包人在收到工程款进度申请后＿＿＿＿个工作日内完成支付，累计支付达到合同价款的＿＿＿＿％时，停止支付进度款。

发包人逾期支付进度款的违约金的计算方式：＿＿＿＿＿＿＿＿＿＿＿＿＿＿＿＿

＿＿＿＿＿＿＿＿＿＿＿＿＿＿＿＿＿＿＿＿＿＿＿＿＿＿＿＿＿＿＿＿＿＿＿＿。

12.4.6　支付分解表的编制

2.总价合同支付分解表的编制与审批：＿＿＿＿＿＿＿＿＿＿＿＿＿＿＿＿＿＿

＿＿＿＿＿＿＿＿＿＿＿＿＿＿＿＿＿＿＿＿＿＿＿＿＿＿＿＿＿＿＿＿＿＿＿＿

＿＿＿＿＿＿＿＿＿＿＿＿＿＿＿＿＿＿＿＿＿＿＿＿＿＿＿＿＿＿＿＿＿＿＿＿。

3.单价合同的总价项目支付分解表的编制与审批：＿＿＿＿＿＿＿＿＿＿＿＿＿

＿＿＿＿＿＿＿＿＿＿＿＿＿＿＿＿＿＿＿＿＿＿＿＿＿＿＿＿＿＿＿＿＿＿＿＿

＿＿＿＿＿＿＿＿＿＿＿＿＿＿＿＿＿＿＿＿＿＿＿＿＿＿＿＿＿＿＿＿＿＿＿＿。

13. 验收和工程试车

13.1 分部分项工程验收

13.1.2 监理人不能按时进行验收时，应提前____小时提交书面延期要求。

关于延期最长不得超过：____小时。

13.2 竣工验收

本款补充 13.2.1、修改 13.2.5。

13.2.1 竣工验收条件

（3）竣工资料内容和份数：_____。

13.2.2 竣工验收程序

关于竣工验收程序的约定：_____

_____。

发包人不按照本项约定组织竣工验收、颁发工程接收证书的违约金的计算方法：____

_____。

13.2.5 移交、接收全部与部分工程

绿化工程移交期限：_____。

其他工程移交期限：_____。

发包人未按本合同约定接收全部或部分工程的，违约金的计算方法为：_____

_____。

承包人未按时移交工程的，违约金的计算方法为：_____

_____。

13.3 工程试车

13.3.1 试车程序

工程试车内容：_____。

（1）单机无负荷试车费用由_____承担；

（2）无负荷联动试车费用由_____承担。

13.3.3 投料试车

关于投料试车相关事项的约定：_____。

13.6 竣工退场

13.6.1 竣工退场

承包人完成竣工退场的期限：_____。

14. 竣工结算

14.1 竣工结算申请

承包人提交竣工结算申请单的期限：_____。

竣工结算申请单应包括的内容：_____。

14.2 竣工结算审核

本款修改为：

发包人审批竣工付款申请单的期限：_____。

结算款支付方式及时间：工程竣工验收合格后____个工作日内支付至□合同价或□已完工程量的总价的____%；结算完成后____个工作日内支付至结算价的____%；工程归档档案移交后____个工作日内支付至结算价的____%。

关于竣工付款证书异议部分复核的方式和程序：_____

_____。

14.4 最终结清

14.4.1 最终结清申请单

承包人提交最终结清申请单的份数：_____。

承包人提交最终结算申请单的期限：_____。

14.4.2 最终结清证书和支付

（1）发包人完成最终结清申请单的审批并颁发最终结清证书的期限：_____

_____。

14.5 竣工归档资料

本款补充：

（1）施工中未发生设计变更，施工后由承包人在发包人提供的施工图纸加盖竣工图章提交发包人。

（2）施工过程中发生设计变更的，需经相关方书面确认后由设计单位出具设计变更材料，由承包人提供加盖竣工图章的竣工图给发包人。

（3）工程竣工验收结算后____天内，承包人应提供给发包人____套完整符合要求的竣工图、竣工归档资料。

竣工归档资料的形式和格式：_____。

（4）因承包人拖延或不办理竣工归档资料时，经发包人催告，_____个月内未按发包人要求提供相关竣工归档资料的，发包人有权委托第三方机构整理，相关费用由_____承担。

15. 缺陷责任期与保修

本条补充 15.5。

15.2 缺陷责任期

缺陷责任期的具体期限：_____。

15.3 质量保证金

本款修改为：

工程质量保证金的支付方式和时间：工程质量保证金为结算款的____%（≤3%），采用以下方式执行：

□ 担保；

□ 保险；

□ 其他：_____。

工程缺陷责任期满，承包人履行缺陷责任期内质量保修义务及绿化养护义务且合格移交后，在____天内结清工程质量保证金。在工程项目竣工验收前，承包人提供履约担保的，发包人不得同时预留工程质量保证金。

15.4 保修

15.4.1 保修责任

工程保修期为：_____。

15.4.3 修复通知

承包人收到保修通知并到达工程现场的合理时间：_____

_____。

15.5 绿化养护期

绿化养护期的具体期限：_____。

绿化养护期内双方责任约定：_____。

绿化养护期内水电费支付：_____。

16. 违约

16.1 发包人违约

16.1.1 发包人违约的情形

发包人违约的其他情形：_____。

16.1.2 发包人违约的责任

发包人违约责任的承担方式和计算方法：

（1）因发包人原因未能在计划开工日期前 7 天内下达开工通知的违约责任：_____

_____。

（2）因发包人原因未能按合同约定支付合同价款的违约责任：_____

_____。

（3）发包人违反第 10.1 款〔变更的范围〕第（2）项约定，自行实施被取消的工作或转由他人实施的违约责任：_____

_____。

（4）发包人提供的材料、工程设备的规格、数量或质量不符合合同约定，或因发包人原因导致交货日期延误或交货地点变更等情况的违约责任：_____

_____。

（5）因发包人违反合同约定造成暂停施工的违约责任：_____

_____。

（6）发包人无正当理由没有在约定期限内发出复工指示，导致承包人无法复工的违约责任：_____。

（7）其他：_____。

16.1.3 因发包人违约解除合同

承包人按 16.1.1 项〔发包人违约的情形〕约定暂停施工满____天后发包人仍不纠正其违约行为并致使合同目的不能实现的，承包人有权解除合同。

16.2 承包人违约

16.2.1 承包人违约的情形

承包人违约的其他情形：_____。

16.2.2 承包人违约的责任

承包人违约责任的承担方式和计算方法：_____。

16.2.3　因承包人违约解除合同

关于承包人违约解除合同的特别约定：_____。

发包人继续使用承包人在施工现场的材料、设备、临时工程、承包人文件和由承包人或以其名义编制的其他文件的费用承担方式：_____。

17. 不可抗力

17.1　不可抗力的确认

除通用合同条款约定的不可抗力事件之外，视为不可抗力的其他情形：_____
_____。

17.4　因不可抗力解除合同

合同解除后，发包人应在商定或确定发包人应支付款项后____天内完成款项的支付。

18. 保险

18.1　工程保险

关于工程保险的特别约定：_____。

18.3　其他保险

关于其他保险的约定：_____。

承包人是否应为其施工设备等办理财产保险：_____。

18.7　通知义务

关于变更保险合同时的通知义务的约定：_____。

20. 争议解决

20.3　争议评审

本款补充 20.3.1。

合同当事人是否同意将工程争议提交争议评审小组决定：_____
_____。

20.3.1　争议评审小组的确定

关于评审机构的约定：_____。

争议评审小组成员的确定：_____。

选定争议评审员的期限：_____。

争议评审小组成员的报酬承担方式：_____。

其他事项的约定：_____。

20.3.2　争议评审小组的决定

合同当事人关于本项的约定：_____
_____。

20.4　仲裁或诉讼

本款修改为：

因合同及合同有关事项发生的争议，按下列第____种方式解决：

（1）向＿＿＿＿＿＿＿＿＿＿＿＿仲裁委员会申请仲裁；

（2）依法向＿＿＿＿＿＿＿＿＿＿＿人民法院起诉。

20.6 通知送达

本款补充：

双方确认本合同载明的联系方式（联系电话、电子信箱、传真号码及通信地址）准确无误，如有变更应以书面方式及时通知另一方。由于一方联系方式错误、不详或者无法识别等导致无法送达，或者联系方式变更未及时通知另一方，以及其他不可归责于送达方原因造成相关通知或者文件无法送达、拒绝签收，则相关通知或文件自寄送或发送后第＿＿＿天起视为已送达。

附件 1

承包人承揽工程项目一览表

单位工程名称	建设规模	主要内容	合同价格（元）	开工日期	竣工日期

附件 2

现状树木一览表

树木名称	规格	数量	单位	生长情况	是否古树名木	处置情况	备注

附件 3

暂估价一览表

序号	名称	单位	数量	单价（元）	合价（元）	备注

附件 4

发包人供应材料设备一览表

序号	材料、设备品种	规格型号	单位	数量	单价（元）	质量等级	供应时间	送达地点	备注

附件 5

发包人供应苗木一览表

序号	苗木材料名称	规格	单位	数量	单价（元）	供应时间	送达地点	备注

附件 6

<h1 style="text-align:center">绿化养护责任书</h1>

发包人和承包人根据《园林绿化养护标准》CJJ/T 287 或_____（地方标准）等相关规定，经协商一致就_____（工程全称）签订绿化养护责任书。

一、责任范围和内容

承包人在绿化养护期内，按照有关法律规定和合同约定，承担施工范围内的绿化养护责任。

内容包括对养护范围内植物采取的整形修剪、松土除草、灌溉与排水、施肥、有害生物防治、改植与补植、绿地防护（如防台风、防寒）等技术措施；其他内容双方约定如下：

_____。

二、养护标准

绿化养护质量按照□《园林绿化养护标准》CJJ/T 287 或 □_____（地方标准）中_____级标准。

三、考核标准

由发包人按_____（□国家标准 □行业标准 □地方标准）中_____级标准进行考核，相关费用从质量保证金中扣除。

四、绿化养护期

绿化养护期____个月，从工程竣工验收合格之日起计算。

五、养护责任

1．为确保养护质量，承包人应安排专业队伍和人员进行养护管理。

2．承包人在养护过程中应采取安全措施，避免造成对第三方人身和财产的损害。因承包人操作不当、管理不善而造成人身伤害或财产损失的，由承包人承担。发生紧急事故需处置的，承包人在接到事故通知后，应当立即到达事故现场处置。

3．苗木成活率按合同约定执行，发生苗木等植物材料死亡，须按原设计品种和规格及时更换，更换费用由承包人承担。

4．绿化养护期满后，由发包人组织验收。

5．其他责任约定：_____

_____。

六、养护费用

养护费用由承包人承担。

七、其他约定：_____

_____。

绿化养护责任书由发包人、承包人在工程竣工验收前共同签署，作为施工合同附件，其有效期限至绿化养护期满。

发包人：（公章）　　　　　　　　承包人：（公章）
法定代表人或其委托代理人：　　　　法定代表人或其委托代理人：
（签字）_____　　（签字）_____
地　址：_____　　地　址：_____
电　话：_____　　电　话：_____
日　期：_____年___月___日　　日　期：_____年___月___日

附件7

<h1 style="text-align:center">工程质量保修书</h1>

发包人和承包人根据《中华人民共和国建筑法》《建设工程质量管理条例》和《园林绿化工程施工及验收规范》（CJJ 82）以及_____（地方标准），经协商一致就_____（工程名称）签订工程质量保修书。

一、工程质量保修范围和内容

承包人在质量保修期内，按照有关法律规定和合同约定，承担工程质量保修责任。

质量保修范围包括地基基础工程、主体结构工程，屋面防水工程、有防水要求的卫生间、房间和外墙面的防渗漏，供热与供冷系统，电气管线、给水排水管道、设备安装、装修工程，绿化工程、园林附属工程（园路与广场铺装、假山、叠石、置石、园林理水、园林设施安装），以及双方约定的其他项目。具体保修的内容，双方约定如下：_____
_____。

二、质量保修期

工程的质量保修期如下：

1. 地基基础工程和主体结构工程为设计文件规定的工程合理使用年限；

2. 屋面防水工程、有防水要求的卫生间、房间和外墙面的防渗为____年，其他防水工程____年；

3. 装修工程为____年；

4. 电气管线、给水排水管道、设备安装工程为____年；

5. 供热与供冷系统为____个供暖期、供冷期；

6. 绿化工程为____个月；

7. 园林附属工程为____个月；

8. 其他项目保修期限约定如下：_____。

质量保修期自工程竣工验收合格之日起计算。

三、缺陷责任期

工程缺陷责任期为____个月，缺陷责任期自工程竣工验收合格之日起计算。单位工程先于全部工程进行验收，单位工程缺陷责任期自单位工程验收合格之日起算。

缺陷责任期终止后，发包人应退还剩余的质量保证金。

四、质量保修责任

1. 属于保修范围、内容的项目，承包人应当在接到保修通知之日起 7 天内派人保修。承包人不在约定期限内派人保修的，发包人可以委托他人修理，费用由承包人承担，从质量保证金中扣除。

2. 发生紧急事故需抢修的，承包人在接到事故通知后，应当立即到达事故现场抢修。

3. 对于涉及结构安全的质量问题，应当按照《建设工程质量管理条例》的规定，立即向当地住房和城乡建设行政主管部门及有关部门报告，采取安全防范措施，并由原设计人或者具有相应资质等级的设计人提出保修方案，承包人实施保修。

4. 在工程质量保修期内，未能在合理期限对工程质量问题进行修复，或拒绝按要求进行修复的，承包人应向发包人支付修复工程支出的实际金额。

5. 质量保修完成后，由发包人组织验收。

五、双方约定的其他工程质量保修项：_____。

工程质量保修书由发包人、承包人在工程竣工验收前共同签署，作为施工合同附件，其有效期限至保修期满。

发包人：（公章）　　　　　　　　承包人：（公章）

法定代表人或其委托代理人：　　　法定代表人或其委托代理人：

（签字）_____　　　　　（签字）_____

社会统一信用代码证号：_____　社会统一信用代码证号：_____

_____　　　　　　　　_____

地　　　址：_____　　地　　　址：_____

邮政编码：_____　　　邮政编码：_____

电　　话：_____　　　电　　话：_____

传　　真：_____　　　传　　真：_____

开户银行：_____　　　开户银行：_____

账　　号：_____　　　账　　号：_____

日　　期：___年___月___日　日　　期：___年___月___日

附件 8

廉政建设责任书

为加强建设工程廉政建设，规范建设工程各项活动中发包人承包人双方的行为，防止谋取不正当利益的违法违纪现象的发生，保护国家、集体和当事人的合法权益，根据国家有关工程建设的法律法规和廉政建设的有关规定，订立本廉政建设责任书。

一、双方的责任

1.1　应严格遵守国家关于建设工程的有关法律、法规，相关政策，以及廉政建设的各项规定。

1.2　严格执行建设工程合同文件，自觉按合同办事。

1.3　各项活动必须坚持公开、公平、公正、诚信、透明的原则（除法律法规另有规定者外），不得为获取不正当的利益，损害国家、集体和对方利益，不得违反建设工程管理的规章制度。

1.4　发现对方在业务活动中有违规、违纪、违法行为的，应及时提醒对方，情节严重的，应向其上级主管部门或纪检监察、司法等有关机关举报。

二、发包人责任

发包人从事该建设工程项目的负责人和工作人员，在工程建设的事前、事中、事后应遵守以下规定：

2.1　不得向承包人和相关单位索要或接受回扣、礼金、有价证券、贵重物品和好处费、感谢费等。

2.2　不得在承包人和相关单位报销任何应由发包人或个人支付的费用。

2.3　不得要求、暗示或接受承包人和相关单位为个人装修住房、婚丧嫁娶、配偶子女的工作安排以及出国（境）、旅游等提供方便。

2.4　不得参加有可能影响公正执行公务的承包人和相关单位的宴请、健身、娱乐等活动。

2.5　不得向承包人和相关单位介绍或为配偶、子女、亲属参与同发包人工程建设管理合同有关的业务活动；不得以任何理由要求承包人和相关单位使用某种产品、材料和设备。

三、承包人责任

应与发包人保持正常的业务交往，按照有关法律法规和程序开展业务工作，严格执行工程建设的有关方针、政策，执行工程建设强制性标准，并遵守以下规定：

3.1　不得以任何理由向发包人及其工作人员索要、接受或赠送礼金、有价证券、贵重物品及回扣、好处费、感谢费等。

3.2　不得以任何理由为发包人和相关单位报销应由对方或个人支付的费用。

3.3　不得接受或暗示为发包人、相关单位或个人装修住房、婚丧嫁娶、配偶子女的工作安排以及出国（境）、旅游等提供方便。

3.4　不得以任何理由为发包人、相关单位或个人组织有可能影响公正执行公务的宴请、健身、娱乐等活动。

四、违约责任

4.1　发包人工作人员有违反本责任书第一、二条责任行为的，依据有关法律、法规给予处理；涉嫌犯罪的，移交司法机关追究刑事责任；给承包人单位造成经济损失的，应予以赔偿。

4.2　承包人工作人员有违反本责任书第一、三条责任行为的，依据有关法律法规处理；涉嫌犯罪的，移交司法机关追究刑事责任；给发包人单位造成经济损失的，应予以赔偿。

4.3　本责任书作为本合同的组成部分，与本合同具有同等法律效力，经双方签署后立即生效。

五、责任书有效期

本责任书的有效期为双方签署之日起至该工程项目竣工验收合格时止。

六、责任书份数

本责任书一式两份，发包人承包人各执一份，具有同等效力。

发包人：（公章）   承包人：（公章）

法定代表人或其委托代理人：   法定代表人或其委托代理人：

（签字）＿＿＿＿＿＿＿＿＿＿   （签字）＿＿＿＿＿＿＿＿＿＿

地　址：＿＿＿＿＿＿＿＿＿＿   地　址：＿＿＿＿＿＿＿＿＿＿

电　话：＿＿＿＿＿＿＿＿＿＿   电　话：＿＿＿＿＿＿＿＿＿＿

日　期：＿＿＿＿年＿＿月＿＿日   日　期：＿＿＿＿年＿＿月＿＿日